人类发现之旅

生物进化的历程

李哲　编著

THE
BIOLOGICAL
EVOLUTION
COURSE

中国画报出版社·北京

图书在版编目（CIP）数据

生物进化的历程 / 李哲编著 . —— 北京：中国画报出版社，2012.7（2025.1重印）

ISBN 978-7-5146-0497-9

Ⅰ．①生… Ⅱ．①李… Ⅲ．①生物–进化–普及读物 Ⅳ．① Q11-49

中国版本图书馆 CIP 数据核字（2012）第 135878 号

生物进化的历程 　　　　　　　　　　　　　　　　李哲　编著

出 版 人：	田　辉
责任编辑：	卓　娜
助理编辑：	李　媛
出　　版：	中国画报出版社
地　　址：	中国北京市海淀区车公庄西路33号，邮编：100048
电　　话：	010-88417359（总编室兼传真）　010-88417359（版权部）
	010-88417418（发行部）　　010-68414683（发行部传真）
印　　刷：	三河市兴国印务有限公司
监　　印：	傅崇桂
经　　销：	新华书店
开　　本：	700mm×1000mm　1/16
印　　张：	13
字　　数：	300千字
插　　图：	400
版　　次：	2012年8月第1版　2025年1月第2次印刷
书　　号：	ISBN 978-7-5146-0497-9
定　　价：	78.00元

如发现印装质量问题，请与承印厂联系调换。

版权所有，翻印必究；未经许可，不得转载！

生物进化的历程

前言
Introduction

  约有150万种不同的生物生活在现在的地球上。从同一种植物或动物前后50年拍的照片中，你看不出有什么不同。但如果把年代拉得更远，远到几亿年前，那么现在的植物或动物像它们祖先的就非常少了。在漫长的年代里，大多数物种都发生了很大的变化，很难看出它们和祖先有什么相像的地方。我们今天所知道的每一个物种，都是由某一个另外的物种演变来的。这些演变非常缓慢，有的甚至要花几百万年的时间。

  从地球上出现单细胞生物到出现人类，中间至少经过了33亿年。如果把物种的演变过程拍成一部电影，用每一分钟来表现3000万年之间的变化，那么从最初的单细胞生物开始，一直看到现代人种出现，我们必须在电影院里坐上1小时50分钟。

  虽然生物的进化是一个很复杂、很漫长的过程，但无不是经历由简单到复杂、由水生到陆生、由低等到高等这样一个漫长的演化过程。进化过程并不是一帆风顺、直线上升的，而是曲折的、以螺旋式上升的，每个循环在生物史上都是一次飞跃。在漫长的历史长河中，所有的生物都会随时间的改变而发生变化，而这种变化是一个非常缓慢而渐进的过程，这在生物学上就叫做进化。本书采用大事典的形式，像电影镜头一样再现了生物进化过程中的重要时刻。

  现在就让我们先来观看"电影"中的一些精彩镜头吧。在观看之前需要说明的是，尽管地球的历史至少有46亿年，但由于我们仅对近6亿年来的这段历史了解得比较清楚，所以，这部"电影"镜头中重点记录的是近6亿年的生物进化画面。

  地球上最初的生物都是生活在海洋里的原生生物，因此首先进入镜头的是单细胞生物。后来它们渐渐变得复杂，出现了各种不同的形状，发展成为最简单的植物和动物。此时，这部"电影"已经演过了一半。距今6亿年前才出现水母、珊瑚和蠕虫等软体动物。又经过几百万年的进化，海洋中才出现鱼类。大约距今3.6亿年前，两栖动物才首次登上陆地，进而有了爬行动物。又过了约1亿年，恐龙才出现，地球上此时呈现出最繁荣的景象，不过，它们在这部"电影"中只占了大约5分钟的时间，然后出现了哺乳类动物。早期猿人，则要在电影结束之前的5、6秒钟才出现在银幕上。等现代人出场时，银幕上立刻映出两个大字："再见！"

总之，生物界从古到今都在不断变化。动物的进化路线是：无脊椎动物—脊椎动物；脊椎动物中，鱼类—两栖动物—爬行动物—哺乳动物。植物进化的路线是藻类植物—蕨类植物—种子植物。生物的进化过程是漫长的，在这漫长的过程中，环境的变化促使了生物的进化和灭绝。

虽然本书带有一般大事典的性质，但并不限于简略的概括性写法，而是在有限的篇幅内，较为充分地反映生物进化故事的丰富与完整的面目，提供的信息量比一般大事典要大，这也反映了我们重新改变大事典形式的一种新意图。

"大事不漏，小事不录"是大事典设置条目、材料取舍的基本要求。本书也以此要求，精心选材，遴选出生物进化过程中的重要事件。尽管本书的篇幅不长，但已经粗线条地勾勒了生物进化的全貌。

全书还配有多幅精美的彩色插图，不仅立体、直观、全面地展现了生物进化画卷，也增强了本书可读性和趣味性。

第一章 地球生命的起源

地球的诞生孕育生命起源的条件 /12
　原始地壳的形成 /12
　孕育生命的条件 /12

最早的原核单细胞出现 /14
　"原生体"的出现 /14
　原核单细胞的出现 /15

真核细胞的崛起 /16
　真核细胞的起源 /16
　真核细胞出现的意义 /17

原始生命的壮大 /18
　多细胞生物的出现 /18
　海绵动物 /19

第二章 地球生命的主体——微生物界

揭开病毒的神秘面纱 /22
　发现病毒 /22
　病毒的结构 /23
　病毒的增殖过程 /23
　动物病毒的增殖 /24
　病毒与疾病 /25

细菌的起源 /26
　细菌的形状构造 /26
　细菌的生长和繁殖 /26
　细菌的多样性 /27
　对人类有益和有害的菌 /29

微生物世界中出现的大家族——真菌 /30
　真菌的特征 /30
　真菌与人类 /31

第三章 繁荣的植物王国

地球上出现最早的植物——藻类植物 /34
　原核藻类 /34
　真核藻类 /35
　藻类的基本特征 /36
　藻类的分类 /37
　藻类的生活习性 /37

生物进化史上的诺曼底登陆 /38
　裸蕨类植物登陆 /38
　裸蕨类植物形态 /39
　裸蕨植物的类型 /40
　植物界系统演化中的主干 /41

成为陆地生活的真正"居民"——蕨类植物 /42
　蕨类植物的演化 /42
　蕨类植物的特征 /43
　蕨类植物的分布 /44
　蕨类植物之王——桫椤 /45

裸子植物的繁盛 /46
　裸子植物的起源 /46
　裸子植物的特征 /47
　"活化石"银杏和水杉 /48
　铁树开花 /49

"突然"出现的被子植物 /50
　"辽宁古果"破解"讨厌之谜" /50
　被子植物的起源 /51
　形态与分类 /52
　分布地区 /53

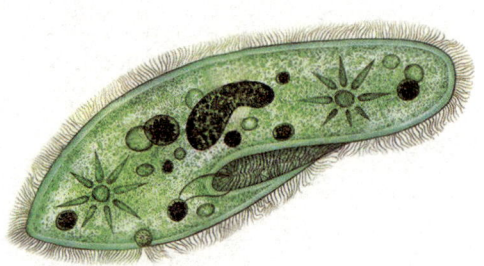

第四章 数量庞大的无脊椎动物

最原始最低等的多细胞动物出现 /56
  海绵动物的形态 /56
  奇特的生殖和摄食方式 /57
原始的多细胞动物进化为腔肠动物 /58
  腔肠动物的形态特征 /58
  轻盈飘逸的水母 /58
  长寿的"海菊花" /59
  色彩绚丽的珊瑚 /59
三胚层蠕虫动物纵横海底 /60
  形态分类 /60
  种群庞大 /61
  深海蠕虫 /62
软体动物进化出具有保护性背壳 /64
  形态分类 /64
  石鳖与宝贝 /65
  牡蛎与鲍鱼 /66
  乌贼与章鱼 /66
  海兔与鹦鹉螺 /67
节肢动物的兴旺发达 /68
  形态分类 /68
  三叶虫 /69
  最早的飞行家——昆虫 /70
前寒武纪出现了棘皮动物 /72
  形态特征 /72
  海百合 /73
  海星 /74
  海胆 /74
  海参 /75

  鱼类的祖先 /80
甲胄鱼的出现 /82
  甲胄鱼的形态分类 /82
  退出历史舞台 /83
脊椎动物开始张开了"血盆大口" /84
  无颌类动物进化为有颌脊椎动物 /84
  最原始的硬骨鱼类——棘鱼类 /85
  有颌类的远祖——盾皮鱼类 /86
  沟鳞鱼 /87
  恐鱼 /877
高等鱼类的兴起和发展 /88
  高等鱼类出现 /88
  高等鱼类的进步 /89
软骨鱼类的进化 /90
  软骨鱼类形态 /90
  最早的鲨鱼 /90
  令人生畏的海洋杀手 /91
硬骨鱼类成为地球上真正的水域征服者 /92
  硬骨鱼类的进化 /92
  辐鳍鱼类和肉鳍鱼类 /93

第六章 两栖动物水陆现身影

肉鳍鱼离开水的摇篮 /96
  肉鳍鱼类 /96
  从水到陆要解决的三大问题 /98
  谁是两栖动物祖先 /99
找寻最早长出脚的鱼 /100
  发现鱼石螈 /100
  "活化石"拉蒂迈鱼惊现 /101
  刺鱼石螈的发现 /103
出现两类古老的两栖动物 /104
  迷齿类 /104

第五章 最古老的脊椎动物——鱼类

向脊索方向进化 /78
  形态分类 /78
  笔石 /79

壳椎类 /107
滑体两栖类的崛起 /108
　　有尾两栖类 /108
　　水中精灵——蝾螈 /108
　　娃娃鱼 /109
　　无尾两栖类 /110
　　三燕丽蟾 /110
　　三叠蛙 /111
　　无足两栖类 /111

第七章 爬行动物的登场

爬行动物的起源 /114
　　爬行动物的出现 /114
　　爬行动物成功登陆的奥秘 /115
　　爬行动物家谱 /116
龟鳖类爬行动物的出现 /118
　　龟鳖类爬行动物的起源 /118
　　龟的种类 /119
　　长寿的动物 /120
　　奇特的龟壳 /121
鳄鱼成为原始爬行动物的"活化石" /122
　　凶恶杀手 /122
　　帝王鳄 /123
　　恐鳄 /124
　　尼罗鳄 /124
　　扬子鳄 /125
蜥蜴类和蛇类的出现 /126
　　蜥蜴类形态特征 /126
　　科摩多龙 /127
　　变色龙 /127
　　蛇类形态特征 /128

第八章 恐龙世界

恐龙化石的发现 /132
　　发现奇特的牙齿化石 /132
　　命名为"鬣蜥的牙齿" /133
　　"恐龙"之名的由来 /133
恐龙的出现 /134
　　初龙类的兴起 /134
　　恐龙正式登场 /135
鱼龙和蛇颈龙海中称霸 /136
　　鱼龙 /136
　　蛇颈龙 /138
翼龙飞向蓝天 /140
　　飞翔的秘密 /140
　　翼龙分类 /141
　　温血爬行动物 /142
　　翼龙突然灭绝 /143
蜥臀类恐龙的出现 /144
　　蜥臀类恐龙在侏罗纪迅速发展 /144
　　兽脚恐龙 /144
　　蜥脚恐龙 /145
　　最大的陆生动物 /146
鸟臀类恐龙进入盛世 /148
　　鸟臀类恐龙因何进入盛世？ /148
　　鸟脚龙类 /148
　　剑龙类 /149
　　甲龙类 /150
　　肿头龙类 /150
　　角龙类 /151
恐龙大灭绝 /152
　　陨星撞击地球说 /152
　　其他猜想 /153

第九章 天高任鸟飞

发现始祖鸟化石 /156
　始祖鸟化石 /156
　鸟的始祖 /157
鸟类的起源 /158
　恐龙起源说 /158
　槽齿类起源说 /159
　鳄类起源说 /159
鸟类的飞行起源 /160
　两大假说 /160
　小盗龙的发现 /161
发现孔子鸟化石 /162
　孔子鸟 /162
　孔子鸟复原图 /163
发现中华龙鸟化石 /164
　中华龙鸟 /164
　发现的意义 /165

第十章 哺乳动物的大爆发

哺乳动物的起源 /168
　哺乳动物的祖先 /168
　成为新生代的统治者 /169
　哺乳动物分类 /171
躲过大劫难 /172
　生物大灭绝 /172
　劫后余生的哺乳动物 /173
　鸭嘴兽 /173
　针鼹 /175
哺乳动物的第一次大爆发 /176
　来到地面的先驱者 /176

　安氏中兽 /177
哺乳动物的第二次大爆发 /178
　大间断 /178
　奇蹄类动物 /179
　偶蹄类动物 /181
剑齿王朝的兴衰 /182
　剑齿显形 /182
　群虎纷争 /184
长鼻类哺乳动物的演化 /186
　古乳齿象 /186
　真象 /187
重新回到海洋 /188
　鳍脚类 /188
　海牛类 /188
　鲸类 /189

第十一章 从猿到人

人类的祖先出现 /192
　树上生活的灵长类 /192
　从树上来到地面 /193
南方古猿的出现 /194
　发现南猿化石 /194
　南方古猿 /195
能人的出现 /196
　发现能人化石 /196
　能人的生活 /197
直立人的出现 /198
　爪哇猿人的发现 /198
　北京猿人的发现 /198
　北京猿人的生活 /200
智人的出现 /202
　早期智人 /202
　晚期智人 /204
生物进化大事年表 /206

第一章

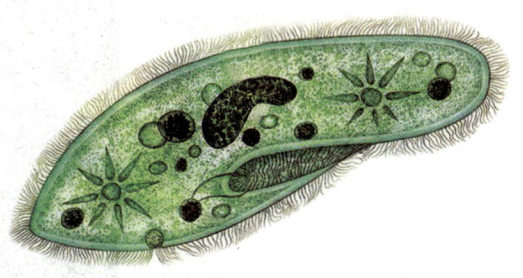

地球生命的起源

现在发现的最早的化石,是细菌之类的微生物的化石。这些最早的微生物,大约生长在33亿年前,而地球的年龄也才将近50亿年。最初的地球不是现在这个样子,海洋是后来才形成的。雨水和河水不断地把各种化合物带到海洋里。越来越多的化合物在海水里相互作用,渐渐地产生了一些结构越来越复杂的化合物,一些蛋白质状的物质开始出现。后来又逐渐产生出能进行生命过程的小物体,这就是蛋白体。它是生命的起点,主要成分是蛋白质和核酸。原始的蛋白体虽然还没有细胞的结构,但是已经有了生命的现象,自身能进行新陈代谢。新陈代谢是生命的最基本的过程,也是生命的最基本的特征。有了新陈代谢,生物才有可能生长和繁殖。

原始蛋白体进一步发展后,就出现了细胞。细胞是各种植物和动物的身体结构的基本单位。细胞通过进一步的发展,里面就出现了细胞核。细胞核的主要成分是染色体,这是一种核蛋白,是核酸和蛋白质的结合物。染色体被核膜包围着,形成了细胞核。有了细胞核的细胞,叫做真核细胞。现在绝大多数生物的身体,都由真核细胞所组成。在进化的过程中,某些单细胞生物的遗传性发生了变化,它们所产生的子细胞彼此不再分开,联合成为细胞集团,于是,多细胞生命出现了。

地球的诞生孕育生命起源的条件

在我们居住的这个美丽的浅蓝色星球上，繁衍生息着十几万种微生物、30多万种植物和100多万种动物。人们不禁要问，如此丰富多样的生物最初是从哪里来的呢？科学家研究发现，今天地球上的生物，无论大小，都是由细胞组成的，细胞里与生命活动有关的主要是一些结构复杂的生物分子，这些生物分子是怎样起源的呢？故事还得从地球的诞生讲起。

▲宇宙大爆炸

原始地壳的形成

生命的起源应当追溯到与生命有关的元素及化学分子的起源。生命的起源过程应当从宇宙形成之初，通过所谓的"大爆炸"产生了碳、氢、氧、氮、磷、硫等构成生命的主要元素谈起。

大约在66亿年前，银河系内发生过一次大爆炸，其碎片和散漫物质经过长时间的凝集，最终在46亿年前形成了太阳系。作为太阳系一员的地球也大约与此同时形成了。接着，冰冷的星云物质释放出大量的引力势能，再转化为动能、热能，致使地球温度升高，加上地球内部元素的放射性热能也发生增温作用，故初期的地球呈熔融状态。高温的地球在旋转过程中，其中的物质发生分异，重的元素下沉到中心凝聚为地核，较轻的物质构成地幔和地壳，逐渐出现了圈层结构。这个过程经过了漫长的时间，大约在38亿年前出现原始地壳，这个时间与多数月球表面的岩石年龄一致。

原始地壳的出现，标志着地球由天文行星时代进入地质发展时代，这意味着具有原始细胞结构的生命也有可能逐渐形成。

孕育生命的条件

刚刚诞生的地球十分寒冷、荒凉，没有结构复杂的物质，当然更不会有生命。生命是随着原始大气的诞生开始孕育的。

在早期太阳系里，一些处于原始状态的天体频繁地和幼小的地球相撞，这一方面增大了地球体积，另一方面将运动的能量转

宇宙大爆炸学说

宇宙大爆炸仅仅是一种学说，是根据天文观测研究后得到的一种设想。大约在150亿年前，宇宙所有的物质都高度密集在一点，有着极高的温度，因而发生了巨大的爆炸。大爆炸以后，物质开始向外大膨胀，这就形成了今天我们看到的宇宙。大爆炸的过程是复杂的，现在只能从理论研究的基础上，描绘过去远古的宇宙发展史。在这150亿年中先后诞生了星系团、星系，我们所在的银河系、恒星、太阳系、行星、卫星等。我们看见的和看不见的一切天体和宇宙物质，形成了当今的宇宙形态，人类就是在这一宇宙演变中诞生的。

化为热能贮存在了地球内部。由于撞击不断地发生，地球内部蓄积了大量热能。地球的平均温度高达几千摄氏度，内部的金属和矿物变成了炽热岩浆。岩浆在地球内部剧烈运动着，不时冲出地球表面形成火山爆发。在原始地球上，火山爆发十分频繁。随着火山爆发，地球内部一些气体被源源不断地释放出来，形成了原始大气。不过，这时的地球上仍然没有生物分子。

生命的诞生与原始大气密切相关。据推测，原始大气的主要成分是一氧化碳、二氧化碳、甲烷、水蒸气、氨气。这些简单的气体分子要想成为生物分子，就必须变得足够复杂。合成复杂物质是需要消耗能量的。

值得庆幸的是，在原始地球上有各种形式的能量可供利用。首先，原始大气没有臭氧层，阳光中的紫外线可以毫无顾忌地进入大气，这为地球带来了能量。其次，原始大气中会出现闪电，闪电是一种能量释放现象。再次，原始地球上火山活动频繁，火山喷发可以释放大量热量。

简单的气体分子在吸收了能量之后，会变得异常活跃，进而产生化学反应，形成复杂的生命物质。

日积月累，原始大气中的水蒸气越来越多，地球表面温度开始降低。当降低到水的沸点以下时，水蒸气就化作倾盆大雨降落到了地面上。倾盆大雨不分昼夜地下着，形成了最初的海洋，这为生命的诞生准备好了摇篮。

不过那时地球表面的温度仍然很高，到了大约 36 亿年前，海水的温度已降为 80℃ 左右。然而在此之前，原始生命就已悄悄孕育了。

▼火山喷发，地球形成之初，地壳运动非常活跃，地球上处处都是喷涌而出的岩浆

最早的原核单细胞出现

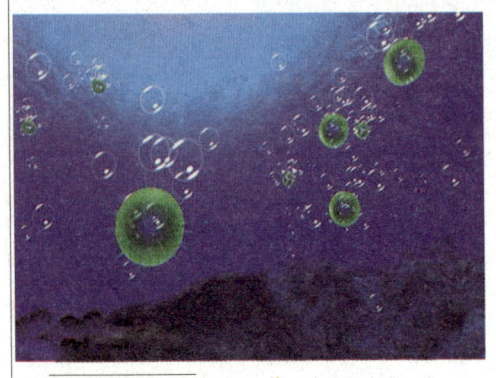

▲生物大分子

从古至今,有很多说法来解释生命起源的问题,如西方的创世说,中国的盘古开天地说等。但直到19世纪,伴随着达尔文《物种起源》一书的问世,生物科学才发生了前所未有的大变革,同时也为人类揭示生命起源这一千古之谜带来了一丝曙光。《物种起源》中提到的理论就是现代的化学进化论。

"原生体"的出现

宇宙大爆炸产生了宇宙后,银河系、太阳系、地球相继形成。当地球这个星体稳定后渐渐冷却,地表开始划分出了岩石圈、水圈和大气圈。那时大气圈中没有氧气,宇宙紫外线辐射是产生化学作用的主要能源,化学反应就在这样的条件下不断地进行着。由于缺氧,合成的有机分子不会遭受氧化的破坏,得以进化出具有生命现象的物质,最终产生了生命。生命的产生过程可以概括为四个阶段:

第一阶段,有机小分子的形成。原始海洋中的氮、氢、氧、一氧化碳、二氧化碳、硫化氢、氯化氢、甲烷和水等无机物,在紫外线、电离辐射、高温、高压等一定条件影响和作用下,形成了氨基酸、核苷酸及单糖等有机化合物。

美国的一位年轻学者米勒用自己设计的实验装置证明,在原始地球条件下有可能形成有机化合物。米勒的报告引发许多实验室重复和发展类似的实验,最终的目标是模拟原始大气、海洋、江水和雷电。科学家在水溶液中——相当于原始海洋的海水中——先后找到了20种氨基酸,包括各种单糖、脂酸、脂类分子,甚至是核苷酸分子。

第二阶段,生物大分子的形成。氨基酸、核苷酸等有机物可能因吸附作用,在原始海洋岸边的岩石或黏土表面浓集,受到热的催化,进而合成为生物大分子。

奥巴林的团聚体模式

大分子的胶体溶液在一定条件下能发生团聚现象。前苏联的奥巴林和他的研究小组从20世纪30年代开始就详细研究了某些蛋白质胶体形成的团聚体,发现它们具有许多有趣的类似细胞的特征。奥巴林把这种团聚体视为前细胞的生命模型。当混合两种蛋白质胶体(如明胶和阿拉伯胶)、一种蛋白质或一种多肽溶液,在一定的pH条件下,溶液发生混浊,无数的团聚体形成于溶液中。团聚体最有趣的特征是能通过它的外膜而选择性地吸收周围的物质。例如,它们能吸收氨基酸、催化剂、酶等。当把反应物和酶一起放在溶液中,团聚体吸收了它们并且在团聚体内部发生酶促反应。将糖和酶引入团聚体后,便可以在团聚体内部形成淀粉。另外,还可以在团聚体内部诱发核苷酸合成及聚核苷酸分解等复杂的生物化学反应。奥巴林等认为,在早期地球表面含有有机物和小水池(有机汤)中,会产生这种类似团聚体的前细胞生命结构,由它们再演化到真正的细胞。

美国科学家福克斯做过这样的实验：把氨基酸混合物倒在160℃~200℃的热沙土或黏土上，随着水分蒸发，氨基酸浓缩并化合，经0.5~3.0小时，生成类似蛋白质的大分子。

第三阶段，多分子体系形成。许多生物大分子聚集、浓缩形成以蛋白质和核酸为基础的多分子体系，它既能从周围环境中吸取营养，又能将废物排出体系之外，这就构成原始的物质交换活动。

前苏联的奥巴林做了一系列实验，证明如何由生物大分子形成团聚体小滴。他把蛋白质（白明胶）溶液和多糖（阿拉伯胶）溶液混合，产生出团聚体小滴。

第四阶段，"原生体"的形成。在多分子体系的界膜内，蛋白质与核酸的长期作用，终于将物质交换活动演变成新陈代谢作用并能够进行自身繁殖，这是生命起源中最复杂的最有决定意义的阶段。技术改造构成的生命体，被称为"原生体"。

这种"原生体"的出现使地球上产生了生命，把地球的历史从化学进化阶段推向了生物进化阶段。对于生物界来说，"原生体"的出现更是开天辟地的第一件大事，没有这件大事，就不可能有生物界。

原核单细胞的出现

有生命的"原生体"是一种非细胞的生命物质，有些类似于现代的病毒，它出现以后，随着地球环境的变化又逐步复杂化和完善化，演变成为具有较完备的生命特征的细胞，到此时才产生了原核单细胞生物。最早的原核单细胞细菌化石是在距今33亿年前的地层中被发现的，由此推算非细胞生命物质出现的时间，还要远远地早于33亿年以前。

地球上最初出现的生命是一些生活在海洋中的原核单细胞生物。它们结构简单，没有细胞核，与今天的蓝菌（也称蓝藻）和细菌在形态上很相似，在生物学上统被称为原核细胞生物。它们还没有真正分化出细胞核和细胞器，只能进行无性繁殖，因此它们的遗传变异和进化过程十分缓慢。

▲蓝藻又称蓝绿藻，藻体具有特殊的色素，一般呈现蓝色，是藻类中最原始的类群，细胞内没有真正的细胞核，仅有核质，没有核仁和核膜

开始的原核细胞生物是以环境中的有机物质为食，属于异养生物。由于地球早期有机物质来源极为有限，因此会对生物进化产生选择性压力，使部分生物在进化中演化出了利用周围环境中丰富的无机物合成自己所需食物的能力。我们把这种能自己制造食物的生物称为自养生物。根据获取营养方式的不同，生物的自养又可分为化学自养和光合自养，代表了生物早期演化的分异。

光合自养生物是通过光合作用分解二氧化碳获得能量。由于光合作用生物的出现和发展，大量的自由氧释放到环境中，使地球早期的环境和大气性质开始发生变化，从无氧环境向有氧环境转变，为生物进化的下一个重要阶段创造了环境条件。

真核细胞的崛起

在经历了大约 20 亿年的漫长演化之后,在距今约 14 亿年左右时,从原核生物中演化出了具有细胞核和细胞器分化的单细胞生物。我们把这种具有细胞核和细胞器的生物称为真核细胞生物。真核细胞内的细胞核和细胞器,可能都曾是由于捕食或其他原因进入到原核细胞生物体内的另外一些未被消化的原核细胞生物。在进化过程中,它们与寄主细胞之间逐渐建立起了共生的关系,从而逐渐演化成细胞核和细胞器。

真核细胞的起源

真核细胞的起源,是由于某种原核生物在某种古核生物细胞内形成了内共生关系的结果。由于迄今所知最古老的真核生物化石已有近 21 亿年的历史,所以许多科学家推测,最早的真核生物可能早在 30 亿年前就出现了。真核细胞的直接祖先很可能是一种巨大的、具有吞噬能力的古核生物,它们靠吞噬糖类并将其分解来获得自身生命活动所需的能量。当时的生态系统中存在着另一种需氧的真细菌,它们能够更好地利用糖类,将其分解得更加彻底以产生更多的能量。

在生命演化过程中,古核生物将原核生物作为食物吞噬进体内,但是却没有将其消化分解掉,而是与之建立起了一种互惠的共生关系。古核细胞为细胞内的真细菌提供保护和较好的生存环境,并供给真细菌未完全分解的糖类,而真细菌由于可以轻易地得到这些营养物质,从而产生更多的能量,并可以供给宿主利用。由于这种细胞内共生关系对双方都有益处,因此双方在进化中就建立起了一种逐步固定的关系。

在古核细胞内,共生的真细菌由于所处的环境与其独立生存时不同,因此很多原来的结构和功能变得不再必要而逐渐退化消失殆尽。最终,细胞内共生的真细菌越来越特化,逐渐演化为古核细胞内专门进行能量代谢的细胞器官——线粒体。一方面,原来的

▲林恩·马古利斯,是一位美国生物学家,是天文学家卡尔·萨根的第一任妻子,也是真核生物起源的理论、现今生物学所普遍接受的内共生学说的主要建构者

古核细胞的能量代谢越来越依赖于内共生的真细菌的存在；另一方面，为了避免自身的一些细胞内结构，尤其是遗传物质被侵入的真细菌"吃掉"，它们也产生了一系列应激性的变化。首先，细胞膜大量内陷形成了原始的内质网膜系统，限制了线粒体前身真细菌的活动。而后，原始的内质网膜系统中的一部分进一步转化，将细胞的遗传物质包在一起形成了细胞核，这一部分内质网就转化成了核膜。从此，一种更加进步的生命形式诞生了，这就是真核细胞，它就是最初的真核原生生物。

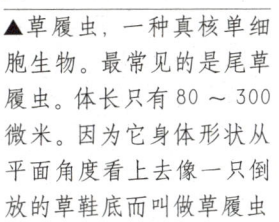

▲草履虫，一种真核单细胞生物。最常见的是尾草履虫。体长只有80～300微米。因为它身体形状从平面角度看上去像一只倒放的草鞋底而叫做草履虫

真核细胞出现的意义

真核细胞的形态结构比较复杂，它的遗传物质除了DNA外，还有RNA和蛋白质，形成了结构复杂的染色体，并集中在由核膜包裹着的细胞核中。这类细胞较多，它包括除细菌和蓝藻以外的所有单细胞和多细胞生物。由真核细胞组成的生物称为真核生物。

真核细胞的出现，是生物进化史上的一个重大事件，具有十分深远的意义。因为真核细胞的起源为有性生殖的形成奠定了基础，真核细胞能进行有丝分裂，有了有丝分裂，才出现有性生殖过程中的减数分裂——有丝分裂的特殊形式。

在生命进化中出现了减数分裂之后，有性过程迅速地发展了。通过有性繁殖既可以把不同的遗传物质综合在一起，丰富遗传内容，又可以通过基因的分离、互换和配子的随机结合。提高物种的变异性，大大提高了进化的速度。

另外，真核细胞的出现使藻类的光合作用效率大大提高，这加速了自由氧在海洋和大气中的积累，使太阳紫外线辐射强度大大减弱，扩大和改善了生物的生存环境。真核细胞的出现还促进了三级生态系统的形成，从以异养的细菌和自养的蓝藻组成的一个二级生态系统，分化发展出由动物、植物和菌类所组成的三级生态系统。

内共生学说

内共生学说是一种关于真核细胞起源的假说。在美国生物学家马古利斯于1970年出版的《真核细胞的起源》一书中被正式提出。她认为，某种细菌被变形为虫状的原核生物吞噬后，经过长期共生能成为线粒体，蓝藻被吞噬后经过共生能变成叶绿体，螺旋体被吞噬后经过共生能变成原始鞭毛。这一假说由于证据充分，已被越来越多的人所接受。

原始生命的壮大

真核细胞出现后，也以单细胞形式存在了几亿年，在6—7亿年以前并没有多细胞生命的任何迹象。在现今地球上，单细胞原生物依然比比皆是。在进化的过程中，某些单细胞生物的遗传性发生了变化，它们所产生的子细胞彼此不再分开，联合成为多细胞。细胞之间的相互聚集在最初的时候只不过是随机突变的结果。但是一旦细胞聚集在一起，由于群集的方式比单细胞形式更容易繁殖成功，在很多时候也更容易抵御不良环境，于是群集生活就被继续保持下来，并迅速产生和分化出植物界和动物界。最简单的多细胞生物，如海绵由多种分化的细胞聚集在一起组成。这些分化的细胞包括消化细胞、造骨细胞、孢子母细胞和表皮细胞。虽然这些不同的细胞组成一个有组织的、宏观的多细胞生物，但是它们并不组成互相连接的组织。假如把海绵切开的话，每个部分都可以重新组织、继续生存；但是假如将不同的细胞分离开来的话，它们则无法生存。

多细胞生物的出现

细胞有个基本特点，它能够一分为二。一个细胞在一定条件下，能够分裂成两个子细胞。每一个子细胞长大后，又能够一分为二。经过这样不断地分裂，细胞就越来越多了。

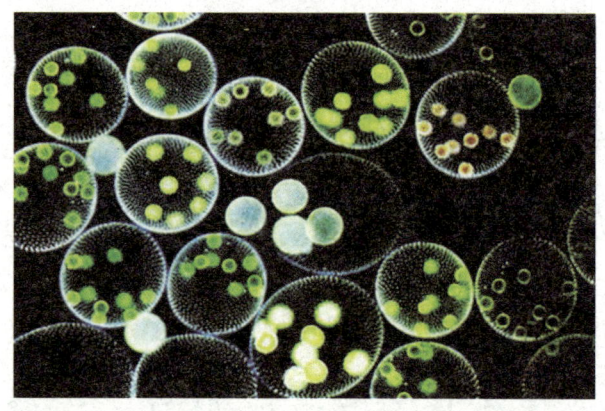
▼团藻，较为原始的多细胞生物

最早的生物都是单细胞生物，分裂产生的子细胞仍旧单独生活。多细胞生物是后来才发展起来的。这就是说，在进化的过程中，某些单细胞生物的遗传性发生了变化，它们所产生的子细胞彼此不再分开，联合成为细胞集团。

最早的这种细胞集团也是很简单的，许多细胞虽然联合在一起了，却仍然各自管理自己的生活。慢慢地，有些简单的细胞集团起了很大的变化，联合在一起的细胞逐渐开始分化，成为各种器官，来分担生活上的各种工作。这样，细胞之间就开始了分工合作。例如，有些细胞就发展成为一根管子，管子的开口就是嘴，这根管子专门消化食物，把营养物质供应给所有生活在一起

黏菌——多细胞的雏形

我们今天之所以能够对远古的多细胞生物进行窥探，是因为一种被称为黏菌的生物。它们既不是植物，也不是动物，而是10亿年前进化过程中的幸存者。虽然它们并没有大量存在过，但确实传递给我们一些有意义的信息。我们可以认为它们是介于单细胞和多细胞之间的一类生物。黏菌由与变形虫相似的单细胞异氧原生物组成，这些生物在生活条件良好的环境中像变形虫那样四处移动来搜寻食物。

的细胞；有些细胞又发展成为神经，神经能将消息从这一部分传达到另一部分，好像电话线一样。后来，动物又长大了一些，有些细胞又发展成为血管系统，营养物质就可以通过血管输送给体内所有的细胞。因为有些细胞已经离开消化道很远，不能直接从消化道取得营养物质了。

现在我们还不知道这些复杂的变化经历了多少亿年。因为，那些古老的动物又微小又柔软，很难留下化石来。不过我们已经知道，在5亿年到6亿年以前，所有的最重要的无脊椎动物都已发展出来了。在自然博物馆里，就陈列着它们的化石。

▲海绵动物

海绵动物

  海绵动物是多细胞动物当中结构最简单、形态最原始的一类，早在寒武纪以前就已经出现并一直繁衍到了现代。海绵动物由单细胞动物演化而来，虽然它们的细胞已经被分化了，但是还没有形成组织和器官。海绵动物有单体的，也有群体的，外形多种多样，其中单体海绵有高脚杯形、瓶形、球形和圆柱形等形状。海绵动物的体壁有许多孔，孔内有水道贯穿，体内有一个中央腔，其上端开口形成整个个体的出水孔。

  多数的海绵动物具有骨骼。骨骼分两类，一类是针状、刺状的钙质或硅质小骨骼，称为骨针；另一类是有机质成分的丝状骨骼，称为骨丝。骨丝不易被保存成化石，而骨针能够形成化石。有些骨针能够互相穿插形成骨架，这样的骨架形成化石后可以保持海绵体原有的外形。

  科学家对海绵动物进行分类的依据主要就是骨骼的性质和成分。一般可以把海绵动物分成4个纲：钙质海绵纲、普通海绵纲、六射海绵纲和异射海绵纲。

  科学家记述的化石海绵动物有1000多个属，其中最早的代表有发现于非洲刚果前寒武纪地层中的钙质海绵、俄罗斯卡累利阿和叶尼塞山的元古代中期地层中的硅质海绵的骨针以及我国南方前寒武纪中的零星代表。从寒武纪开始，普通海绵、六射海绵和异射海绵三个纲的许多代表就都已经出现了，其中的异射海绵纲在三叠纪中期以后灭绝，钙质海绵则是在泥盆纪时才开始出现。

▶各种海绵动物都是原始的多细胞动物，很长时间人们认为它们是植物，1857年才被确认为是动物

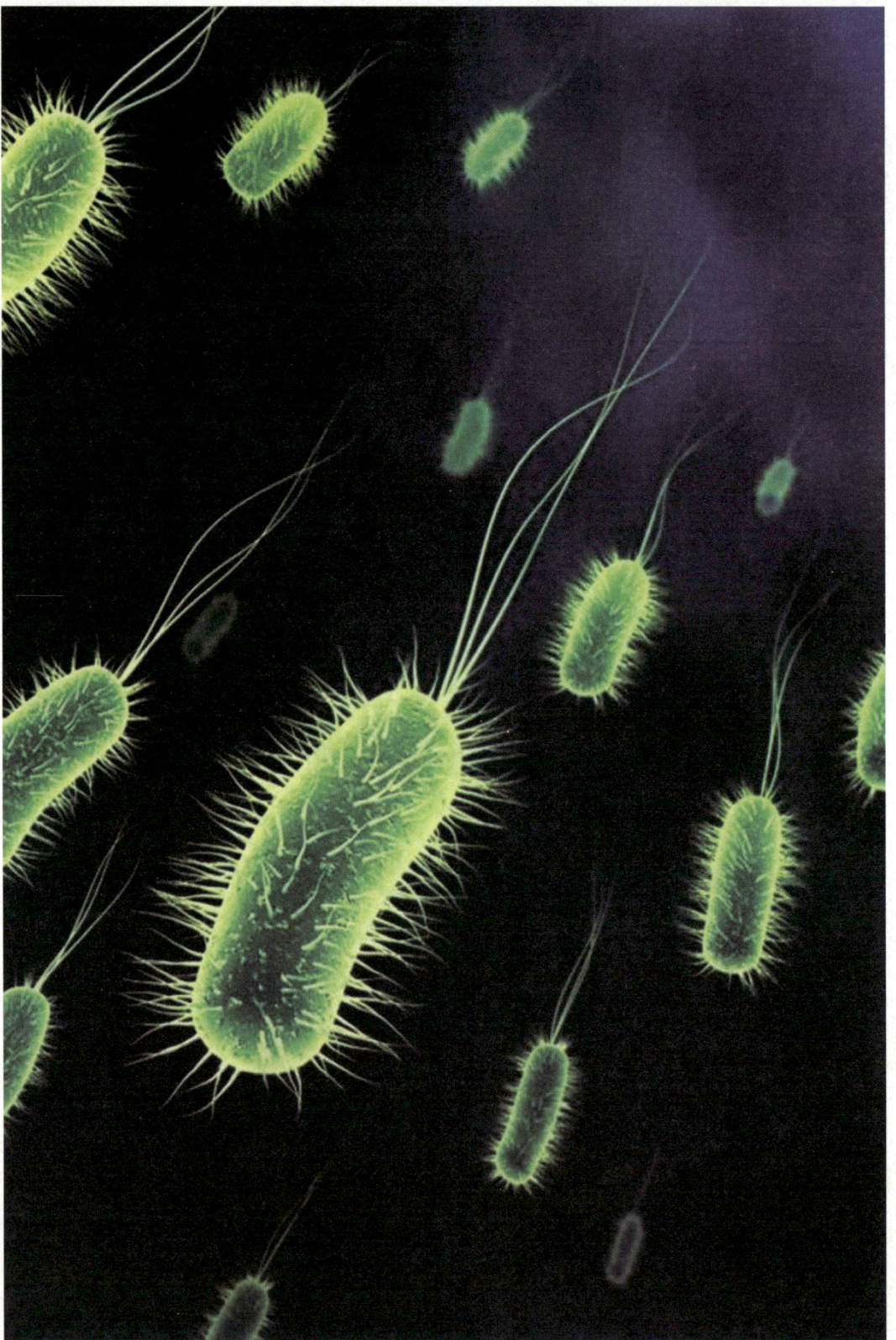

第二章

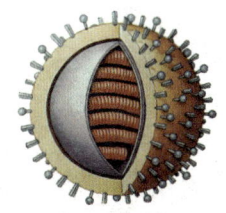

地球生命的主体——微生物界

地球上生命的主体既不是人类，也不是动物界和植物界，而是微生物界。无论是物种的数量，生存年代的久远，还是在地球生态系统中的地位，微生物都当之无愧地占据着主体的地位。动物不可能没有植物和微生物而活着，反之不然。如果我们的生态系统被人为地破坏，顶多动物界被毁灭，而植物和微生物却不会消失。特别是微生物，它根本感觉不到生存危机。就是发生了一场毁灭全球的核大战，细菌们也不会觉得有什么不适应的。

在生物进化史上，微生物是最先出现的，不过目前存在的微生物可能大部分已不是原初的种类，而是几十亿年进化的产物。有些微生物对人类是有益的，比如说，海洋和土壤中的微生物参与了自然界中的物质循环，它们不仅利用阳光合成自身所需的营养物质，从而为其他生物提供食物和氧气，还通过降解有机废物参与自然界碳和氮等的循环。我们所饮用的啤酒是用微生物酿制的；酱油和豆瓣也是用微生物制作的；世界上绝大部分的抗生素是微生物产生的；美味的蘑菇，如香菇、草菇、口蘑，以及药用的灵芝等，都是微生物。有些微生物对人类是有害的，如众所周知的艾滋病病毒，可以引起艾滋病，再如天花病毒、禽流感病毒、SARS病毒，等等。

细菌可以说是最小的具有完整细胞的微生物了。还有一种被称为病毒的微生物。和细菌相比，病毒是一种更小的，但也很特殊的生命体。一般来说，微生物的生长速度非常快，繁殖潜力非常巨大。微生物对环境的适应能力也是惊人的，它们广泛地存在于地球的各个角落，从寒冷的南北极到炎热的赤道地区，从万米的高空到几千米的海底火山口，到处都有微生物的踪迹。迄今已知的微生物大部分为原核生物，原核生物包括细菌、放线菌、蓝藻和原绿藻四大类。原核生物加上病毒和菌物（属于真核生物），就构成了我们所称的微生物。严格来说，所谓的"微生物"并不是一个分类学上的概念，而是一大类微小生物的总称。狭义的微生物包括病毒、细菌和真菌三大类，而广义的微生物概念则还包括微型藻类和部分原生动物等。本章的内容主要讨论狭义微生物概念中的微生物。微生物种类繁多，形态和结构多样，从简单到复杂都有。下面就先从相对比较简单的病毒讲起。

揭开病毒的神秘面纱

微生物学的奠基人巴斯德也是病毒研究的先驱者,他发明了治疗狂犬病的疫苗,并认为引起狂犬病的病原是一种比细菌小的"生物",首次将之命名为"病毒"。病毒,是一类不具细胞结构,具有遗传、复制等生命特征的微生物。病毒是最原始的生命体,早在没有细胞之前就有病毒存在,那时的病毒还只限于蛋白质和核酸,没有表现出病毒的寄生特征,当细胞体生物出现之后,个别这种蛋白质和核酸或他们的复合体表现出寄生性。病毒一旦产生,同其他生物一样,能通过变异和自然选择而演化。从普通的感冒到流感,从艾滋病到癌症,从禽流感到SARS,这些人们耳熟能详的疾病,无不与病毒息息相关。什么是病毒,它们是怎么来的,具有什么样的结构,病毒是怎么使人生病的,所有这些,一直到现在都还是科学家们研究的课题,也是这一节要介绍的主要内容。

发现病毒

光学显微镜的发明使人类能够看到许多病原微生物的真面目,如细菌、菌物和原生动物。但是,对病毒来说,光学显微镜就显得无能为力了。20世纪前,科学家们虽然为寻找像天花、脊髓灰质炎和狂犬病等的病原进行了不懈的努力,但都徒劳无功。伟大的法国科学家、微生物学的奠基人巴斯德也是病毒研究的先驱者,他发明了治疗狂犬病的疫苗,并认为引起狂犬病的病原是一种比细菌更小的"生物",并首次将之命名为"病毒"。当然,那时的人们对病毒的本质还是一无所知。

▼法国科学家、微生物学的奠基人巴斯德,他是病毒研究的先驱者,发明了治疗狂犬病的疫苗,并认为引起狂犬病的病原是一种比细菌小的"生物",首次将之命名为"病毒"

19世纪末以后,病毒的神秘面纱被慢慢揭开了。1892年,俄国科学家伊万诺夫斯基将一些患有花叶病的烟草叶子捣碎,然后取液汁涂到健康的叶子上,结果发现健康的叶子很快就染上了同样的病症。然而,他用光学显微镜却观察不到任何病原菌,将液汁用细菌滤器过滤后,滤过液仍然具有感染性,说明这是一种比细菌还小的致病因子。

1898年,荷兰的贝杰林克重复了这一工作,并首次用"滤过性病毒"来描述这一病原体,简称"病毒"。直到1935年,美国科学家斯坦利用化学方法从将近700千克烟叶的液汁中获得了纯化的病毒结晶。将结晶溶解后注射叶片,病毒就可以恢复活性,繁殖扩增,使叶片患病。病毒能够结晶的事实说明它不是一类细胞生物。那么，病毒的结构是什么样的呢？

病毒的结构

现在已经证明，病毒没有细胞结构，仅由核酸和包裹着核酸的蛋白质外壳组成，和其他微生物类群相比，病毒的结构显然简单多了。可以说病毒是一类个体极其微小的特殊的生命体。准确地说，是一类传染性颗粒，所以一般来说，科学家不说某个病毒是"死"还是"活"，而是说这个病毒有或者没有"活性"。在电子显微镜下，可以清楚地观察到病毒的真面目。

病毒的蛋白质外壳称为衣壳，衣壳由许多亚单位即衣壳体构成，病毒之所以有各种各样的形状，就是因为衣壳体排列的不同。有些动物病毒在衣壳之外还有一层囊膜。囊膜来自宿主的细胞膜或核膜，病毒入侵人体后，就可借由囊膜上的特定糖蛋白识别宿主细胞，然后通过囊膜和细胞膜融合，将病毒颗粒送入细胞。

衣壳包裹着病毒的遗传物质核酸。有些病毒的核酸是核糖核酸（RNA），有些是脱氧核糖核酸（DNA），每一种病毒都只能有一种核酸。根据病毒核酸的组成，可以将病毒分为DNA病毒和RNA病毒。病毒的核酸只有一条，可以是双链，也可以是单链。整个基因组大约编码几个到几百个基因，这些基因大多与病毒的入侵和基因组的复制相关。和高等生物基因组动辄成千上万个基因相比，病毒的基因组算是很简单的了。

▲ DNA 病毒

病毒的增殖过程

所谓增殖就是病毒的遗传物质复制扩增并形成新的病毒颗粒的过程。这个过程必须在宿主细胞内完成，因此说病毒是一种胞内繁殖的微生物，也就是说病毒只有进入宿主细胞才能增殖。下面以一种大肠杆菌的病毒T4噬菌体和感染动物细胞的艾滋病病毒为例，介绍病毒增殖的过程。

顾名思义，噬菌体就是一种专门感染细菌的病毒。从外形上看，T4噬菌体有点像有6只爪的章鱼，它们的头部为规则的多角形，遗传物质就位于其中，大约有100个基因。噬菌体的尾部为中空的管，称为尾鞘，尾鞘

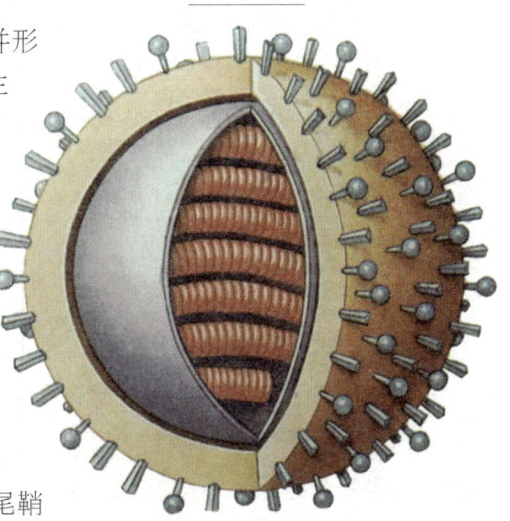

▼ RNA 病毒

> ## 病毒出现假说
>
> 病毒出现假说目前主要有两种：生命起源说和蛋白质、核酸遗失说。其中蛋白质、核酸遗失说认为，大生物（此处大生物意思是具有细胞结构的生物，区别于病毒的胞细胞结构生物）由于细胞脱落和破裂，导致游离的蛋白质和DNA、RNA的出现，在某种情况下，这些蛋白质由于化学作用形成了一个内部可容纳小分子的结构，很多这样的蛋白质，里面裹着DNA或者RNA，甚至单独的蛋白质和单独的DNA、RNA游离，这些散落的游离的分子，有些和大生物细胞膜有亲和性，大生物细胞通过吞噬作用使其进入细胞，其DNA、RNA得以表达，然后通过进化形成现在成熟的病毒。

底部有6根尾丝。有些噬菌体尾鞘很短或干脆就没有尾鞘，也没有尾丝。T4噬菌体能特异地识别大肠杆菌，以尾丝紧紧地附着在细菌的表面，然后尾鞘收缩，就像注射器一样，将头部的基因组DNA"注射"到宿主细胞内。基因组DNA进入细胞后，就利用细菌本身的酶，完成自身的复制，并进行转录和翻译，生产外壳蛋白，外壳蛋白再将新合成的核酸包裹起来，就形成了新的噬菌体。噬菌体形成后，宿主细胞裂解，噬菌体就从细胞中释放出来，又去感染别的细胞。

如果将带有噬菌体的大肠杆菌涂在固体培养基上，由于噬菌体不断将细胞裂解，我们就会在薄薄的一层菌苔中看到许多透明圈，称为噬菌斑。噬菌体从入侵到裂解宿主，再开始入侵新的宿主的过程，称为一个溶菌周期，一般为20~30分钟。能将宿主细胞裂解的噬菌体也称为烈性噬菌体。与此相对应的称为温和噬菌体，这类噬菌体侵入宿主细胞后，并不进行复制，而是将自己的基因组DNA插入到宿主的基因组DNA中，并随着宿主DNA的复制而复制，这时的噬菌体DNA称为原病毒。在一定的条件下，噬菌体DNA也可以从宿主染色体中脱离，并进入溶菌周期。噬菌体DNA从染色体脱离的时候，会以很低的概率带走染色体的一个小片段，这样新形成的噬菌体就带有了宿主的部分遗传物质。一旦这个噬菌体侵入新的宿主，就会把这段DNA带到新宿主中。这是基因（也就是遗传特性）在自然界中转移的方式之一。这种现象称为转导，现在已被用来进行人工的DNA重组实验。

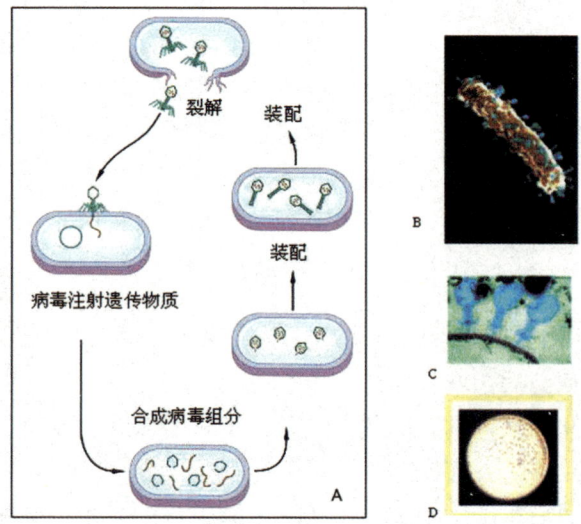

▼噬菌体及其增殖。A.T4噬菌体的增殖周期；B、C.细菌细胞壁上的噬菌体；D.噬菌斑

动物病毒的增殖

动物病毒是通过被宿主吞噬而进入细胞内部的。其中一些衣壳外包有一层来自宿主细胞膜的囊膜，这样就骗过了宿主的免疫系统，并能和宿主

细胞融合，病毒粒子进入细胞，衣壳溶解，释放出基因组。和噬菌体类似，病毒核酸在胞内进行复制、转录和翻译，产生大量的核酸和衣壳，组装成新的病毒粒子。病毒粒子采用以下两种方法之一从细胞中释放出来。无囊膜的病毒是通过细胞死亡和裂解而释放，有囊膜病毒则通过"出芽"途径：成熟的粒子转移到细胞质膜内侧，外面裹上宿主的细胞质膜、核膜或内质网膜而被排除到细胞外。

艾滋病病毒也被称为人类免疫缺损病毒，属于RNA病毒，有两条RNA链。扩增时，病毒RNA首先产生反转录酶，通过反转录酶以RNA为模板转录出DNA，DNA插入到宿主细胞的染色体中，成为原病毒，然后利用宿主的转录系统转录出自己的RNA，并合成核衣壳，组装成新的病毒粒子。病毒粒子随着血流到达身体的各个部位，入侵新的细胞。由于艾滋病病毒专门攻击人的免疫系统，如T细胞和巨噬细胞，因此艾滋病病人的免疫系统逐渐受到破坏。最终他们不是死于病毒本身，而是死于全身性的感染。

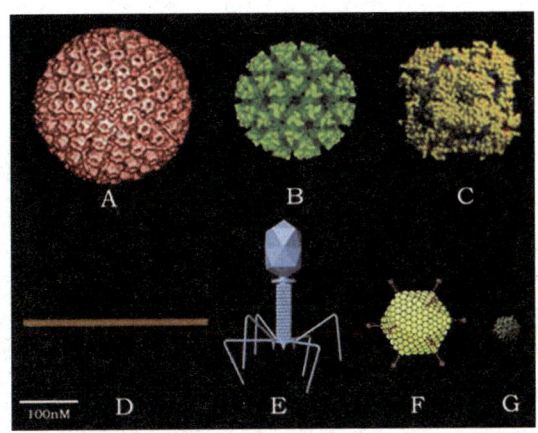

▲不同形态的病毒颗粒。A、B、C.球状（分别为疱疹病毒、昆虫多角体病毒和流感病毒）；D.杆状（烟草花叶病病毒）；E.噬菌体（T4噬菌体）；F、G.多面体（分别为腺病毒和脊髓灰质炎病毒）

病毒与疾病

从细菌到菌物，从藻类到高大的植物，从单细胞的原生动物到哺乳动物，几乎没有什么生物能够逃脱病毒的侵袭。许多病毒可以引起作物疾病，如烟草花叶病。人与动物的病毒病更是不胜枚举。

虽然人类与病毒进行了这么多年的斗争，但很多的病毒性疾病还是无药可医，也没有有效的疫苗来对付这些病毒，其中一个原因就是病毒在与人类的共同进化过程中，不断地改变自己。比如，艾滋病病毒每繁殖一次，新的病毒粒子都会产生一些突变，使得宿主的免疫系统很难再认出它们。流感病毒也是如此，由于每年引起流感的病毒都有所不同，因而科学家针对上次病毒辛辛苦苦生产出来的疫苗根本就不起作用。人类只能靠自身的免疫系统慢慢将病毒克服，或者病毒适应了人体，毒性就降低了。病毒通过自身基因组的快速变化来适应环境，这些变化的规律是什么？为什么有些病毒能快速置人于死地，有些病毒却能与人类和平共处呢？这些都是病毒学研究的前沿课题。

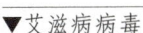
▼艾滋病病毒

细菌的起源

细菌的起源，根据目前已找到的化石来推断，可追溯至35亿年前，然而有关细菌的研究，则是显微镜发明改良后，才蓬勃发展。17世纪后叶以前，人们并不知道有细菌这样一类生物。17世纪后叶，荷兰人列文·虎克制作了能放大200～300倍的显微镜，观察到许多微小的生物。一次，他把一位从未刷过牙的老人的牙垢，放在显微镜下观察，吃惊地看到许多小生物。这些小生物呈杆状、螺旋状或球状；有的单个存在，有的几个连在一起。他把发现的小生物绘制成图，寄给英国的皇家学会，发表在学会的会刊上。从此世人知道了细菌的存在。

▲光学显微镜促使了微生物学、细胞学的诞生，科学家们借助于显微镜获得了一系列重要的科学发现

细菌的形状构造

细菌包括真细菌、放线菌、支原体、立克次氏体、衣原体以及古细菌。

细菌主要是以单细胞的形式进行生命活动的。细菌的形态多种多样，大致可分为杆状、球状、丝状和螺旋状等。但也有许多细菌的细胞连在一起，形成多细胞的群体，如两个球状细胞形成的肺炎球菌，多个细胞连接成串的链球菌，或者多个细胞堆叠像一串葡萄一样的金黄色葡萄球菌。

作为原核生物的一员，细菌细胞当然具有原核生物细胞的结构和组成，从外到内依次为细胞壁、细胞膜、细胞质和核区。除此之外，细菌还含有鞭毛、菌毛、荚膜和芽孢等特殊结构。

细菌的生长和繁殖

细菌细胞生长一段时间后，染色质经过复制，形成一套一模一样的副本，然后细胞从中部缢缩，一分为二，两套染色体也平均分配到两个细胞中，这就是细菌的繁殖方式，

细菌的质粒

作为原核生物，细菌没有细胞核，整个基因组DNA呈环状，位于细胞内的特定区域。细菌也没有线粒体，负责蛋白质合成的核糖体则分布在细胞质内。在细胞质内，除了基因组DNA外，很多细菌还有质粒（一种小的环状DNA分子），能在细胞内独立复制扩增，并随着寄主细胞的分裂而被遗传到子代细胞。质粒的天然构型看起来就像麻花一样呈超螺旋状。质粒对宿主细菌来说不是必需的，也就是说细菌可以将质粒丢弃而不会对正常的细胞功能有什么影响。质粒本身带有许多基因，这些基因的表达产物可以赋予细菌很多新的特性，如一些基因生产能降解抗生素的酶，使细菌能不被抗生素杀死；另一些则让细菌具有重金属的抗性等。质粒的存在无疑能帮助细菌抵抗恶劣的环境。由于环境污染和抗生素的滥用，更出现了能抵抗多种抗生素的"超级抗性菌"。

称为二分分裂。细菌的分裂能力非常强，以大肠杆菌为例，在营养充足的条件下，37℃时每30分钟就可分裂一次。由于细菌细胞很小，所以描述细菌的生长往往不是通过观察单个细胞的变化，而是直接测定细菌整个群体的密度。

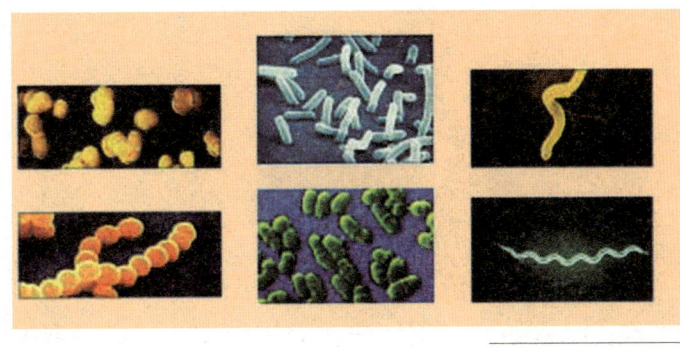

▲细菌的形态特征

细菌在营养丰富、条件适合时快速繁殖，一旦养料耗尽或环境变得不利于生长，如高温、低温等，就会停止分裂。部分细菌原生质体浓缩，最后在细胞中部或一端形成圆形或椭圆形的休眠体，称为芽孢。大部分的芽孢都是在细菌细胞内形成的，也称为内生孢子。芽孢的外面有很厚的包被，能抗高热、高寒、抗辐射、抗高压以及抗化学药物等能力，是细菌抵抗极端环境的方法。比如，芽孢可以在100℃的沸水中煮1小时而不死，一般要121℃高压蒸气保持15分钟以上才能杀死芽孢。科学家甚至在2500万年前的蜜蜂化石中分离到了能复活的芽孢杆菌属细菌的芽孢！由此可见，芽孢生命力的顽强。芽孢在环境适宜时，又能重新萌发繁殖。因此，为了保证灭菌的彻底，可以让灭过一次菌的物体先放置过夜，待未死的芽孢萌发产生新的营养体后，再灭菌一次，以彻底杀死所有微生物，这种方法称为间歇灭菌。污染罐头的肉毒梭菌是一种厌氧的革兰氏阳性菌，它产生的毒素只要1毫克就足以杀死100万只以上的豚鼠，因此罐头的灭菌要非常彻底。

细菌的多样性

从进化的角度来说，细菌的种类是多种多样的。我们上面所讲的主要属于真细菌一类。放线菌、衣原体、立克次氏体、支原体等也属于真细菌。

如果拿起一把土壤闻一闻，就会闻到一股特有的土壤气味，这主要就是放线菌所发出的气味。放线菌菌体由分支的菌丝组成，称为菌丝体。有些放线菌通过菌丝的断裂来形成新的个体，有一些则在菌丝的顶端形成分生孢子，通过孢子萌发来形成新的个体。放线菌主要从土壤中分离得到，但也有一部分放线菌生活在植物内部，称为内生放线菌。放线菌是许多抗生素的产生菌，其中以链霉菌产生的抗生素最多，如灰色链霉菌产生链霉素，龟裂链霉菌产生土霉素。

▼放线菌

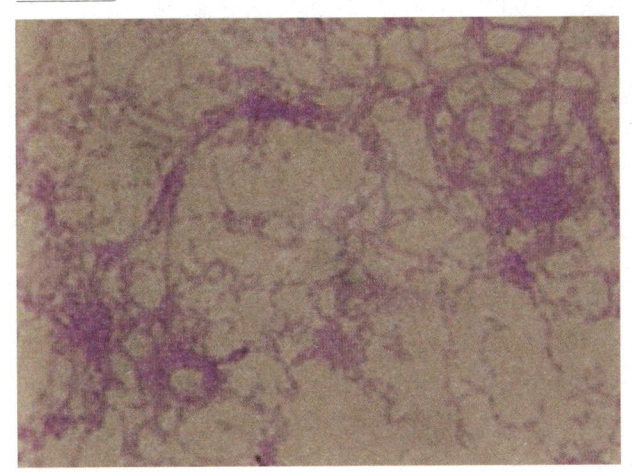

衣原体比一般细菌小很多，立

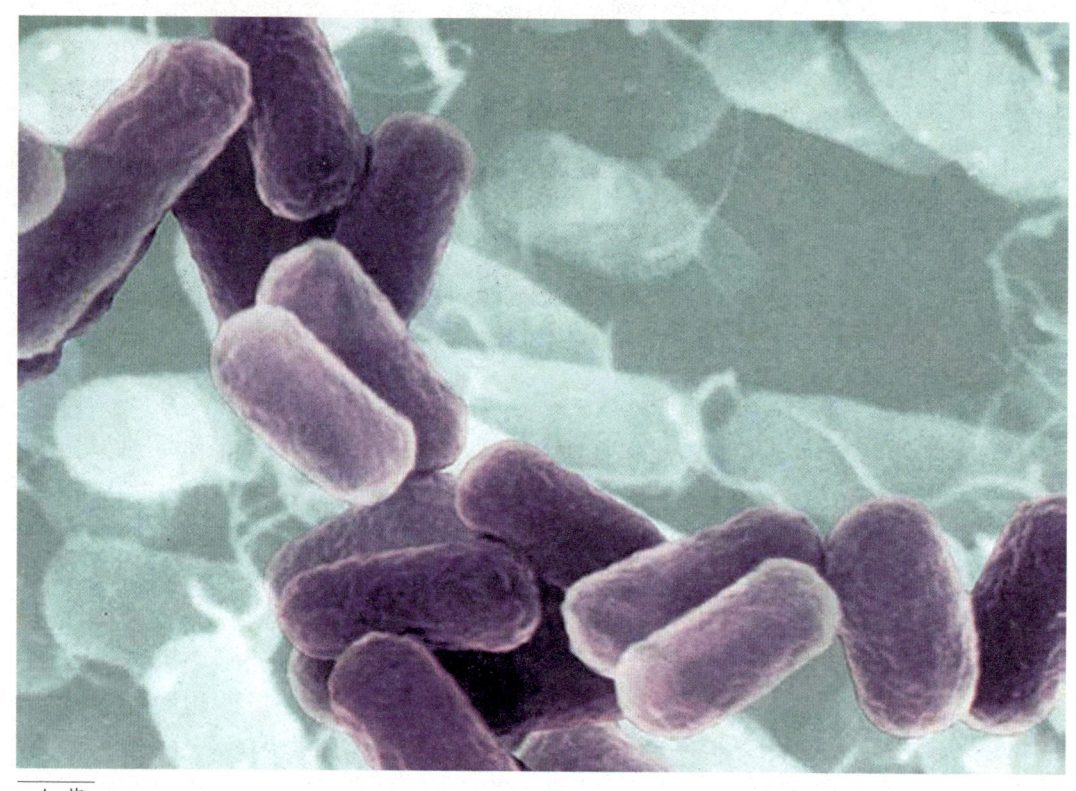

▲细菌

克次氏体比衣原体稍大，呈球形、杆形或球杆形。这两类菌的特点是它们进行细胞生长代谢的酶系统不完全，所以只能生活在寄主的细胞内，靠寄主细胞提供能量来进行生物合成。这两类微生物广泛寄生在动物体内，但不会对动物本身致病。然而，一旦在人身上寄生，往往就会造成疾病。沙眼俗称红眼病，就是由衣原体感染眼睛引起的。寄生在节肢动物如蚤、虱等昆虫细胞内的立克次氏体也会因为寄主被吸血而传到人体内，引起斑疹伤寒等疾病。

支原体是目前已知最小、结构最简单的能自我复制的细胞生物，整个基因组只有480个基因。它的主要特点是没有细胞壁，因而形状多样，在培养基上长成的菌落呈油煎蛋形。与衣原体和立克次氏体不同，支原体广泛分布在土壤、水体和动植物体内外，腐生和寄生都有，有一些是动植物的病原菌。肺炎支原体则是人的病原菌，和其他一些病原菌一样，能引起非典型肺炎（不同于由病毒引起的非典型肺炎）。

古细菌虽然也称为细菌，但实际上它们在进化上与前面所讲的真细菌相差很远，它们和真细菌、真核生物一起，并列为生物的三个总界。本节只是为了叙述的方便，才将古细菌放在真细菌一节中来叙述。

和真细菌相比，古细菌的生活环境和细胞的化学组成都很特殊，在细胞形态、细胞核类型、染色体形状等方面两者非常相似；而在蛋白质合成、DNA复制等方面，古细菌更像真核生物。古细菌一般都是生活在极端环境中，如高温、高酸碱或者无氧的环境。在深海火山口350℃～400℃高温的海水中，也有古细菌的活动。甲烷菌是一种厌氧古细菌，他们能利用二氧化碳使氢氧化生成甲烷，甲烷是沼气的主要成分，可以用来燃烧发电，是一种廉价的能源。

古细菌越来越引起人们的重视，这不仅是因为古细菌的生活环境与地球早期的气候环境很一致。对古细菌的深入研究将有可能为人们了解早期生命活动提供线索，科学家们还希望能从这些极端微生物中获得有意义的代谢产物，如耐高温、耐酸碱的酶等。

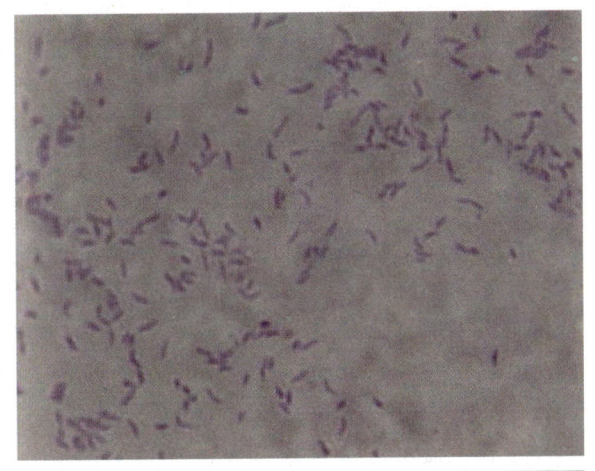

▲大肠杆菌

对人类有益和有害的菌

有益菌，在长期的进化过程中，细菌和人类形成了密不可分的关系。从人的体表到消化道，都栖息着大量的细菌群落。人的消化道是一个温暖和温度恒定而且营养丰富的地方，是细菌的理想栖息地，人的粪便几乎一半的干重都是消化道中的细菌。从胃到直肠各段的微环境（氧含量、酸碱度等）有所不同，栖息的细菌种类也就不同。这些细菌一般来说对人体无害，甚至还有益处。这些肠道细菌可以合成维生素B族和维生素E、维生素K以及氨基酸等供应人体。这些正常的栖息菌还能帮助人体抵抗外来微生物的入侵。实验证明，没有这些肠道微生物的存在，人体就不能维持正常的生活。当然，有些栖息菌对人本身是有害的，如幽门螺杆菌就是引起胃炎的元凶。

致病菌，人类的很多疾病是由细菌引起的。常见的有霍乱（霍乱弧菌）、结核（结核杆菌）、细菌性肺炎（肺炎球菌等）、嗜肺军团菌引起的非典型肺炎、痢疾（致病性大肠杆菌等）和各种炎症等。从医学的角度来说，人类文明的历史就是一部和病菌不断斗争的历史。曾几何时，病菌在城市和乡村肆虐，人们对此束手无策，只有祈求上苍的怜悯。欧洲的中世纪发生的淋巴腺鼠疫，后来称为黑死病，曾经夺走了欧洲三分之一人口的生命。随着科学技术的进步，在征服病菌的道路上，人类已经取得了巨大的胜利。由于抗生素的使用，人类居住环境的改善，以及医疗卫生防疫系统的不断健全，虽然还有新的病原菌出现，但目前人类已经能够治愈绝大部分的细菌性疾病，并能有效地防止它们的扩散。

▼霍乱弧菌

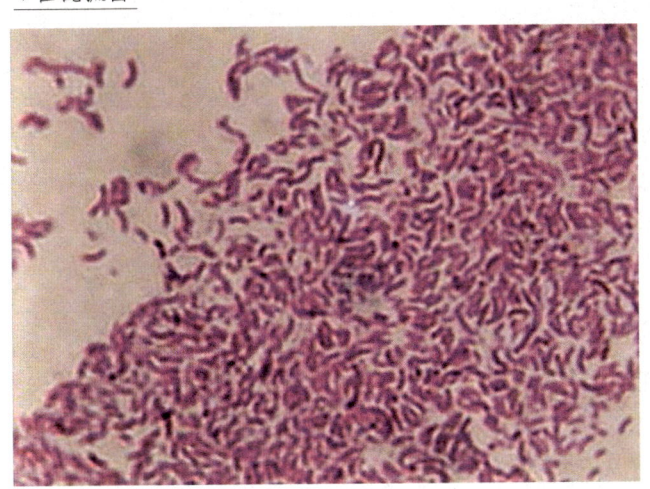

微生物世界中出现的大家族——真菌

虽然真菌存在的证据可追溯到距今约4.2亿年前，但古生物学家认为它们应该出现得更早。真菌的种类很多，个体的差异也很大。真菌在微生物世界中是一个大家族，从前被归在植物界，但今日的生物学家却不如此认为，因为它们与植物和其他真核生物差异非常大。虽然真菌像植物一样具有细胞壁，但却与植物细胞壁的成分不同，不含纤维素，而含有如节肢动物外骨骼的几丁质。虽然真菌也像植物一样固着在某处，不产生可动的细胞，但真菌的营养方式为异营，与植物的自营方式迥异。基于以上原因，今日的生物学家将真菌独立归为真菌界。

真菌的特征

在存放久了的柑橘和其他水果的表面，我们常常可以看到一片蓝色、灰色或绿色毛茸茸的东西，这就是我们常说的"霉菌"。霉菌是真菌的一大类群。我们所熟知的真菌还有木耳、灵芝、冬虫夏草、双孢蘑菇、香菇、草菇等体形很大的食用菌和药用菌。

▼A、B、C.各种基物上的霉菌菌落; D.菌丝; E.菌落; F.酵母细胞

如果我们把这些霉菌和蘑菇拿到显微镜下观察，就会发现它们都是由分支或不分支的菌丝组成的。这些菌丝互相缠绕，就形成了肉眼可见的菌丝体，菌丝体长成菌落。不同种类真菌的菌落可以很不相同，颜色也多种多样，有黄色、绿色，以及黑色。这些真菌尽管在外观上很不相同，但它们却都有如下一些共同的特征：首先，真菌和动物及植物一样，属于真核生物；真菌又是异养生物，也就是说和植物及部分细菌不同，所有的真菌都没有叶绿素以及其他能进行光合作用的色素，所以真菌不能利用二氧化碳和阳光来进行光合作用以制造本身生长繁殖所需的有机物质，只能以吸收营养的方式获得碳源和其他营养物质进行生长；其次真菌多是多核丝状体，但也有单细胞的，如酵母。

大部分真菌是腐生的，它们一般是从腐烂的动植物中吸收营养成分，

冬虫夏草

昆虫如蚂蚁、蛾的幼虫或蝶蛹等被虫草属的孢子沾上，孢子在虫体内或虫体外萌芽成长，菌丝体吸取营养生长，渐渐占据整个虫体，使虫僵死，越冬至初夏，即从虫体内冒出一根根黄色、棕色或黑色的子实体，所以冬天看是一只僵死的虫，到夏天却变成像植物的真菌，这就是冬虫夏草名称的由来。中华冬虫夏草常被用作中药，据说有补肺益肾的功效，它原产于西藏、四川和青海，现在云南地区亦有人工栽培。

绝对寄生的真菌是极少的。真菌能分泌各种各样的酶，这些酶分解的基质包括纤维素、木质素、皮革、毛发、木头、橡胶等。据说，凡是地球上存在的物质，都可以被真菌降解利用。即使在海洋和其他极端环境中，也有真菌存在。

真菌与人类

真菌的数目非常庞大，分布于地球的每个角落。据估计，全世界的真菌种类约有150万种，但被描述的种类只有大约6.9万种。从实用的角度，可将真菌分为两大类：大型真菌（蘑菇、木耳、香菇等）和小型真菌（霉菌、酵母）。然而，对这么庞大而复杂的种类进行科学分类并阐明各种类之间的相互关

▲食用或药材用的菌类。1. 木耳，2. 白木耳，3. 洋菇，4. 香菇，5. 竹荪，6. 灵芝

系是很困难的。目前较易被接受的一个系统是将真菌单独归为一个界，即真菌界。根据真菌的繁殖方式、形态结构和细胞壁的组成成分，以及分子系统学的研究结果，将真菌界分为壶菌门、接合菌门、子囊菌门和担子菌门4个门。

真菌种类繁多而复杂，具有高度的多样性。真菌跟人类的生活息息相关，人类从中受益或受害。蘑菇的主要部分并不是生于地上的子实体，而是生于基质（土壤或木头）内的菌丝体。这些菌丝体最大的占地可达12万米^2，重量超过100吨。有些菌丝体由中心向外扩张，在边缘形成蘑菇圈，称为仙人环。真菌在自然界物质循环过程中起着重要的作用，在森林生态系统中尤其明显。它们是枯枝落叶的主要分解者，主要分解纤维素、半纤维素和木质素。一些真菌在植物组织内生长，成为内生菌。现已证明，内生菌可以保护宿主免受病原菌的侵害。一些真菌感染昆虫，昆虫死亡后在虫体上长出子座，被称为虫草。一些子囊菌和担子菌也与蓝绿细菌和绿藻共生，形成地衣。藻类通过光合作用为真菌提供有机食物。地衣可以产生许多次生代谢产物，如地衣酸。

▼冬虫夏草

真菌在自然界物质循环中有着极其重要的作用，自然界中每天都有数以万计的生物在死亡，有无数的枯枝落叶和大量的动物排泄物，等等。那么，日积月累，久而久之，地球岂不就被生物的"垃圾"所覆盖了吗？其实不然，因为自然界中有许多"清洁员"。在这个清洁队伍中，干得最出色的是细菌和真菌，它们最大的本领，就是把死亡了的复杂有机体，分解为简单的无机物，这一过程，就是它们清除大自然中"垃圾"的过程，也是自然界物质循环的过程。

第三章

繁荣的植物王国

植物界的产生是一个发生、发展和演化都很漫长的历史过程。如今地球上生长着40多万种植物。它们不仅在形态结构上不同,在营养方式、生殖方式和生活环境上也各不一样。现代科学和化石研究表明,现存的这些植物并不是现在才产生的,更不是由"上帝"创造出来的,它们大约经历了30亿年的漫长历程逐渐发生、发展和进化而来。地球上最早出现的植物是细菌和蓝藻等原核生物,时间大约距今35亿~33亿年。以后又经历了5个主要发展阶段才发展到现在的状况。

第一个阶段称为菌藻植物时代。即从35亿年前开始到4亿年前(志留纪晚期),在这30亿年的时间,植物仅为原始的、低等的菌类和藻类。其中,从35亿年前到15亿年前为细菌和蓝藻独霸的时期,我们常将这一时期称为细菌—蓝藻时代。从15亿年前开始才出现了红藻、绿藻等真核藻类。第二阶段为裸蕨植物时代。从4亿年前由一些绿藻演化出原始陆生维管植物,即裸蕨。它们虽无真根,也无叶子,但体内已具有维管组织,可以生活在陆地上。在3亿多年前的泥盆纪早、中期,它们经历了约3000万年的向陆地扩展的时间,并开始朝着适应各种陆生环境的方向发展分化,此时陆地上已初披绿装。此外,虽然苔藓植物也是在泥盆纪时出现的,但它们始终没能形成陆生植被的优势类群,只是植物界进化中的一个侧支。第三个阶段为蕨类植物时代。裸蕨植物在泥盆纪末期已灭绝,代之而起的是由它们演化出来的各种蕨类植物。至二叠纪约1.6亿年的时间,蕨类植物成了当时陆生植被的主角。许多高大乔木状的蕨类植物很繁盛,如鳞木、芦木、封印木等。第四个阶段为裸子植物时代。从二叠纪至白垩纪早期,历时约1.4亿年。许多蕨类植物由于不适应当时环境的变化,大都相继灭绝,陆生植被的主角则被裸子植物所取代。最原始的裸子植物(原裸子植物)也是由裸蕨类演化出来的。中生代为裸子植物最繁盛的时期,故称中生代为裸子植物时代。第五个阶段为被子植物时代。它们是从白垩纪迅速发展起来的植物类群,并取代了裸子植物的优势地位。直到现在,被子植物仍然是地球上种类最多、分布最广泛、适应性最强的优势类群。当然其他各类植物也都在发展变化,种类也不少。

纵观植物界的发生、发展历程,可以看出整个植物界是通过遗传变异、自然选择(人类出现后还有人工选择)而不断地发生和发展的,并沿着从低级到高级、从简单到复杂、从无分化到有分化、从水生到陆生的规律演化。新的种类在不断产生,不适应环境条件变化的种类则不断死亡和灭绝,这条植物演化的长河将永不间断,永远不终结。

地球上出现最早的植物
——藻类植物

现代科学和化石研究表明,现存的这些植物并不是现在才产生的,更不是由"上帝"创造出来的,它们大约经历了30多亿年的漫长历程逐渐发生、发展和进化而来的。地球上最早出现的植物是细菌和蓝藻等原核生物,我们常将这一时期称为细菌—蓝藻时代。从15亿年前开始才出现了红藻、绿藻等真核藻类。藻类是地球上出现最早的植物,经过漫长的演化,直到6亿年前的寒武纪(属古生代),藻类仍是地球上唯一的绿色植物。从藻类的形态、构造、生理等方面看,它们是一群最原始的植物。

▲在一些营养丰富的水体中,有些蓝藻大量繁殖,加剧了水质恶化,造成鱼类的死亡

原核藻类

地球上最早出现的藻类是单细胞的蓝藻,它们一直以"前寒武海"为演化中心。蓝藻,即蓝藻门,又称蓝绿藻,是一门最原始、最古老的藻类植物。其主要特征是植物体简单,单细胞,各式群体和丝状体;细胞中无真核,但细胞中央含有核物质,通常呈颗粒状或网状,没有核膜和核仁,具有核的功能,故称其为原核。正因如此,现代大多数学者主张将蓝藻从植物界中分出来,和具有原核的细菌等一起,单立为原核生物界。

最著名的食用藻类植物

在植物学中,藻类是一群低等植物,无论在江河湖沼,还是陆地海洋,到处都有它们的踪迹。它们之中的多数种类是鱼类的主要饵料,一些种类可供食用、药用和工业用,与人类生活有不解之缘。最著名的食用藻类植物应数发菜。这种植物黑绿色,细长丝状,像一团乱糟糟的头发,因而得名。别看其貌不扬,它却是一种极名贵的菜肴,一般餐桌上是不能使它屈尊就座的,它只与海参、燕窝、猴头相伴为伍,出现在豪华的宴席中。发菜还是我国传统的出口商品。据记载,发菜早在唐代就已被广泛采集并远销国外。目前,发菜在国际市场上仍是热门货。据说一吨发菜可换回15辆汽车。此外,像海带、紫菜、石莼、裙带菜、鹿角菜、羊栖菜、石花菜等都是著名的食用藻类植物。

一般来说，凡含叶绿素a和藻蓝素量较大的蓝藻，细胞大多呈蓝绿色。同样，也有少数种类含有较多的藻红素，藻体多呈红色，如生于红海中的一种蓝藻，名叫红海束毛藻。由于它含的藻红素量多，藻体呈红色，而且繁殖也快，故使海水也呈红色，红海便由此而得名。

▲藻类化石

蓝藻在地球上大约出现在距今35亿～33亿年前，现在已知约1500多种，分布十分广泛，遍及世界各地，但主要为淡水产。有少数可生活在60℃～85℃的温泉中，有些种类和真菌、苔藓、蕨类及裸子植物共生。有不少蓝藻可以直接固定大气中的氮，以提高土壤肥力，使作物增产；还有的蓝藻可供人们食用，如著名的发菜和普通念珠藻（地木耳）等。但在一些营养丰富的水体中，有些蓝藻常于夏季大量繁殖，并在水面形成一层蓝绿色且有腥臭味的浮沫，称为"水华"，甚至有些种类还会产生一些毒素，加剧了水质恶化，对鱼类等水生动物，以及人、畜均有很大危害，严重时会造成鱼类的死亡。

真核藻类

最古老的真核藻类是什么时候出现的呢？科学家们推测，约在15亿年前。当时大气圈中游离氧的浓度已超过0.1%，臭氧层也开始形成，似乎有出现真核藻类的可能。这个时期，由原始单细胞真核生物分化产生的藻类植物，在海洋中十分繁盛，不仅有单细胞体，也有多细胞体，甚至更复杂的细胞体。它们的体内含有不同的色素，五彩缤纷，十分鲜艳。大量的藻类在浅海海底经过漫长的岁月，堆积成了巨大的海藻礁，由于它们是一层层地聚集，并且和碳酸钙交互成层叠置，因而得名"叠层石"。

▼绿藻

大约在10亿年前，是海藻礁在地球上形成种类最多的时期。在众多的藻类中，有一种叫绿藻的植物显得非常重要，它是后来的高等陆生植物的祖先。到了距今4亿年前后，由于造山运动，海洋面积缩小，陆地出现。此时，一部分生活在岸边的绿藻，逐渐登上陆地，进化成高等陆生植物——裸蕨。自从陆地上出现裸蕨植物，陆生植物大发展的新篇章就被揭开了，从此，荒凉的大地开始披上绿衣。

藻类的基本特征

关于藻类的概念古今不同。我国古书上说:"藻,水草也,或作薻"。可见在我国古代所说的藻类是对水生植物的总称。在我国现代的植物学中,仍然在一些水生高等植物的名称中冠以"藻"字(如金鱼藻、黑藻、苡藻、狐尾藻等),也可能来源于此。与此相反,人们往往将一些水中或潮湿的地面和墙壁上个体较小,黏滑的绿色植物统称为青苔,实际上这也不是现在所说的苔类,而主要是藻类。

根据现代对藻类植物的认识,藻类虽然并不是一个自然分类群,但它

▲中国辽宁北票上园乡黄半吉沟藻类化石

们却具有一些共同特征:藻类植物的形态、构造很不一致,大小相差也很悬殊。例如,众所周知的小球藻,呈圆球形,是由单细胞构成的,直径仅数微米;生长在海洋里的巨藻,结构很复杂,体长可达200米以上。尽管藻类植物个体的结构繁简不一,大小悬殊,但多无真正根、茎、叶的分化。有些大型藻类,如海产的海带、淡水的轮藻,在外形上,虽然也可以把它分为根、茎和叶三部分,但体内并没有维管系统,所以都不是真正的根、茎、叶。因此,藻类的植物体多称为叶状体或原植体。藻类植物一般都具有进行光合作用的色素,能利用光能把无机物合成有机物,供自身需要,是能独立生活的一类自养原植体植物。另外,藻类植物的生殖器官多由单细胞构成,进行无胚胎发育。

藻类的分类

藻类植物的种类繁多，目前已知有 3 万种左右。早期的植物学家多将藻类和菌类纳入一个门，即藻菌植物门。随着人们对藻类植物认识的不断深入，一般认为藻类不是一个自然分类群，并根据它们营养细胞中色素的成分和含量及其同化产物、运动细胞的鞭毛及生殖方法等分为若干个独立的门。对于分门的看法，也有很大的分歧，我国藻类学家多主张将藻类分为 11 个门：蓝藻、红藻、隐藻、甲藻、金藻、黄藻、硅藻、褐藻、裸藻、绿藻、轮藻。

▲紫菜

按色素的颜色划分，藻类可分为三类：绿藻、褐藻和红藻。绿藻（如海莴苣和水绵）只有绿色色素——叶绿素；褐藻（如墨角藻属植物）只有褐色和黄色色素；红藻则含有红色和蓝色色素。藻类用色素来获得能源，它们的生长也需要水和光。褐藻只能生长在海水中，绿藻和红藻也可以生长在淡水中。有些藻类设法离开了水，如绿球藻属就生活在树皮或潮湿的旧墙上。

▼海带

藻类的生活习性

藻类在自然界中几乎到处都有分布，主要是生长在水中（淡水或海水）。但在潮湿的岩石上、墙壁和树干上、土壤表面和内部，也都有它们的分布。在水中生活的藻类，有的浮游于水中，也有的附着于水中岩石上或附着于其他植物体上。

藻类植物对环境条件要求不高，适应环境能力强，可以在营养贫乏、光照强度微弱的环境中生长。在地震、火山爆发、洪水泛滥后形成的新鲜无机质上，它们是最先的居住者，是新生活区的先锋植物之一。有些海藻可以在 100 米深的海底生活；有些藻类能在零下数十度的南北极或终年积雪的高山上生活；有些蓝藻能在高达 85℃的温泉中生活；有的藻类能与真菌共生，形成共生复合体（如地衣）。

生物进化史上的诺曼底登陆

大约30亿年前,地球上已出现了植物。最初的植物结构极为简单,种类也很贫乏,并且都生活在水域中。到了4亿多年前,由于气候变迁,生长在水里的一些藻类,被迫接触陆地,并逐渐演化成蕨类植物,这是最早登陆地球的植物。首先登陆的是绿藻,它们进化为裸蕨植物,摆脱了水域环境的束缚,在变化多端的陆地环境生长,为大地首次添上绿装。刚登陆时,它们既无根又无叶,仅是一个"茎状物"。后来在适应陆地生活的变异中,逐渐出现根、茎、叶分化的趋势。地上部分向空中发展,进行光合作用;吸水用水的器官有了分工,促使体内维管束的发展。地下茎逐渐生出了细小叉状旁枝,称为"假根"。后来,陆地气候进一步干旱,裸蕨类植物衰亡了,其他机能结构更高等的蕨类植物兴起,取而代之。

裸蕨类植物登陆

现存的水生藻类拥有相当丰富的多样性,然而令人惊奇的是,在它们的原始祖先中只有淡水绿藻成功地登上了陆地,并衍生了从苔藓植物到有花植物的全部陆生类群。虽然这一原始绿藻至今仍是一个未解之谜,但其近亲轮藻仍生活在今天许多湖泊的淡水里。DNA分析的结果证实了所有的陆生植物均来自同一祖先的结论。

陆生植物的祖先,即原始的多细胞绿藻大约出现于7亿年前。在经过了约2亿年的进化后,在奥陶纪早期,海滩与河岸上开始出现了具有简单茎状结构的植物体。这些新的类型又演化出了相对强壮的细胞壁以抵御波涛的冲击,同时还产生了固定于岩石表面的特化结构以保持它们的位置。当这些生物的体积增大后,它们开始面临着养分运输问题,由于深没于水面下的部分无法进行光合作用,它们最终进化出了延伸于整个身体的特化养分输导组织。

▶裸蕨

植物登陆的意义

植物的登陆,改变了以往大陆一片荒漠的景观,使大陆逐渐披上绿装而富有生机。不仅如此,陆生植物的出现与进化发展,完善了全球生态体系。陆生植物具有更强的生产能力,它不仅有海生藻类无法制造出的糖类,而且在光合作用过程中吸收大气中的二氧化碳,排放出大量的游离氧,从而改善了大气圈的成分比,为提高大气中游离氧量作出了重大贡献。因此,4亿年前的植物登陆可以说是地球发展史上的一个伟大事件,甚至可以说,如果没有植物的成功登陆,便没有今日的世界。

最早陆生植物的化石记载可以追溯到4.75亿年前的隐孢子四分体及其孢子囊的化石，它们可能属于类似地钱（苔类植物）的矮小植物体。陆生植物在进化的早期就发生了分化，一部分适应于水分充足的潮湿环境，因而不需要输水结构的进一步特化，这些类群保持了靠近地面的矮小形体并最终演化出了今天的苔藓植物；而另一部分，为了适应陆地上广泛的干旱环境，进化出了发达的根、茎、叶系统，并通过特化的输导水分与养料的维管组织彼此相连。根系统的进化保证了水分的来源，而茎、叶系统的进化则使光合的面积大大扩展。由于细胞壁中木质素成分的出现，使得植物体具有足够的强度向更广泛的空间伸展，维管组织的高效运输使水分与养料的供应都得到了充分的保障，这些特征使维管植物很快发展成为统治陆地的优势类群，在距今3.64亿年前的泥盆纪中维管植物即已相当繁盛。

迄今发现的最早维管植物化石产生于4.25亿年前的志留纪。这是被称为顶囊蕨或光蕨的矮小而简单的原始蕨类，它们与莱尼蕨等原始裸蕨类植物共同代表了维管植物的早期类型。它们在志留纪晚期曾经非常繁盛，到泥盆纪中期灭绝。

▲金毛裸蕨　　　　　　▼光蕨

裸蕨类植物形态

裸蕨植物因无叶而得此名。一般体形矮小，结构简单，高的不过2米，矮的仅几十厘米。植物体无真正的根、茎、叶的分化，仅有地上长得极其细弱的二叉分枝的茎轴和地下长的拟根茎。但是却出现了维管组织，在茎轴基部和拟根茎下面，又长出了假根。

这不但有利于水分和养分的吸收及运输，而且加强了植物体的支持和固着能力。与此同时，茎轴的表皮上产生了角质层和气孔，以调节水分的蒸腾；孢子囊长在枝轴顶端，并产生具有孢粉质外壁的孢子，坚韧的外壁使其不易损伤和干瘪，有利于孢子的传播。

这些结构都是裸蕨，相比它们的祖先——藻类，更能适应多变的陆生环境的新组织器官开始出现。这些组织器官与现代的高等植物相比，确实是非常简单和原始的。但是，裸蕨植物正是依靠这些简单的组织和器官解决了它们在陆生环境中所面临的一些主要矛盾，并且为沿着这样的道路继续衍生越来越高等的陆生植物奠定了初步的基础。由此看出，裸蕨植物是由水生到陆生的桥梁植物，也是最原始的陆生维管植物。

裸蕨植物的类型

裸蕨植物并非一个自然分类单位，而是一个极其庞杂的大类群。通过化石资料分析，它们大致可分为三种类型，即瑞尼蕨型、工蕨型和裸蕨型。这三种类型的植物又都是来自最原始的裸蕨植物——顶囊蕨，由于顶囊蕨的孢子囊是光的，所以又叫光蕨。1937年被发现于英国、当时捷克斯洛伐克和美国，1966年在我国云南也曾采到光蕨化石。顶囊蕨的茎轴不到10厘米高，非常纤细，二叉分枝，维管束也为二叉分枝，环纹管胞，孢囊顶生，孢子同型，肾形，是唯一的最古老的陆生维管植物。

▲一种顶囊蕨

瑞尼蕨型这一类植物的典型代表是瑞尼蕨。1917年被发现于英国的苏格兰。它是一群构造简单的小型草本植物。它的一些特征和现代蕨类植物完全一致。从这样一个原始的瑞尼蕨类型，向着两个途径演化：一条途径是，瑞尼蕨的能育和不育的顶枝简化，孢子囊聚合生长，并产生新的拟叶，由于枝的缩短，孢子囊由顶生变为侧生，也就是聚囊位于拟叶上方的短枝顶端，成为蕨类植物中的松叶蕨类；另一个途径是，瑞尼蕨产生近似轮生的叶子，孢子囊穗上的孢子囊倒生、悬垂于反卷的小枝顶端，成为歧叶和芦形木，由此进一步演化为具轮生分枝和孢子囊柄弯曲的木贼类。

工蕨型的代表植物是工蕨。工蕨不同于其他裸蕨植物的最大特点是，它在枝轴顶部组成穗状的侧生孢子囊，它们大都呈肾形，基部有短柄，并有沿着前缘切线开裂以扩散孢子的细胞加厚带。工蕨型植物出现得比瑞尼蕨型植物晚，它是从较早出现的瑞尼蕨型植物的原始类型衍生出来的。后来发现的一种早泥盆纪植物肾囊蕨，其植物体二歧式分枝和孢子囊单个顶生和瑞尼蕨型植物中的顶囊蕨一致；而孢子囊呈肾形，并沿前缘切向开裂，却又非常近似工蕨型植物。这一中间类型植物的发现，进一步说明了工蕨型植物是由瑞尼蕨的原始类型通过肾囊蕨演化来的。后来工蕨型植物发生了一次多方向的演变，发展成为原始的石松类植物，其中一部分就成了现代石松类的远祖。

裸蕨型植物的代表为裸蕨。它的主轴比较粗壮，外部形态比瑞尼蕨型复杂。裸蕨的维管束木质部和主轴的直径相比，已经粗大得多了。从木质部的结构多少可以说明它和瑞尼蕨型植物的某些渊源关系。这也就是说，裸蕨型植物发源于瑞尼蕨的原始类型。从裸蕨的形态结构和由几层厚壁细胞组成的外皮层，都说明其足够支撑一个相当大的植物体了。裸蕨的孢子囊可纵向开裂以传播孢子，这是比较先进的。它是裸蕨型植物中最高级的类型。

▲工蕨

植物界系统演化中的主干

值得我们特别注意的是，在裸蕨型植物中，有一种叫三枝蕨的裸蕨型植物，它生存于早泥盆纪末，在它的主轴上长着螺旋状排列的侧枝，侧枝从主轴长出后，很快就发生一次相等的三叉式分枝，这种三叉式的每小枝向前长出不远，就又发生一次不等的三叉式分枝和两次二歧式分枝，然后在每个末级细枝顶端，生长成对的或三个彼此紧靠成束的孢子囊。从三枝蕨的分枝形式和顶生成束的孢子囊及所在的地质时代，无不说明它和其他裸蕨型植物具有密切的关系。由于植物体已很粗壮，加上枝轴形态结构的特别复杂，则为一般裸蕨型植物所不及，因而它很像是裸蕨植物与更高级的维管植物之间的过渡植物或中间类型。裸蕨植物由此发展为真蕨类和前裸子植物，后者再进一步演化为各类裸子植物。

可以这样说，所有的陆生高等植物，除了苔藓植物以外，都是直接或间接起源于裸蕨植物，没有任何一种陆生维管植物能够绕过裸蕨植物而直接发源于水生藻类的。因此，裸蕨植物在植物界的系统发育中，上承生活在水中的藻类，下启陆生的蕨类和前裸子植物，是植物界系统演化中的主干。

▼莱尼蕨
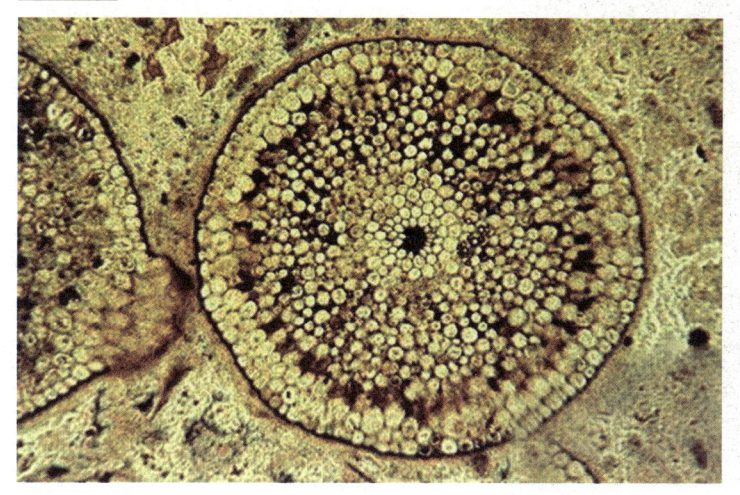

成为陆地生活的真正"居民"
——蕨类植物

裸蕨植物在泥盆纪末期已灭绝,代之而起的是由它们演化出来的各种蕨类植物;至二叠纪约1.6亿年的时间,它们成了当时陆生植物的主角。许多高大乔木状的蕨类植物很繁盛,如鳞木、芦木、封印木等。虽然蕨类源于裸蕨植物,但已不裸,有了真正的根和叶。裸蕨和蕨类植物,经过"前赴后继",终于成了陆地生活的真正"居民"。

蕨类植物的演化

蕨类植物是地球上最早出现的陆生植物类群,具有4亿多年的悠久历史。尽管这个家庭的鼎盛时期早已过去,但在今天的世界上,除了干旱的大沙漠、严寒的南极洲及大洋远离大陆的个别岛屿外,到处都有蕨类家族成员的踪迹。尤其在温暖、潮湿的环境中,叶色翠绿、婆娑动人的各种蕨类植物十分茂盛。由于它们中的许多种类叶片细裂如羊齿,所以又被广泛称为"羊齿植物"。

▼高大的蕨类植物

蕨类植物源于裸蕨植物,裸蕨植物远在晚志留纪或泥盆纪时已经登陆生活。由于陆地生活的生存条件是多种多样的,这些植物为适应多变的生活环境,不断向前分化和发展。在漫长的历史过程中,它们沿着石松类、木贼类和真蕨类三条路线进行演化和发展。

石松植物是蕨类植物中最古老的一个类群,在下泥盆纪时就已出现,中泥盆纪时,其木本类型已分布很广,到石炭纪为极盛时代,二叠纪则逐渐衰退,而今只留下少数草本类型。其最原始的代表植物,是发现于大洋洲志留纪地层中的刺石松。现代生存的松叶蕨目植物没有根的结构,甚至在其胚的发育阶段,也没有任何根的性状。由此可见,它们先前从未曾有过根,所以根的不存在现象,乃是原始性状,而并非由于退化的结果。

木贼类植物出现在泥盆纪时,最

蕨菜

蕨类植物中有许多可以食用的种类，最著名的是被誉为"山珍"的蕨菜。中国人食用蕨菜的历史可以追溯到2000多年以前，在《诗经·召南》中就有"陟彼南山，言采其蕨"的诗句。明代王象晋在《群芳谱》中写道："蕨，山菜也。二、三月生芽，卷曲状如小儿拳，长则展宽，如凤毛，高三、四尺。茎嫩时无叶，采取以灰汤煮去涎滑，晒干作蔬。味甘滑，肉煮甚美。荒年可救饥，皮肉捣烂，洗涤取粉。"据植物学家考证，古人所食蕨菜主要是真蕨亚门、蕨科、蕨属植物蕨。由于蕨春天刚长出的嫩叶芽具有特殊的清香味，又生长在远离环境污染源的山林中，因此在蔬菜丰富的今天仍不失其魅力，甚至经常出现在高级饭店的餐桌上。蕨的地下根状茎也有较高的食用价值，含有大量淀粉，可加工成营养丰富的滋养食品、蕨粉。

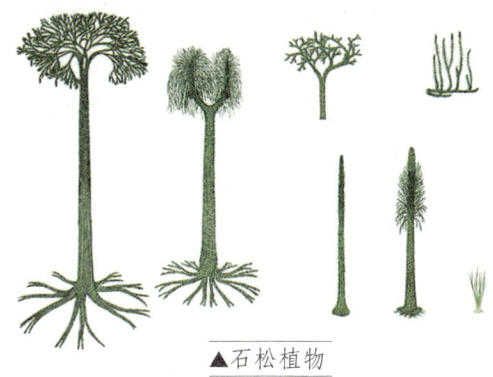

▲石松植物

古老的木贼类植物是泥盆纪地层中的叉叶属（海尼属）和古芦木属。由于其特征与裸蕨类及木贼属均相似，故被认为是裸蕨类与典型木贼植物之间的过渡类型。

真蕨类植物最早出现在中泥盆纪时，但它们与现代生存的真蕨类植物有较大差别，故被分为原始蕨类。重要的代表有1936年在我国云南省泥盆纪地层中被发现的小原始蕨以及发现于中泥盆纪的古蕨属等。这些植物在体形上很可能代表介于裸蕨类和真蕨类之间的类型。古蕨属的发现，加强了真蕨亚门和裸子植物门之间在系统发育上的联系。许多人认为，最早的裸子植物是通过古蕨这一途径发展出来的。在漫长的地质年代中，这些古代的真蕨植物到二叠纪时大多已灭绝，到三叠纪和侏罗纪时又演化发展出一系列的新类群。现代生存的真蕨大多具大型叶，有叶隙，茎多为不发达的根状茎，孢子囊聚集成孢子囊群，生在羽片下面或边缘，绝大多数是中生代初期发展的产物。

▼羊齿植物化石

蕨类植物的特征

蕨类植物是植物中主要的一类，是高等植物中比较低级的一门，属于最原始的维管植物。其大多为草本，少数为木本。孢子体发达，有根、茎、叶之分，不具花，以孢子繁殖。世代交替明显，无性世代占优势。

当你走在野外，看到路边或林下有一株如拳头般卷曲的幼叶，或者不经意间发现一种草本植物的叶背有许

▲蕨类植物

多棕色虫卵状的结构（孢子囊群），或者观察到某种草本植物的叶背（特别是叶柄基部）生有一些棕色披针形的毛状结构（鳞片），这些植物都是蕨类植物。可以说，识别蕨类植物的三把金钥匙是拳卷幼叶、孢子囊群、鳞片。

蕨类植物的一生要经历两个世代，一个是体积较大、有双套染色体的孢子体世代，另一个是体积微小、只有单套染色体的配子体世代。蕨类的孢子体也就是我们一般熟悉的蕨类植物体，包括根、茎、叶、孢子囊群等结构，其孢子囊中的孢子母细胞经减数分裂，即形成具有单套染色体的孢子，孢子成熟后，借风力或水力散布出去，遇到适宜的环境，即开始萌发生长，最后形成如小指甲般大小的配子体。配子体上生有雄性生殖器官（精子器）和雌性生殖器官（颈卵器），精子器里的精子，借助水游入颈卵器与其中的卵细胞结合，形成具有双套染色体的受精卵。如此又进入孢子体世代，即受精卵发育成胚，由胚长成独立生活的孢子体。

蕨类植物的分布

蕨类植物体内输导水分和养料的维管组织，远不及种子植物的维管组织发达，蕨类植物的有性生殖过程离不开水，也不具备种子植物那样极其丰富多样的传粉受精用以繁殖后代的机制。因此，蕨类植物在生存竞争中，依附于种子植物，通常生长在森林下层的阴暗而潮湿的环境里，少数耐旱的种类能生长于干旱荒坡、路旁及房前屋后。

其实，除了大海里、深水底层、寸草不生的沙漠和长期冰封的陆地外，蕨类植物几乎无处不在。从海滨到高山，从湿地、湖泊，到平原、山丘，到处都有蕨类的踪迹。它们有的在地表匍匐或直立生长，有的长在石头缝隙或石壁上，有的附生在树干上或缠绕攀附在树干上，也有少数种类生长在海边、池塘、水田或湿地草丛中。蕨类植物绝大多数是草本植物，极少数种类，如桫椤，

▼古羊齿植物化石

能长到几米至十几米高。

现在地球上生存的蕨类植物约有 12000 种，分布世界各地。其中，绝大多数分布在热带、亚热带地区。我国约有 2600 种蕨类植物，多分布在西南地区和长江流域以南。我国西南地区是亚洲，也是世界蕨类植物的分布中心之一。云南的蕨类植物种类约 1400 种，是我国蕨类植物最丰富的省份。我国宝岛台湾，虽然面积不大，但蕨类植物有 630 余种之多。台湾是我国蕨类植物最丰富的地区之一，也是世界蕨类物种密度最高的地区之一。

蕨类植物与人类有较密切的关系。其中，有人们早已熟知的药用植物，如贯众、金毛狗脊、问荆、瓦韦、石韦、海金沙、槲蕨、荚果蕨、卷柏、凤尾草等；也有现代流行的观叶植物，如鸟巢蕨、铁线蕨、肾蕨、银粉背蕨等。此外，蕨类植物中还有可食用的山野菜、淀粉植物以及饲料、绿肥、油料、染料等经济植物。

▲桫椤（树蕨）

蕨类植物之王——桫椤

在绿色的植物王国里，蕨类植物是高等植物中较为低级的一个类群，亦被称为羊齿植物。在远古时，蕨类植物原本大都是些高大的树木，后来由于发生种种灾难，大多数又被深深地埋在地下变成了煤炭。现今生存在地球上的大多是较矮小的草本植物，只有极少的一些木本种类幸免于难，生存至今，桫椤便是如此。目前，桫椤已被科学界称为研究古生物和地球演变的"活化石"。

桫椤生长在热带、亚热带森林中，高 3～8 米，在南太平洋岛屿的森林中，最高可达 20 米左右，是世界上最高大的蕨类植物。树蕨的树干呈圆形，有点像椰子树，叶形如凤尾，株形亭亭玉立；中部以上有明显的变形叶痕交错排列，深褐色或浅黑色；外面坚硬，且有老叶脱后痕迹，而长的羽状复叶，向四周伸展，远看像一把大伞，撑在地面之上；幼苗好似金毛狗脊，形态幽雅。树蕨没有花，也不结果实和种子，它是靠藏在叶片背面的孢子繁衍后代的。

桫椤性喜温暖湿润的气候，常生长在林下、河边、溪谷两旁的阴湿之地。桫椤有不少用途，其茎富含淀粉，既可供食用，又可制花瓶等器物。另外，它还可入中药，具有去小毒功效，可驱风湿、强筋骨、清热止咳。桫椤体态优美，是很好的庭园观赏树木。

裸子植物的繁盛

蕨类植物以孢子来繁殖后代，在它们出现的时候，也出现了以种子来繁殖后代的植物。种子植物的出现，使植物界在演化过程中大大地向前迈进了一步，成为植物界最后的"胜利者"。原始的种子植物，开始摆脱了对水的依赖。不过像松柏类植物的胚珠，发育在形成鳞片的特殊叶子上，胚珠暴露于外面。由于胚珠发育成的种子是裸露的，因此它们称为裸子植物。从二叠纪至白垩纪早期，历时约1.4亿年。许多蕨类植物由于不适应当时环境的变化，大都相继灭绝，陆生植物的主角则由裸子植物所取代。中生代为裸子植物最繁盛的时期，故又称中生代为裸子植物时代。

▲松树的球果

裸子植物的起源

当古生代的蕨类植物形成地球上第一个原始森林的时候，比蕨类植物更加进步的裸子植物已经在泥盆纪晚期悄然出现了。但是在当时，地球上的气候温暖潮湿，蕨类植物的发展更为顺利，裸子植物还不能获得优势。到了二叠纪晚期，气候转凉而且变得干燥，蕨类植物不能很好地适应这样的新环境，逐渐退出了植物王国的中心舞台，裸子植物开始发挥出其潜在的优势而得到了大发展，并将它的繁盛一直持续到白垩纪晚期。可以说，爬行动物王国里的植被是以裸子植物为特征的。

裸子植物是地球上最早用种子进行有性繁殖的，在此之前出现的藻类和蕨类则都是

"万木之王"

松柏类是现代裸子植物中数目最多、分布最广、最为繁盛的类群。许多松柏类植物都可以长成高大乔木，其中著名的巨树——红杉和巨杉高达百米以上，直径达8～10米。目前世界公认的最大的巨杉是一株被尊称为"谢尔曼将军"的巨树，树龄3500多岁，树高83米，树围31米，大约需要20个人才可以合抱这株树。树干基部直径超过了11米，在高30米处树干直径仍有6米左右，甚至在高40米处生出的一个枝杈就粗2米，令世界上许多高三四十米的大树望尘莫及。这株巨杉重达2800吨，在整个地球的生物世界中是绝对冠军，它相当于450多头最大陆生动物非洲象的重量，就连当今世界上最大的动物蓝鲸，也要15头加在一起才能和它相比。据估计，"谢尔曼将军"树可以出55753平方米板材。如果用它们钉一个大木箱的话，足可以装进一艘万吨级的远洋轮船；如果用这些木材建房屋，可以使40户人家住进5间一套的全木制别墅。

以孢子进行有性生殖的。裸子植物的优势主要表现在用种子繁殖上。

二叠纪晚期之前，蕨类植物之所以能够得到大量繁殖，主要依靠其孢子体产生大量孢子，飞散到各处，在温暖潮湿的气候条件下，很容易萌发成为配子体。配子体独立生活，在水的帮助下受精形成合子，合子萌发后形成新一代的孢子体。但是在干燥的气候条件下，孢子很难萌发成配子体，即使萌发出的配子体也不易存活；特别是没有水不能受精，这就使蕨类植物的繁殖无法正常进行。

▼这棵树也许不是世界上最高的树，但它绝对是世界上最大的树，这棵名为"谢尔曼将军"的巨大的红杉树位于美国加利福尼亚州的红杉国家公园

裸子植物的配子体不脱离孢子体独立发育，而是受到母体保护。它的受精不需要水作为媒介，而是采用干受精的方式。受精卵在母体里发育成胚，形成种子，然后脱离母体。此时如果遇到不利条件，种子不会马上萌发，但却继续保持着生命力，待到条件合适时，它们再萌发成为新的植物体。因此，裸子植物保存和延续种族的能力就极大增强了。

裸子植物起源于既有真蕨类特征，又有裸子植物特征的植物，即前裸子植物，其中包括古羊齿类和戟枝蕨类。在晚泥盆纪时，由前裸子植物进化出一支乔木状的植物，它的叶子大多是典型蕨叶型的羽状复叶，但是却有种子，因此被称为种子蕨。种子蕨虽然有了种子，但却没有胚；虽然有了花粉粒，但是还没有花粉管，也就没有花。这既证明了种子蕨是处于原始状态的种子植物的先驱，又证明了植物系统发育中种子的出现早于花和果实。

在此基础上，裸子植物分化出了苏铁类和松杉类两大类，并在中生代得到蓬勃的发展，成为爬行动物王国植被中的优秀成员。

裸子植物的特征

现代裸子植物约有800种，隶属5纲，即苏铁纲、银杏纲、松柏纲、红豆杉纲和买麻藤纲。裸子植物广布于南北半球，尤以北半球更为广泛，从低海拔至高海拔、从低纬度至高纬度几乎都有分布。裸子植物的科、属、种数虽远比被子植物少，但它们的森林覆盖面积却大致相等。在高纬度及高海拔气候温凉至寒冷的

▼公铁树

地区，几乎都是某些裸子植物形成的单纯林或组成的混交林。

很多裸子植物为重要林木，尤其在北半球，大型森林80%以上是裸子植物，如落叶松、冷杉、华山松、云杉等。它们木材质轻、强度大、不弯、富弹性，是很好建筑、车船、造纸用材。苏铁叶和种子、银杏种仁、松花粉、松针、松油、麻黄、侧柏种子等均可入药。落叶松、云杉等多种树皮、树干可提取单宁、挥发油和树脂、松香等。刺叶苏铁幼叶可食，髓可制西米，银杏、华山松、红松和榧树的种子是可以食用的干果。

▼"活化石"银杏的叶子

"活化石"银杏和水杉

在裸子植物中，银杏和水杉都被誉为"活化石"。它们都一度险遭灭绝，而后又慢慢生长起来。

银杏是落叶乔木，高约40米，枝开展上升，长枝上另生短枝，短枝上簇生叶子。叶形像扇子，也像鸭掌。夏天，树冠张开像华盖，翠绿光润；秋天，绿叶变黄，另是一番景色。银杏雌树花落后结成枣子大小的种子，初时青色，熟时变黄。

银杏是古老的、较原始的裸子植物。远在2.7亿年前的石炭纪末期，银杏已开始生发，到侏罗纪时已处于极盛时期，遍布全球。到了白垩纪，地球上的气候发生巨变，适应性更强的被子植物出现，银杏就趋向衰退了。到了第四纪，由于气候巨变，冰川的侵袭，银杏在欧洲、北美洲全部绝了迹，亚洲大陆也濒于绝种。

水杉高30～40米，主干挺拔，侧枝横伸，交替着生主干，下长上短，层层舒展，宛如尖塔。线形而扁平的叶子，分左右两侧着生在小枝上，叶子随季节而改变颜色，春季嫩绿，夏季黛绿，秋季金黄，冬季转红，然后凋落。水杉既是速生的用材树，又是风景林；既耐严寒，又不怕高温。现在，全世界已有50多个国家成功栽种水杉。

水杉是杉科乔木，叶形和落叶习性与水松相似，水松球果上的果鳞是覆瓦状排列的，而水杉的果鳞是交互对生的。水杉在白垩纪已经出现在地球上了，后来也曾广泛地分布在北半球。到了第四纪，在巨大的冰川影响下，它被毁灭了，成为化石植物，终于退出生物界的舞台。这种植物化石在中国东北和库页岛上曾相继被发现。科学家们断言，这种植物已经在地球上绝迹了。

1941年，我国植物学工作者第一次在四川省万县磨刀溪发现了一株奇树，后来又发现了更多的树木。经过研究鉴定，定名为水杉，这成了20世纪植物学上的一项重大事件，轰动了世界。

银杏和水杉为什么能够生存下来成为活的化石植物呢？原来，银杏的残存地浙江西天目山深谷，水杉的残存地川鄂边境的磨刀溪，都位于中国南部的低纬度区，地形复杂，阻挡着冰川的袭击，而中国的冰川比较零星，大多是山麓冰川，加上河谷地区受到温暖湿润的夏季风影响，冰川活动被限制在局部地区。这种得天独厚的自然环境，成了这些古老植物的避难所，它们也因此得以被保存下来。

▲"活化石"水杉

铁树开花

铁树开花是件非常难得的事。铁树，也叫苏铁，裸子植物，苏铁科，常绿乔木，不常开花。"铁树开花"是句成语，比喻罕见或者非常难以实现的事情，铁树开花就真的那么难吗？

事实上，铁树是一种热带植物，喜欢温暖潮湿的气候，不耐寒冷。在南方，人们一般把它栽种在庭院里，如果条件适合，可以每年都开花。如果把它移植到北方，由于气候低温干燥，生长会非常缓慢，开花也就变得比较稀少了。铁树分为雌性和雄性两种，雄铁树的花是圆柱形的，雌铁树的花是半球状的，很容易辨认。

相传铁树的生长发育需要土壤中有铁成分供应，如果它生长情况不好，在土壤中加入一些铁粉，就能使它恢复健康。有些人干脆把铁钉直接钉入铁树的体内，这也能起到很好的效果。或许，这便是铁树名称的由来吧！

◀苏铁开花

"突然"出现的被子植物

被子植物是植物界中最高级、分布最广、形态变化最多和构造最复杂的一类种子植物。因为有显著而美丽的花朵,又称显花植物。被子植物属种多、数量大,自新生代以来一直居于植物界的优势地位。被子植物是从白垩纪迅速发展起来的植物类群,并取代了裸子植物的优势地位。直到现在,被子植物仍然是地球上种类最多、分布最广泛、适应性最强的优势类群。当然,其他各类植物也都在发展变化,种类也不少。

"辽宁古果"破解"讨厌之谜"

大自然只有进入被子植物时代,才有了真正的花,大地才开始真正变得绚丽多彩、生机盎然。哺乳动物更是随着被子植物的兴起而繁盛,并进化发展到高级阶段。正因为被子植物与人类生活如此密切,是人类生存发展不可替代的物质资源,所以它的起源及早期演化,一直是古植物学研究领域的重大问题。

100多年前,英国生物学家达尔文曾因被子植物突然在白垩纪大量出现,并因找不到它们的祖先类群和早期演化的线索而感到困惑不解,所以这个问题被称为"讨厌之谜"。100多年后,"辽宁古果"的出现为解开这个谜提供了重要依据。

1996年11月的一天,一位刚从辽西野外回来的同事给中国古植物学家孙革送来了3块1.4亿年前侏罗纪晚期的化石。由于当时比较忙,所以他只是将标本暂时放到了抽屉里。两天后,当他在研究室里小心翼翼地打开用纸包裹着的化石时,他被眼前的第三块化石吸引住了:在这块化石上有一株貌似蕨类的分叉状枝条,其似叶子的部分呈凸起状,显然不同于常见的蕨类植物。50多岁的孙革怀疑自己是不是眼花了,于是他再用放大镜仔细观察,的确,在主枝和侧枝上呈螺旋状排列着40多枚类似豆荚的果实,每枚果实中都包藏着2~4粒种子。他又把化石置于放大镜下更加仔细地观察,可以清晰地看到,种子被保藏在果实之中。可见,"这是确凿无疑的被子植物。"

尽管"辽宁古果"只是向世人展现了古老的果实,但由于果实只能由花朵形成,所以找到了最古老的果实

▲"辽宁古果"复原图

▲达尔文

也就意味着发现了最古老的花朵。

被子植物的起源

能够开出真正的花朵,这是被子植物的特点,也是这个伟大的进化造就了今天被子植物在植物界的霸主地位。迄今为止,已经被人类鉴定的被子植物超过了27万种,占现存植物种类的一半以上。但遗憾的是,那些最早出现的被子植物早已消失了,我们对这样一类霸主植物是如何出现并繁盛的过程并不了解。

关于被子植物的起源,目前比较流行的一种说法是"球花说",也称"本内苏铁假说",其依据是本内苏铁目的重要代表准苏铁具两性花,与被子植物中的木兰的两性花相似。另一种是种子"蕨假说",该说法认为被子植物和种子蕨植物都有胚珠和用种子来繁衍后代的共同点。除此之外,也有人认为被子植物的来源不是单元的而是多元的。

被子植物出现于早白垩纪末期,产自美国加利福尼亚州的"加州洞核果",被认为是早期的被子植物果实化石。早白垩纪的被子植物化石还被发现于美国弗吉尼亚、我国东北地区、苏联西伯利亚东部、欧洲葡萄牙和英国等地。早白垩纪被子植物化石都是和大量的真蕨、苏铁、银杏、松柏植物伴生,而且在植物群中占很小的比例。此外,由于已发现的早白垩纪被子植物化石大多数是比较进化的类群,所以早白垩纪被认为是被子植物的高度进化和发展的时期。由此推测,被子植物应当起源于早白垩纪。

▶"辽宁古果"化石

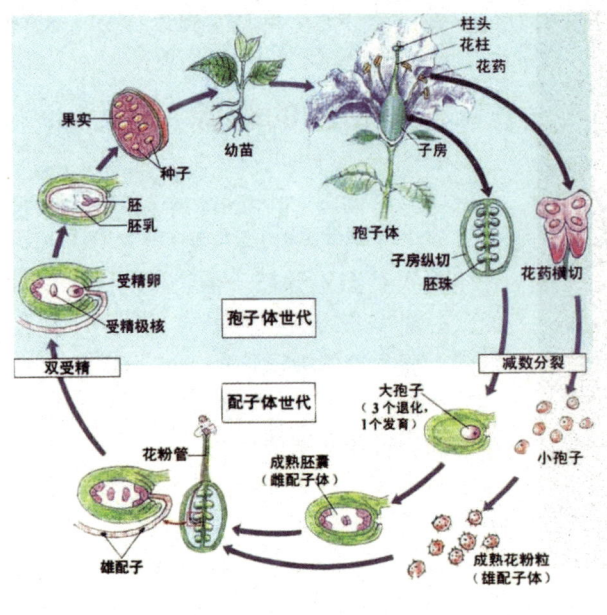

▲被子植物的生活史

晚白垩纪开始，被子植物在世界各地突然大量增加，它们的属种和个体数量都超过其他任何一种植物。据统计，这一时期已发现的被子植物化石约有60科以上，达两三万种之多。许多被子植物的形态同现代的差别很大，大多为木本双子叶植物，只有极少数为水生草本植物和单子叶植物。

自白垩纪上半叶直至现在，被子植物都是地球上最先进和分布最广的优势植物。被子植物的出现，不仅使大自然披上绿装，而且促进了生物界的更进一步发展，特别是对陆生动物，如哺乳动物、鸟类、昆虫等的发展，具有决定性的意义。

形态与分类

被子植物的孢子体高度发达，有明显的根、茎、叶和花的分化，为乔木、灌木或一至多年生草本。绝大多数被子植物的木质部有导管，韧皮部有筛管和伴胞；某些水生、寄生、腐生和肉质被子植物在进化过程中，导管消失了；少数原始的被子植物没有导管。被子植物的叶为有叶隙的大型叶，花通常由花萼、花瓣、雄蕊和雌蕊组成。

由于被子植物的种子被包在密封的果实之中，因而被名为"被子植物"。双受精作用使被子植物确保了第二代孢子体的营养，并获得双亲的遗传物质，从而提高了种子的变异性，使后代产生了更加复杂和完善的内部形态和器官，以至在长期的进化中获得了比裸子植物大得多的可塑性与适应性。所以只有出现被子植物的大发展，才能把大地装扮得郁郁葱葱，才使得生物界发生巨大的变化。

被子植物根据胚的子叶数目分为两个纲：双子

▶天山雪莲

叶植物纲和单子叶植物纲。双子叶植物纲，木本、草本、藤本植物皆有，胚具两个子叶。主根发达，维管束有形成层，通常可进行次生增粗，并可形成年轮。叶脉主要是网状脉。有单叶和复叶。花各部常为5或4的倍数。单子叶植物纲，大部为草本，胚常具一个子叶，须根发达，具散生封闭式维管束。茎不能进行次生增粗，不形成树皮。

关于单子叶植物与双子叶植物的关系，一般认为双子叶植物比单子叶植物更原始、更古老，并以此推论单子叶植物是从双子叶植物演变而来的。

"讨厌之谜"

19世纪的化石纪录显示，被子植物各主要门类化石在距今约1.1亿年的白垩纪"突然"出现。但如果再往前追溯，却没有任何被子植物的化石纪录。这样便找不到它们演化的证据，也完全违背了达尔文提出的物种是逐渐进化的观点。达尔文在1879年将被子植物的起源称为"讨厌之谜"。

▲胡杨是第三纪残余的古老树种，距今约有300万~600万年的历史，是一种生长在极度干旱地区的稀有树种，根系十分发达，具有极强的生命力，被誉为是一种"生长千年不死、死后千年不倒、倒后千年不朽"的神奇树木。目前，我国存活寿命最长的胡杨树已经有800多年的树龄

分布地区

被子植物是植物界进化最高级、种类最多、分布最广、适应性最强的类群。它们分布于各个气候带。由于气温高、雨水多的缘故，热带、亚热带最多。南美亚马孙河区有约4万种。温带地区因气温降低，雨量少了，种类渐减。北极地区则大大减少，仅少数地方有少数种类顽强生存，如北极柳、北极罂粟，其分布纬度达80°以上。在南半球南极大陆的莫尔吉特湾詹尼岛附近，有石竹科植物厚叶柯罗石竹生存。另外，从海拔高度看，地势越高，气温越低，植物种类组成也就发生变化。在珠穆朗玛峰地区，气候严寒，只有少数耐寒种类方可生存，雪莲花在新疆天山高处也有分布。

极端的自然环境还有沙漠。例如，我国新疆维吾尔自治区的沙漠地区，有胡杨和梭梭生存，它们能适应干旱气候；北非撒哈拉大沙漠中下雨极少，有的地方十几年无雨，有一种植物叫矮生齿子草，由于极端干旱形成只有几十天极短的生命周期，称为短命植物；它在稍有雨水时，能发芽生长到开花结实，完成一代任务；平时稍有湿润，花就张开，一旦干燥，花即闭合，十分灵敏；美洲墨西哥的沙漠地区，有一类特别适应干旱的植物就是多浆植物，著名的为仙人掌科，它们全身多刺，叶退化，茎含水多，可用以抗旱，其中有的种类形如巨人，如用刀砍开，可以直接喝到水；在盐碱地上，有抗盐性强的被子植物，以藜科最著名，如盐角草为一年生草本，肉质，叶极小，茎节状，可以进行光合作用。

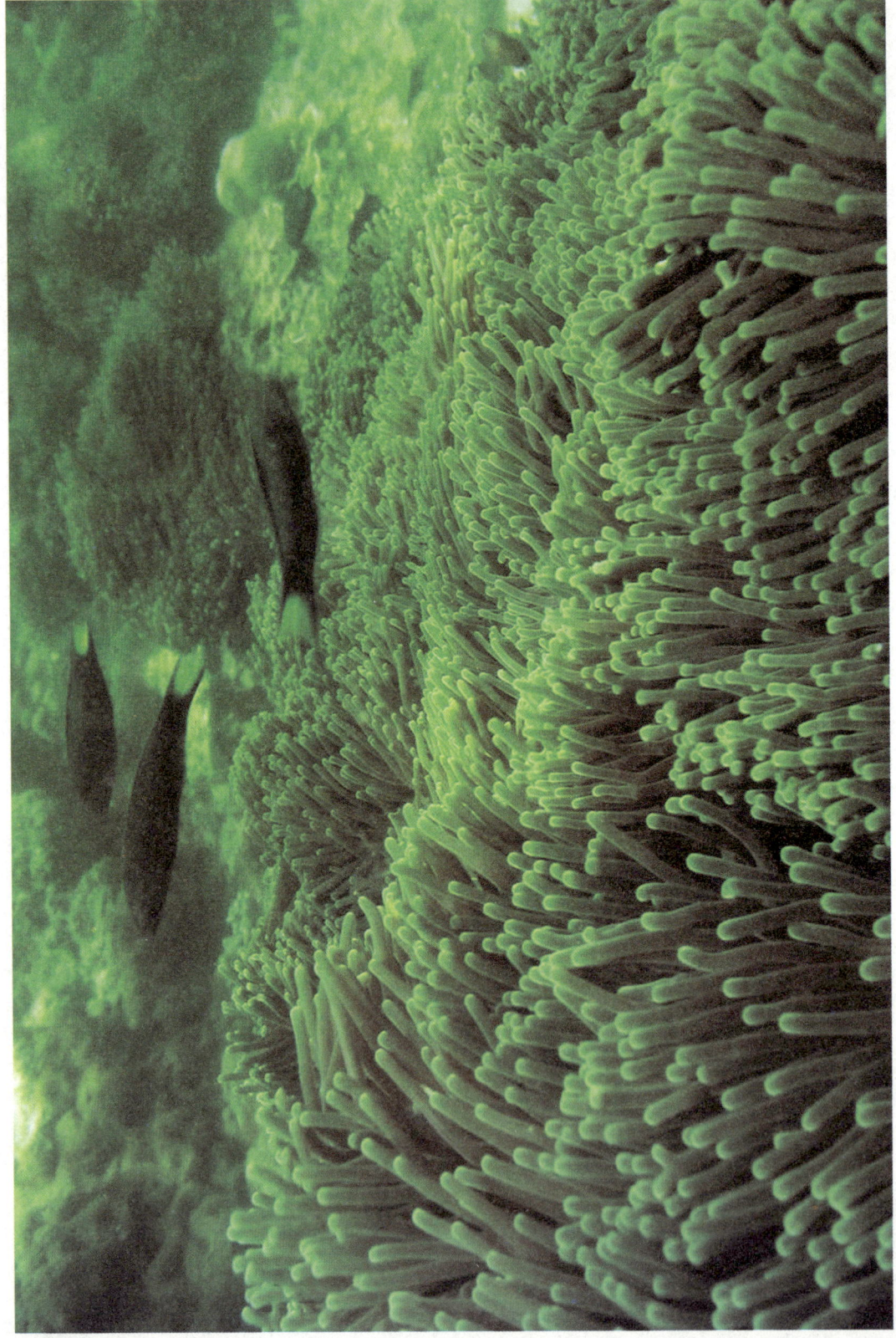

第四章

数量庞大的无脊椎动物

在原始海洋这个得天独厚的环境中，单细胞的原生动物经过群体阶段，发展为多细胞动物，也被称为"后生动物"。在后生动物中，海绵动物是最原始的类型，而且已经特化，所以它是进化中的旁支。双胚层的腔肠动物是进化的主干。由双胚层动物向三胚层动物发展，出现了两种发育方式，一种是节肢动物式的，另一种是棘皮动物式的。在节肢动物式发育的一支上，先发展出扁形动物和线形动物，然后分两个方向发展：一是向有贝壳的方向发展，进化出软体动物等；二是向有体节和外骨骼的方向发展，进化出环节动物和节肢动物。在棘皮动物发育的一支上，棘皮动物是一个特化了的旁支，主干是脊索动物，尤其是发展到脊椎动物，就成了动物系统发育主干中的主干。

无脊椎动物是背侧没有脊柱的动物，它们是动物的原始形式。动物界中除原生动物界和脊椎动物亚门以外的全部门类都被统称为无脊椎动物。有人说："如果一夜之间所有的脊椎动物从地球上消失了，世界仍会安然无恙，但如果消失的是无脊椎动物，整个陆地生态系统就会崩溃。"无脊柱的动物，占现存动物的90%以上，分布于世界各地。在体形上，小至原生动物，大至庞然巨物的鱿鱼。一般身体柔软，无坚硬的能附着肌肉的内骨骼，但常有坚硬的外骨骼（如大部分软体动物、甲壳动物及昆虫），用以附着肌肉及保护身体。除了没有脊椎这一点外，无脊椎动物内部并没有多少共同之处。

无脊椎动物的出现时间至少早于脊椎动物1亿年。大多数无脊椎动物化石见于古生代寒武纪，当时已经有节肢动物的三叶虫及腕足动物。随后发展了古头足类及古棘皮动物的种类。到古生代末期，古老类型的生物大规模灭绝。中生代还存在软体动物的古老类型（如菊石），到末期也逐渐灭绝，软体动物现代属、种大量出现。到新生代演化成现代类型众多的无脊椎动物，而在古生代盛极一时的腕足动物至今只残存少数代表（如海豆芽）。

最原始最低等的多细胞动物出现

单细胞单枪匹马地闯天下，力量是单薄了一点，生命进化自然就向多细胞类型发展，而且从此以后都是多细胞动物。对于多细胞动物是怎样起源的，现在还无法确切知道单细胞动物发展为多细胞动物的真实过程，只能从团藻这种单细胞群体中，出现某些细胞的分化而得到一些启示。在多细胞动物中，海绵类是最原始的代表，它最早出现于25亿年前～5.7亿年前的前寒武纪，并一直延续至今。

海绵动物的形态

由于海绵动物体壁上有许多被称为"入水孔"的小孔，仿佛泡沫塑料，所以又叫多孔动物，是多细胞动物中最低等的一个类群。海绵动物的体壁由内、外两层细胞构成，外层细胞扁平，内层细胞长有鞭毛，多数有"领细胞"。在内外两层细胞间，还有一层中胶层，其中有像变形虫的游离细胞、生殖细胞、造骨细胞、海绵丝细胞等。它们只有构造和机能上的差别，没有组织分化。入水孔通入体内的沟道，同领细胞组成的鞭毛室和身体顶端的出水口组成海绵动物特有的复杂沟道系统。

海绵动物大多产于海水中，少数生活在淡水里，因身体较柔软而得名。它不会游动，只能常年静卧海底，像植物那样固着在原地不动。海绵动物的形状千姿百态，有片状、块状、圆球状、扇状、管状、瓶状、壶状、树枝状，姿态万般，惹人喜爱。例如，白枝海绵是呈扁管状的群体，枇杷海绵像一颗圆圆的枇杷，矮柏海绵似一串精巧的灯笼，佛子介海绵则如同一个玻璃纤维球直立于柄上，寄居蟹皮海绵扁平如薄纸，偕老同穴海绵则被称为"维纳斯的花篮"。

有趣的是，通常水流流速的大小、波浪活动的强弱、底质的硬软程度，也常使同一个物种的海绵拥有不同的外部形态。例如，在近岸破波带生活的通常喜欢包在岩石上，好似薄的茄皮或姜皮；在流急环境中生活的又大多像土墩，有着良好的流线型体形；而在缓流或风平浪静的环境中栖居的，体形又多呈高耸的烟囱状。

▼拟小细丝海绵化石

形单影只的海绵动物

海绵动物总是形单影只地独处一隅，凡是海绵动物栖居的地方就很少有其他动物前去居住。科学家分析这种现象形成的原因：首先，海绵动物对那些贪食的动物没有任何吸引力，它浑身的骨针和纤维使其他动物难以下咽，因此海绵动物的天敌不多；其次，海绵动物大多栖息在有海流流动的海底，而很多动物都难于在那样的环境中生活。因为在那里，它们的幼虫或被水流冲走，或被海绵动物滤食。此外，海绵动物身上通常都有一股难闻的恶臭，这也是可能是其他动物不愿与之为伍的原因之一。

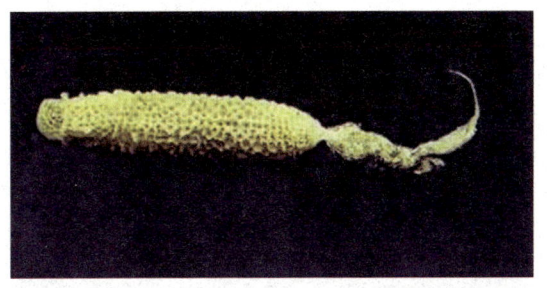

▲偕老同穴海绵被称为"维纳斯的花篮",因其原腔内有一对自幼进入、长大后仍在其中生长的俪欧氏偕老同穴虾与之共生而得名

海绵动物的色泽各个不同,有大红、鲜绿、褐黄、乳白、紫色等各种颜色,像花儿一样美丽。因此,人们一直相信它是植物,直到1825年,随着显微镜的发明和使用,以及生理学和胚胎学等方面的发展,科学家才确定它是动物。事实上,海绵动物的色彩来源于共生藻或非活性的贮存色素,例如绿色是因其体内共生有绿色的虫绿藻,而红色、黄色、橘黄色等是因为细胞内含有脂溶性的胡萝卜素,其存在可出现各种颜色。

奇特的生殖和摄食方式

海绵动物都具有非凡的再生能力。它比抛肠后能长新肠的海参、断肢后会重新长出完整个体的海星等动物的再生能力更强。有些海绵动物被磨成粉后再经过筛选,成了很细的小颗粒,却仍然具有顽强的生命力,将它们抛进大海中以后,不但不会死去,相反每一小块都会渐渐长大,变成一个个新的海绵动物,这种情况就像孙猴子的毫毛会变出成百上千的小孙猴子一样。有人还曾经把两种不同颜色的海绵动物放在一起,经挤压和细筛过滤,滤过的游离而分散的细胞,最初相互靠拢,过一段时间便分开,帮派分明地聚集、排列,在适宜的条件下,竟又不断生长成两个新个体。这个实验说明了海绵动物的细胞虽有所分化,但仍处于低级阶段。

海绵动物的摄食方式也十分奇特,用的是一种滤食方式。单体海绵很像一个花瓶,瓶壁上的每一个小孔都是一张"嘴巴"。海绵动物通过不断振动体壁的鞭毛,使含有食饵的海水不断从这些小孔渗入瓶腔,进入体内。在"瓶"内壁有无数的领鞭毛细胞,由基部向顶端螺旋式地波动,从而产生同一方向的引力,起到类似抽水机的泵吸作用。当海水从瓶壁渗入时,水中的营养物质,如动植物碎屑、藻类、细菌等,便被领鞭毛细胞捕捉后吞噬。经过消化吸收,那些不消化的东西随海水从出水口流出体外。如果把石墨粉或几滴墨水滴在饲养在水族箱中的活海绵动物的一侧,过不了多久瓶口(出水孔)处就会流出黑色的细流。随着源源不断的水流,细菌、硅藻、原生动物或有机碎屑也被携入体内为领细胞俘获供作营养。这种取食方式充分证明了它属于滤食的异养动物。

▶珊瑚、海扇、海百合及海绵层层簇拥形成了印度尼西亚土康比西群岛海域珊瑚礁景观

原始的多细胞动物进化为腔肠动物

原始的多细胞动物祖先在发展中分为两支：一支进化为没有严格组织分化和消化腔的海绵动物；另一支进化发展为两胚层动物的祖先，由这样一类动物进化为腔肠动物。腔肠动物是两胚层动物，是真正的双胚层多细胞动物，在动物进化史上占有重要地位。所有高等的多细胞动物，都被认为是经过这种双胚层结构而进化发展生成的。腔肠动物早在前寒武纪就已经出现在地球上的海洋里了。澳大利亚前寒武纪埃迪卡拉动物群中发

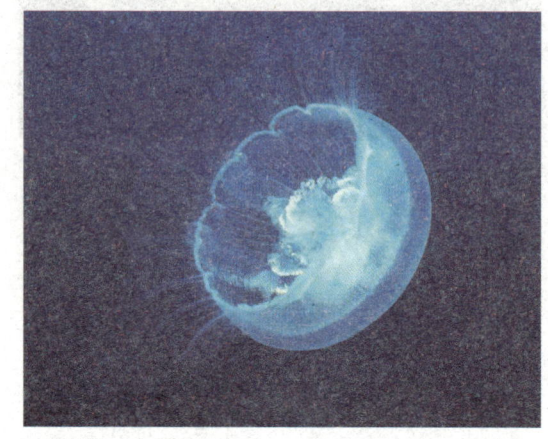

▲水母

现的化石中76%都是腔肠动物，其中主要的都是原始的水母类。可见，前寒武纪的地球海洋真可谓是一个水母的世界。寒武纪以来，腔肠动物的其他各个门类相继兴起，直到今天它们仍然非常繁盛，目前已知的腔肠动物共有1万种左右。

腔肠动物的形态特征

腔肠动物是真后生动物的开始，是动物进化过程中的主干，而海绵动物只是一个侧枝。腔肠动物的身体由内胚层和外胚层组成，因其由内胚层围成的空腔具有消化和水流循环的功能而得名。腔肠动物具有两种特殊的细胞，一种叫间细胞，一种叫刺细胞。间细胞可以变化形成其他细胞，如形成肌肉细胞、神经细胞等。刺细胞是一种可以放出刺丝，具有捕杀猎物和防御敌害功能的细胞。

绝大多数的腔肠动物生活在海洋中，淡水中的种类很少。身体呈辐射对称，这在动物演化上是个进步。腔肠动物有两种体形，一为水螅型，一为水母型，无性和有性两种生殖方式常交互出现，形成世代交替。很多腔肠动物具有外骨骼或在中胶层内的骨骼，骨骼多为钙质，有些可成礁。腔肠动物最早出现于前寒武纪，且一直延续至今。腔肠动物包括的种类很多，一般分为原水母纲、侧水母纲、水螅纲、钵水母纲、珊瑚纲。珊瑚纲现生及化石类型都极为丰富，是腔肠动物门中最重要的一类，原水母纲及侧水母纲是原始的化石种类，水螅纲和钵水母纲主要为现代生物，也有少量化石保存。常见的腔肠动物有水螅、水母、海葵、珊瑚等。

轻盈飘逸的水母

在那蔚蓝色的海洋里，栖息着许多美丽透明的水母，它们一个个像降落伞似的漂浮在大海里，其婀娜多姿的容貌让人赞叹不绝。天蓝色的帆水母背部竖着一个透明的"帆"，借着海风和海浪，像一只小船在海中颠簸。海月水母具有伞样的钟状体，浮在海面如同

皓月坠入海中，十分美丽。形如僧帽的僧帽水母，其触手甚长，上面布满了无数小刺胞，刺胞的毒液与眼镜蛇的毒液相似。

还有那剧毒的立方水母，又称"海黄蜂"。在海洋里，见到这些水母可千万别动手触摸，否则会被其带毒的刺胞蜇伤，甚至丧命。

长寿的"海菊花"

陆地上的菊花，秋季开放，而在烟波浩渺的海洋中，却有一年四季盛开不败的"海菊花"，它就是海葵。

▲海葵

海葵形态繁多，有上千种，一般呈圆筒状，体色艳丽，基部附着在岩石、贝壳、沙砾或海底。海葵上端是圆形的盘，周围有几条到上千条菊瓣似的触手，它们在水中随波摇曳，一张一合，如花似锦。

生活在礁盘的大海葵，长有天蓝色、黄色的触手，组成鲜艳的"花丛"，游鱼和小虾争相嬉戏于"花丛"之中，一旦被其触手中的刺细胞刺中，便被麻痹，最后被触手卷入口中，成为其美餐。独有那色彩鲜艳的小丑鱼才可与其共栖，互利互惠。有些生物学家认为，海葵的寿命长达300年，由此推测这"海菊花"可长开300年而不谢，这是陆生菊花无法相比的。

色彩绚丽的珊瑚

珊瑚虫生活在温暖的海洋里，拥挤附着在岩礁上。新生的珊瑚就在死去的珊瑚骨骼上生长，有的生成树枝状，枝条纤美柔韧。珊瑚的形状美丽多姿：有像鹿角的鹿角珊瑚，有似喇叭的筒状珊瑚，有像蘑菇的石芝珊瑚，等等，真是五花八门。那颜色有橙黄、粉红、浅绿、紫的、蓝的、白的……

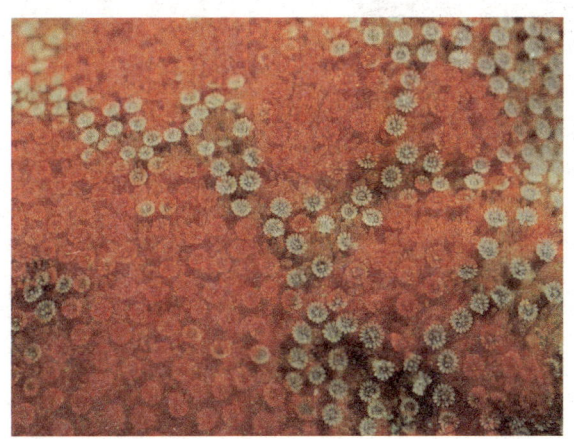

从珊瑚的触手数目来分，可分为两大类：八放珊瑚和六放珊瑚。珊瑚的触手很小，都长在口旁边，那"肚子"（内腔）里被分隔成若干小房间（消化腔），海水流过，把食物带进消化腔吸收。活的珊瑚虫有吸收钙质制造骨骼的本领。活的珊瑚虫死去了，新的又不断生长，日积月累，死珊瑚虫的石灰质骨骼便形成了珊瑚礁、珊瑚岛。

◀美丽的红珊瑚

三胚层蠕虫动物纵横海底

18世纪，生物学的系统分类还很不完善。当时的著名分类学家林耐把那些身体大致呈长形、缺少外骨骼、运动方式为靠皮肤肌肉收缩和体液压力进行蠕动的"虫子"，统称为蠕虫动物。实际上，所谓蠕虫动物是许多原始的、刚刚有三胚层身体结构的动物的统称，它包括了许多庞杂的类群。所谓"三胚层"，就是在类似于珊瑚或是海绵那样的，只有内、外两个胚层的动物的身体结构基础上，又在内胚层和外胚层之间形成了中胚层。动物进化经历了由海绵动物、双胚层辐射对称动物（包括腔肠动物）、三胚层两侧对称动物的发展阶段。其中，从辐射对称动物到两侧对称动物的演化，是生物进化过程中的一个重大事件，它意味着一系列遗传基因的重要创新，并由此促进生命的形态、行为向更加复杂的阶段快速发展。

形态分类

蠕虫是一大类十分低等的海洋无脊椎动物。它们的身体长而柔软，全身上下没有骨骼。在海洋生物的演化过程中，蠕虫是比较原始的种类。不过它们比更原始的多细胞动物已经有了划时代的进步。那就是，蠕虫的身体已经有了前端和后部的区分。蠕虫的前端是一块还不能称为头部的区域。在这个区域里有密集的神经，是头部的雏形。蠕虫的身体已经具有了完整的神经网，神经网将身体各处受到的刺激反馈给前端的神经中枢，神经中枢就会产生相应的反应。

根据有无体腔的形成，科学家把蠕虫动物首先分为无体腔、假体腔和真体腔三大类。其中，无体腔蠕虫动物包括扁形动物门和纽虫动物门两大门类；假体腔蠕虫动物包括线虫动物门、线形动物门、轮虫动物门、腹毛动物门、动吻动物门和棘头动物门；而真体腔蠕虫动物则包括螠门、星虫门、鳃曳动物门和环节动物门。

无体腔蠕虫动物和假体腔蠕虫动物保存下来的化石非常稀少，仅有一些寄生类化石、印

▼蠕虫化石

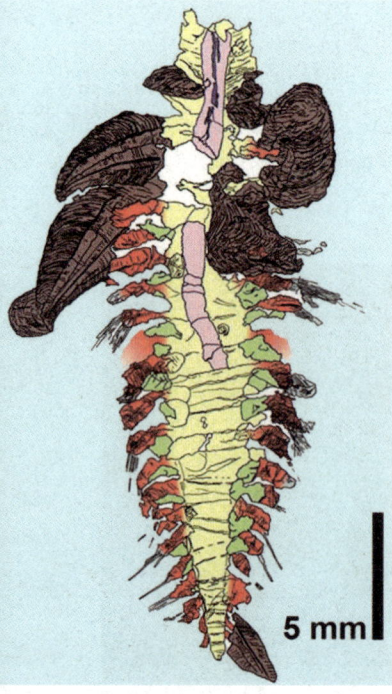

5 mm

"蛇发女妖"蠕虫

据美国《国家地理》杂志报道，最近，葡萄牙阿维罗大学的安娜·希拉里奥及其同事在西班牙东南面的大西洋加迪兹湾的泥火山中发现20种新种蠕虫，其中有一种海底蠕虫外形非常奇特，很像希腊神话中长着蛇发的女妖。泥火山位于富含甲烷的流体渗透海底的地方，为孕育微小生物提供了丰富的能量。然而，科学家很少了解这种难以捉摸的"女妖虫"。这种管状结构蠕虫得以幸存海底火山是源于其体内特别器官中生长有细菌。这种蠕虫从沉积物中吸收诸如甲烷等化学物质，并通过血液将营养物质传送给体内的细菌，让细菌产生出有机碳，从而成为蠕虫和细菌双方的营养物质。

痕化石等。真体腔蠕虫动物的遗体化石也很少，但是虫颚（虫牙）和遗迹化石较为丰富。20世纪90年代，我国科学家在云南省澄江地区发现了大量的寒武纪古生物化石，它们被称为"澄江动物群"，其中就有属于鳃曳动物门的蠕虫动物遗体化石，如帽天山虫、环饰蠕虫和古蠕虫等。这些5亿多年前潜居在古海洋海底泥沙中的古老生物，为科学家研究地球早期的动物进化及地球早期生态环境提供了难得的线索。

种群庞大

蠕虫的种群十分庞大。从海洋到陆地，从咸水到淡水到处都有蠕虫分布。海洋蠕虫虽不大被人注意，但它们种类多、数量大，起的作用大，是不应被忽视的动物类群。最近，研究人员在太平洋加拉帕哥斯群岛附近的深海中发现了一种深海蠕虫。它们生活在2500米的大海深处，体长有3米，令人惊奇的是它们竟然没有口和消化系统。那么它们靠什么生活呢？研究显示，其身体组织内可能有一种细菌生存。这种细菌能够从矿物质的化学还原反应中产生能量，并且利用海水中的二氧化碳和海底温泉中的硫化合物合成碳水化合物，供给蠕虫吸收。

许多在海洋中生活的蠕虫都能发光。当年哥伦布第一次接近北美海岸的时候，曾经记录下"海中游动的烛光"。其实，哥伦布看到的是多毛类蠕虫的交配仪式。这种小型底栖多毛类蠕虫会在每年盛夏之夜月圆时候，连续几夜游到海面上，像参加集体婚礼一样，举行繁殖的典礼。雌蠕虫纷纷跳起华尔兹，形成一个一个绿色的光环。雄蠕虫也纷纷一闪一闪地发光，向雌蠕虫发出求爱的信号。然后，雄蠕虫向雌蠕虫游去，雌雄相会后，分别释放出卵子和精子。繁殖仪式结束后，受精卵就开始了独立的成长过程，而蠕虫仍旧回到海底继续它们的生活。

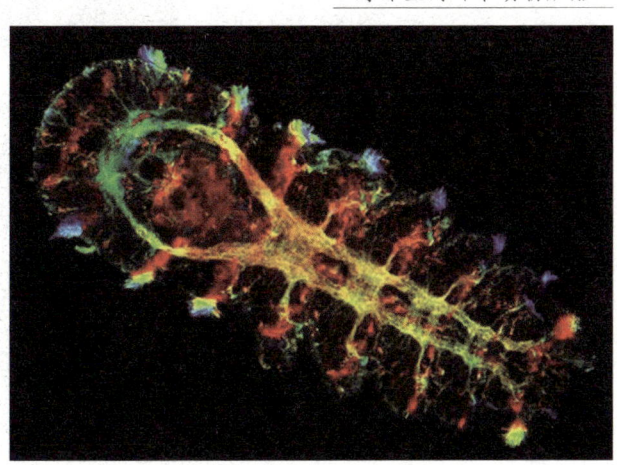
▼海洋里的环节动物胚胎

▲扁虫

深海蠕虫

为数众多的海洋蠕虫虽然在相貌上未必像其他海洋动物那样漂亮,但在海洋生物大家族中仍是重要成员,有着不可替代的重要作用。海洋蠕虫涉及的动物门类很多,种类也很多。在蠕虫中,最简单的要算扁虫类了,大多过着寄生生活,多数栖于海洋。扁虫类的身体两侧对称,这意味着眼等感觉器官逐渐向前集中,开始头化,而且身体也有背腹之分。扁虫的身体扁平,像片叶子,厚不过5毫米,口和肛门还只是共用腹面中央的一个共同的开口,两个眼点位于前方。扁虫栖息于海底的石块与海藻之下,颜色和石头相似,靠纤毛在岩石上爬行,晚上捕食小的软体动物或其他小型无脊椎动物。

纽虫动物大部分生活于海洋中,它们的身体不分节,和扁虫很相似,还没有体腔,但消化道有两个开口,食物从口入,残渣从第二个开口排出,这比扁虫的消化吸收效率要高。纽虫动物身体比扁虫大,小的长20厘米,大的可长达10米。大型纽虫身体有发达的环肌和纵肌肌肉带,环肌收缩身体就变细长,纵肌收缩身体则变粗短。有一种脑纽虫,身体有惊人的延长能力,可以从长1米、直径2厘米伸长到12米、直径2毫米。另外,它还有一个很长的吻,平时缩在鞘内,捕食时可以突然伸出来,伸得几乎和其身体一样长;上面覆盖黏膜和倒刺,可以将小的节肢动物、软体动物和环节动物等擒获。它们平时生活在海底的泥沙中或在海藻和岩石之下。

▶脑纽虫常见于潮汐地带的滩涂和沙滩。这种蠕虫能长得很大,常常是3~4米。其体色从粉红色到茶褐色都有,体态扁平如带。身体很脆弱,用手抓拿时容易断裂

线虫已知有上万种之多，有半数是海洋的居民。生物学家估计，它们实际的种类还要多，可能有50多万种。很可惜它们的身体都太小，不用显微镜是无法看清它们的真面目。

环节动物的身体是分节的，每一节都有着相似的肌肉、相似的器官和相似的附肢，仿佛是由一节节车厢相连而成的一列长长的微型列车，身体的每节相当于一节车厢，头部相当于火车头，头上有4个眼和两对探测器一样的触角。它们大部分生活在海里，其中以多毛类占大多数。

多毛类动物大的长达1米，小的仅几毫米，从浅海到5000多米的深海里都有。它们有的体色金黄，有的泛着珍珠光泽，在海底游泳时，蜿蜒前行，动作优美动人。它们在海底以线虫、扁虫、端足类等小型动物为食。

▲沙蚕

多毛类动物中非常著名的要数沙蚕了，其状如蚯蚓，又称海蚯蚓，每节身体上都生着疣足，足上生有刚毛，并因此而得名。它的生殖活动非常有趣。平时它们都分散在海底觅食，一到春末夏初，性腺成熟，雌雄沙蚕都变得颜色鲜艳，呈粉红色、绿色或白色，趁着月圆高照之夜，纷纷游向水面，举行一年一度的婚姻大典，雌雄齐舞动，随波共沉浮。雌沙蚕发出幽幽磷光，一闪一闪地召唤着雄性，雄性拖着长长的光尾追逐而来，数条雄沙蚕围绕一条雌沙蚕不约而同地跳起了狂欢圆舞曲。可惜好景不长，这新婚之夜、狂欢之夜，也是它即将了却一生之夜。当黎明将到，完成产卵受精活动的成体都体力耗尽，纷纷死去，沙滩上、海浪中到处都可见到死亡的沙蚕。由于繁殖期的沙蚕体内充满生殖腺，营养异常丰富，以沙蚕为食的鱼类纷纷追逐而来。鱼群追逐捕食，往往形成良好的捕捞区和渔场，因而渔船也纷纷赶来。

多毛类动物的数量大，繁殖再生能力强，总生物量仅次于软体动物和甲壳动物。在海洋生态的食物链中，它处于承上启下的关键位置，成为海洋生物食物金字塔的基础。其幼体供幼虾、幼鱼摄食，成体则是经济鱼类及虾、贝、蟹的重要饵料。据调查，鲽和鳕等底栖鱼类的胃含物中，沙蚕等多毛类占总量的50%～80%。哪里的沙蚕多，哪里的鱼就会长得膘肥体胖。大个的沙蚕也是人的美味佳肴，我国南部沿海地区和东南亚一带对其颇为赏识。

多毛类动物还可被用于监测水的污染，因有的沙蚕在污染区易出现畸形。厌氧性多毛类动物在底质黑臭、富含硫化氢的污染区会大量繁殖，根据所含多毛类动物的情况就可判断出水质的污染程度。

软体动物进化出具有保护性背壳

基于软体动物与环节动物胚胎发育的相似性，说明它们有着共同的起源，共同起源于相似扁形动物的祖先，然后各自向不同方向发展。软体动物不善于运动，出现了背壳，发展了保护性的结构与机能，形成了软体动物的特征。而环节动物通过身体的延长，内外结构上出现了分节现象以适应穴居生活，形成了环节动物的特征。

形态分类

软体动物是无脊椎动物中数量和种类都非常多的一个门类，已经发现的现代种类加上化石种类一共有12万种，仅次于节肢动物而成为动物界中的第二大门类。软体动物适应力强，因而分布广泛，陆地、淡水和咸水中都有大量成员，像蜗牛、河蚌、海螺、乌贼等都是我们熟悉的代表。

各类软体动物虽然形态各异、习性有别，但是基本特征却十分相似，身体柔软而且大多数都不分节，一般都分为头、足、内脏团和外套膜4个部分。外套膜通常还分泌出钙质的硬壳保护在身体外面。由于外套膜形状因种类而异，不同种类的软体动物的硬壳外形也就各种各样。不过，除了大多数成年期的腹足动物之外，它们的壳体都是左右对称、也就是两侧对称的。

科学家正是根据这些硬壳和软体结构的差异，将软体动物分成了10个纲，它们是单板纲（如新笠贝）、多板纲（石鳖，白垩纪至现代）、无板纲（如海兔）、腹足纲（如鲍、

▼蜗牛

菊石

菊石是已绝灭的海生无脊椎动物，生存于中奥陶纪至晚白垩纪。它最早出现在古生代泥盆纪初期（距今约4亿年），繁盛于中生代（距今约2.25亿年），广泛分布于世界各地的三叠纪海洋中，白垩纪末期（距今约6500万年）绝迹。菊石是由鹦鹉螺进化而来的，属于头足类动物，运动的器官在头部。体外有一个硬壳，与鹦鹉螺的形状相似。壳的形状多种多样，有三角形的、锥形的和旋转形。旋转形的壳在菊石中占绝大多数。在头足类的进化过程中，现在唯有鹦鹉螺还背负着一个沉甸甸的硬壳，慢慢地在水中游动，依靠硬壳保护自己，而其他的种属在进化中已脱掉硬壳，轻装前进。按照鹦鹉螺的运动方式推断，菊石也是一种游速不快、运动连贯性很差的动物。我国西藏的珠穆朗玛峰地区有大量的菊石化石，甚至随手可得，因为在2亿多年前，那里曾经是古喜马拉雅海，由于造山运动，地壳上升，海底变成了高山。

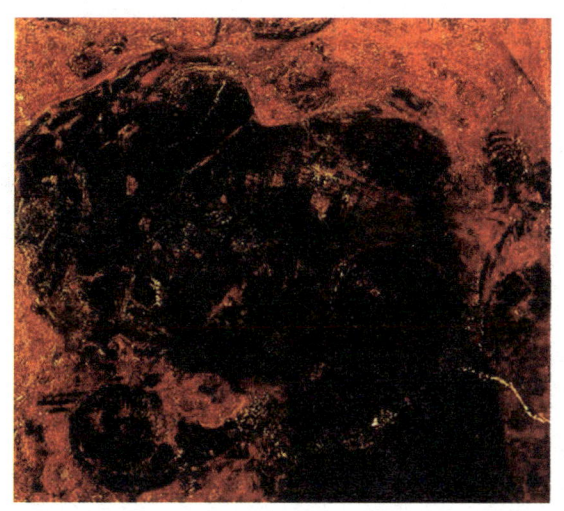
▲菊石化石

蜗牛）、掘足纲（如角贝）、双壳纲（如河蚌、海扇、蛤蜊）、喙壳纲（它们是已经灭绝了的古生物，如海拉尔特壳）、头足纲（如乌贼、鹦鹉螺、菊石）、竹节石纲（如竹节石）和软舌螺纲（如软舌螺）。

石鳖与宝贝

在海底世界里，有一种会给自己造"房子"的动物，它们能从自己的身体里分泌出石灰质，作为建筑材料来建造"房子"，用作自己的栖身之地，这些动物就是贝类。因为它们的身体柔软，所以归属于软体动物。它们建造的"房子"就是那些五光十色的贝壳。

石鳖属于多板纲中原始类型的贝类，它们的颜色和岩石一样，形状有点像陆地上的潮虫。别的贝类身体外面不是有一个就是有两个贝壳，而在石鳖的身体背面，却生长着覆瓦状排列的、由8个石灰质壳片形成的一组贝壳。在这些贝壳的周围，外套膜的表面还生有许多小鳞片、小针骨、角质毛等。因此，它的背部就像是一个全身披甲的武士，别的动物很难去侵犯它。

在海产的贝类中，有很多种具有非常美丽光泽的贝壳。无论是古代还是现代，人们都非常喜爱它们。在这些种类中，最有名的是宝贝。在古代还没有黄金、货币的时候，人们就是把这些叫作宝贝的贝壳当作货币。因此相传下来，一切有价值的、珍奇的东西就都称宝贝。

宝贝是生有一个贝壳的单壳贝类。大部分生活在热带和亚热带海洋里。宝贝的贝壳一般都近于卵圆形，壳面非常光滑，而且随着种类的不同，具有各种不同的花纹，非常好看，犹如人工制造出来的美术品。宝贝为什么那样光泽呢？

宝贝也和其他贝类一样，是靠爬行生活的。它在爬行的时候，头部和足部都从壳口伸出来。除了头部和足部以外，宝贝边缘的外套膜就从贝壳的腹面两侧向上把贝壳整个包被起来。这样，当宝贝活动的时候，贝壳总是被翻出来的外套膜所包围，外套膜能经常分泌珐琅质，使贝壳外表富有光泽。

▼石鳖

牡蛎与鲍鱼

牡蛎又叫蚝、蛎黄、海蛎子。它的肉很好吃，营养价值很高，所以人们不但采捕自然生长的种类，而且还想方设法对某些种类进行人工养殖。牡蛎贝壳的形状因种类而不同，即便是同一种，由于附着的岩石形状不同，也常常有很大差异。

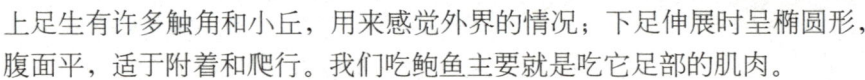
▼鲍鱼

鲍鱼的肉也好吃，是名贵的海产食品。它不是鱼，而是一种爬附在浅海低潮线以下岩石上的单壳类软体动物。在鲍鱼的身体外边，包着一个厚的石灰质的贝壳，这是一个右旋的螺形贝壳，呈耳状，它的拉丁文学名按字义翻译可以叫作"海耳"，就是因为它的贝壳的形状像耳朵的缘故。鲍鱼的足部特别肥厚，分为上下两部分。上足生有许多触角和小丘，用来感觉外界的情况；下足伸展时呈椭圆形，腹面平，适于附着和爬行。我们吃鲍鱼主要就是吃它足部的肌肉。

乌贼与章鱼

海里有一种能够吐墨的动物叫乌贼。因为它能吐墨，所以也叫墨鱼。要说乌贼也是贝类，这就很难使人相信了。事实上，乌贼的确属于贝类。它是头足纲的重要代表。头足纲的软体动物与别的贝类相比有很多不同的地方，这主要是由它们的生活方式所决定的。一些贝类，除了扇贝、日月贝等极少种类能够利用贝壳的开合做很短距离的游泳以外，一般都没有游泳的能力。它们不是附着在岩石上、钻入杂草或泥沙里不动，就是在岩石上、沙滩上或水草上缓慢地爬行。乌贼可就完全不同了，它不但能够像鱼类一样长期地在海里游泳，而且游泳的速度还非常快，有人称它为"海里的火箭"，这比喻是非常恰当的。

章鱼跟乌贼一样，也是属于头足类的动物，因为它的脚也是生在头顶上的。不过它只有八只脚，而没有像乌贼那样有专门用来捕捉食物的捉脚。它的八只脚很长，好像八条带子，所以渔民们都把它叫作"八带鱼"。章鱼也是很凶猛的动物。在它的脚上长有吸着力很强的大吸盘。如果我们捉到一个小章鱼，把它拿在手里，它马上就会用吸盘吸住我们的手，要想把它取下来还是很费力的。

章鱼的身体里面也有墨囊，而且所含的墨汁也是含有毒素的，不但可

▲章鱼

以用来防御，而且还可以用来进攻。一件很有趣的事实是，章鱼在休息的时候，并不是全身一齐休息，而是留有一条或两条长脚值班，不停地转动。尽管它的身体和其他的脚感觉都比较迟钝了。但是，如果轻微地触动到它的值班脚，章鱼就会立刻跳起来，并释放出浓厚的墨汁，把自己隐藏起来。

因为章鱼具有强有力的脚和吸盘，又有很好的防御工具，所以在海洋里和它相同大小的动物都会受到它的侵害。就连最大的、装备最好的螯虾，身体的大小虽然和章鱼差不多，也难免要成为它的食物。

海兔与鹦鹉螺

从外表看，海兔的体形确实像一只兔子，所以它就获得了这个名称。海兔的头部有两对触角，前边的一对较短，是专司触觉的器官；后边的一对较长，是专司嗅觉的器官。在海兔爬行时，后边的一对触角向前及两侧伸展；在休息时，则直向上伸展，恰似兔子的两只耳朵。海兔的贝壳很不发达，是一个薄而透明、仅具一层角质层且没有螺旋的贝壳。这个贝壳完全覆盖在外套膜之下，从外表根本看不到。

海兔是在浅海生活的贝类，喜欢生活在海水清澈、潮流较通畅的海湾，在低潮线附近的海藻间最多。它们以各种海藻为食，体色和花纹与栖息环境中的海藻极为相似，这样就可以很好地隐蔽起来，使敌人不能发现。特别是海兔对它周围环境的颜色有很好的适应能力。当它食用某种海藻之后，不久就能很快地改变为这种海藻的颜色。例如，有一种海兔，小的时候以红藻为食，体色为玫瑰红色；大的时候，以海带为食的体色变为褐色，以墨角藻为食的体色变为棕绿色。

鹦鹉螺属于头足纲。古老的头足类也都像鹦鹉螺一样，有不同形状的贝壳。但到现在它们大多已经灭绝，唯一剩下的只有在海底生活的鹦鹉螺了。所以鹦鹉螺是一种"活化石"，属于国家保护动物，很久以来便是动物进化系统研究中的很有价值的材料之一。

鹦鹉螺是一种底栖性动物，平时在海底爬行，偶然也漂浮在海中游泳。它的游泳方式跟乌贼相仿，是利用它的两片互相包裹的漏斗喷水进行的。鹦鹉螺的触手数目很多，一共有90个。其中有两个合在一起变得很肥厚，当肉体缩到贝壳里的时候，用它盖住壳口。世界上生活的鹦鹉螺数量不多。它们的贝壳很好看，珍珠层很厚，可供玩赏或制造工艺品。

▶鹦鹉螺化石

▼形形色色的海兔

节肢动物的兴旺发达

节肢动物因出现分节的附肢而得名。是动物界种类和数量最多的一门，是无脊椎动物中最为兴旺发达的一类。一般认为节肢动物起源于环节动物或类似环节动物的祖先，故环节动物的一些基本结构多见于节肢动物，可是节肢动物还有许多比环节动物复杂的结构。环节动物的祖先进化成为类似三叶虫状的原始节肢动物，再由其分两支：一支进化为甲壳纲、多足纲和昆虫纲，另一支进化为肢口纲和蛛形纲。节肢动物门是最大的一门，其外骨骼可以形成化石。在距今约7亿～10亿年前的地层中就已发现了节肢动物化石，它们从早寒武纪开始大量出现。

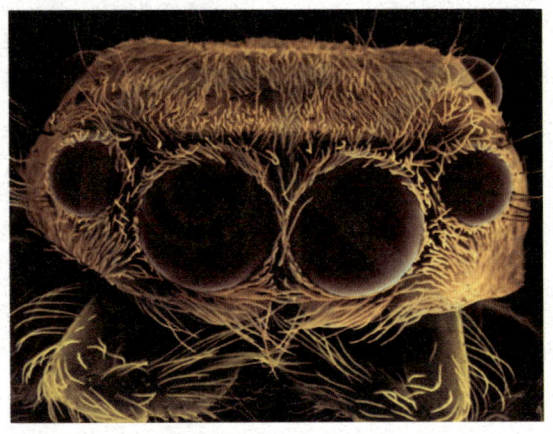

▲节肢动物的身体结构

形态分类

节肢动物整个身体分成一线排列的头、胸、腹三部分。形态的分化与机能的分工是统一的，节肢动物身体前端集中了感觉器官和摄食器官，分化形成明显的头部。胸部的附肢和外骨骼特化形成保护、运动和支持的器官，使胸部成为机体的运动中心。腹部是消化、生殖、呼吸的主要部位。由于头、胸、腹及其各部附属器官不同程度地分化，使节肢动物感觉灵敏、运动灵活、种类繁盛。节肢动物的每个体节一般都有一对分节且具有关节的附肢——节肢。节肢适应于不同的功能而分化成不同的形状。循环系统包括心脏和少数的血管，有血腔，开管式循环。

节肢动物分为3个亚门7个纲。有鳃亚门，大部分水生，少部分陆生，用鳃呼吸。包括三叶虫纲和甲壳纲。三叶虫纲已灭绝。甲壳纲多数为水生，也有少数种类营陆栖、共栖或寄生生活。常见的甲壳类除虾、蟹外，还有其他节肢动物3万余种，分布广泛，栖息于海洋、湖泊、江河和池沼。

螯亚门，大部分陆生，少数水生，包括肢口纲和蛛形纲。肢口纲

节肢动物中的活化石——鲎

鲎的长相既像虾又像蟹，被称为"马蹄蟹"，是一类与三叶虫（现在只有化石）一样古老的动物。鲎的祖先出现在地质历史时期古生代的泥盆纪，当时恐龙尚未崛起，原始鱼类则刚刚问世，随着时间的推移，与它同时代的动物或者进化或者灭绝，而唯独只有鲎从4亿多年前问世至今仍保留其原始而古老的相貌，所以鲎有"活化石"之称。每当春夏繁殖季节，雌雄鲎一旦结为夫妻，便形影不离，肥大的雌鲎常驮着瘦小的丈夫蹒跚而行。此时捉到便是一对。

▶河蟹，也叫"螃蟹"或"毛蟹"，节肢动物门甲壳纲动物。河蟹常穴居于江、河、湖沼的泥岸，夜间活动，以鱼、虾、动物尸体和谷物为食。河蟹的肉质鲜嫩，是深受人们喜爱的一味食品。

有2个目：广鳍目和剑尾目。广鳍目栖于淡水水域或海洋中，或水陆两栖，典型的动物是板足鲎；剑尾目，为海产、底栖，大多数种已灭绝，现存的都被称为"活化石"，常见种为中国鲎，蛛形纲包括常见的蜘蛛、蝎子等。

气管亚门，大部分陆生，少数水生，包括原气管纲、多足纲和昆虫纲。原气管纲的形体为蠕虫状，分头部和躯干部，分节不明显，附肢有爪但不分节，如栉蚕，主要分布在热带及亚热带的雨林地区，隐藏在石下、树桩下等潮湿土壤中。多足纲动物体分头及躯干两部分，头部有触角一对，单眼数个，躯干部扁而长或圆柱形，由多数环节合成，每一环节有足一对（蜈蚣）或二对（马陆）。昆虫纲是种类最多的纲，昆虫是世界上最繁盛的动物，目前已发现80多万种，比所有别种动物数量加起来都多。

三叶虫

▼三叶虫化石

在寒武纪时期，陆地上是一片荒凉，没有动物，没有森林，甚至连一根草都没有，到处是光秃秃的岩石。虽然陆地上毫无生气，海洋里却已经生机勃勃了！海水里充满着海藻，这主要是一些小得看不见的绿色植物。有很多种动物，如沙蚕、蛤蚌等。那个时候，统治海洋的是一种样子像虾的动物，叫做三叶虫。它们是5亿年前所有动物之中最发达的。在那时的海洋中，三叶虫还没有遇到有力的竞争对手，因此它们横行霸道，迅速发展，整个寒武纪成了三叶虫的世界。

三叶虫的身体分为头、胸和尾三个部分，背上有两条深沟，好像把身体分成3片，所以叫做三叶虫。三叶虫的种类很多，有些在水面上

▲蝎子

游来游去,有些在海底的泥沙里钻来钻去。它们大多长着眼睛,眼睛跟现代的虾差不多。虽用现代的标准看,这样的眼睛当然不是顶好的,但在那古老的年代,三叶虫却是生活得最成功的动物。之所以说它最成功,是因为它的身体长得很适应它所生存的世界,它有成群的子子孙孙,其中有一些又进化成为新的物种。

三叶虫出现后,在整个早古生代(包括寒武纪、奥陶纪和志留纪)都可作为众多生物的代表,它们和许多其他生物一起共同揭开了地球走进生物多样化的序幕。从此,一个欣欣向荣的生物世界才真正出现。

三叶虫在2亿年以前,还是动物界之王,但是后来全灭绝了。有一种三叶虫已经进化成为水蝎。水蝎长着强有力的螯,能捕捉别的水生动物来当食物。有些水蝎竟有2.7米长,但是跟三叶虫一样,后来也灭绝了。绝大部分水蝎和三叶虫都走到了科学家所谓的进化尽头。它们不能适应环境的变化,不能再往前发展。到现在还活着的水蝎后代,只有蝎子、蜘蛛、虱子和马蹄蟹之类。它们直到现在还极像它们的祖先,生活方式也几乎一样。

最早的飞行家——昆虫

最古老的昆虫化石是一种无翅的弹尾目昆虫,其化石是在距今3.5亿年前的泥盆纪中期地层中发现的。这种昆虫的躯体已经明显地分成了头、胸、腹三个部分。作为运动中心的胸部的出现,显然已经代表了昆虫这种新型节肢动物的诞生。另外一种叫作缨尾虫的原始无翅昆虫被发现在石炭纪地层中,一开始它却被当作甲壳动物记载下来,直到80年后的1958年才被承认是一种原始的昆虫。

▼昆虫化石

这些原始的昆虫是由什么动物进化而来的呢?科学家推测,昆虫的假想祖先应该是具有同律体节的蠕虫状动物,每个体节都有一对附肢。这样的祖

先在进化成昆虫的过程中，身体前部的几个体节集中并愈合形成了头部，这些体节上的附肢则演变成了触角和口器。紧接在头部后面的三个体节仍然保持各自独立，但是每一个体节发育了一对强有力的运动器官——足，后来还发育了两对翅膀，形成了昆虫胸部的运动中心。胸部后面的体节变化很小，但是附肢却一般都退化掉了，仅有腹末体节的附肢演变成了尾须和产卵器官。昆虫从出现开始，就显示出了极为强大的生命力，在地球上迅速地发展了起来。

化石证据表明，最早的有翅昆虫是在石炭纪晚期出现的。那是距今大约3亿年前，当时陆地上到处都生长着高大茂密的森林，有翅昆虫就在这样的环境里出现了。它们成群地在森林里飞来飞去，种类也很快地越来越繁杂。实际上，这些高大的树木正是昆虫获得翅膀的环境条件，因为昆虫只有先上树，适应了树上生活以后，才有产生翅膀的需要和可能。

▲现代昆虫图示

虽然发现有翅昆虫化石的最早时代是石炭纪晚期，但是根据种种事实推测，有翅昆虫的起源是发生在泥盆纪末期或石炭纪初期。泥盆纪地层中已经有煤层存在，说明当时已经出现了森林。生活在这些森林里的昆虫，首先借助于胸背侧突在树木间滑翔；而后，在滑翔的基础上，自然选择的结果使胸背侧突一代代地逐渐扩展，昆虫的滑翔距离就可以越来越远。最后，胸背侧突终于发展成了能够自由飞翔的翅膀。

翅的产生是昆虫进化史上最为重要的事件。翅的产生使昆虫的胸部构造、肌肉系统以及整个有机体都发生了很大的变化，促使了神经系统的发展，也意味着昆虫行为的复杂化。由于获得了翅膀，使昆虫能够适应更为多种多样的环境，从而打开了更加广阔的生活空间。借助于飞行，昆虫能够在更加广阔的范围内散布、迁徙、求偶、觅食以及躲避敌害。当时，脊椎动物中的两栖类已经登陆，有翅膀的昆虫能够更有效地逃脱两栖类以及蝎子和蜘蛛的捕食。这一切都为昆虫纲日后的繁荣发展奠定了良好的基础。

在地球生命的进化历史上，昆虫是最先获得飞行能力的动物，比爬行动物和鸟类获得飞行能力早了至少5000万年。

前寒武纪出现了棘皮动物

棘皮动物是一种高级的无脊椎动物。一般认为，棘皮动物起源于具有两侧对称的祖先。其起源过程是这样的：由双胚层动物向三胚层动物发展，出现了两种进化方式，一种是节肢动物式的，另一种是棘皮动物式的。在棘皮动物进化的一支上，棘皮动物是一个特化了的旁支，主干是脊索动物，尤其是发展到脊椎动物，就成了动物系统发育主干中的主干。棘皮动物有由中胚层产生的内骨骼，埋在外胚层的表皮下面，常向外突出成棘，这和高等动物骨骼的发生相似。由于棘皮动物与脊索动物有很多的相似之处，一般认为脊索动物是从棘皮动物进化来的。棘皮动物显然有一个极长的进化历史，因为早在早古生代初期，大量结构复杂的棘皮动物已经出

▲海胆化石

现，这足以证明棘皮动物起源的时间应该在寒武纪之前。到了寒武纪早期开始的时候，就陆续有棘皮动物的一些类别开始出现，到了奥陶纪中期至晚期，棘皮动物的所有其他类别全部出现了。在那以后直到今天的漫长岁月里，再也没有发现新的棘皮动物纲。因而，棘皮动物的多数纲在古生代结束的时候都灭绝了，只有少数的纲进入了中生代并繁衍到现代。

形态特征

几乎在任何一个海岸，你都可以看到海星和它们的近亲，如阳燧足、海胆、海参等。这些动物都属于棘皮动物，在地球上生存已有5亿多年了。由于该门大多数动物的皮上有棘状突起，所以称为棘皮动物。

虽然地球上的棘皮动物有将近6000种，比哺乳动物还多了2000多种，但因它们栖息在海洋中，所以大部分人对棘皮动物并不十分熟悉。

蛇尾纲

蛇尾纲也称"阳遂足纲"。棘皮动物门的一纲。体盘和腕之间有明显的界限，体盘小。腕或细长不分支，只能作水平屈曲运动（如蛇尾目），或有分支，兼能作垂直运动（如蔓蛇尾目）。无步带沟，缺肛门。管足较退化，有触觉和呼吸作用，故也叫"触手"。种类很多。分布于世界各海洋，吃小动物。

棘皮动物在外形上比较原始，身体呈辐射对称，分不清头在哪里，尾在何处，哪一侧算左，哪一侧是右。棘皮动物分布很广，从潮间带到万米深海中均有，它们有的匍匐海底，有的穴居在泥沙中，有的钻石而栖，有的附着在岩石上。他们分布于不同深度与底质的海洋中，但以沙底岩石下或珊瑚礁的海底为多，热带和温带海水中比寒带海水中的种类多。

栖息于礁盘中五花八门的棘皮动物

种类繁多，有鲜红色的长棘海星、体形硕大的面包海星，还有那美丽的壳形海胆，体呈紫红色，花瓣似的棘上长有美丽的花纹，其棘粗壮且颜色变异很大。

多数种类成体是在海底缓慢移行或附着生活的，有集群而居的习性，随着食料和繁殖季节的变化，他们常成群地从一个地方迁到另一个地方。一般都将棘皮动物分成 5 个纲，即海百合纲、海参纲、海星纲、海胆纲和蛇尾纲。

▲海星

海百合

有一种生活在幽深海底的，形态如同百合花样美丽的动物，它被称为"海百合"。海百合与人们熟悉的海星、海胆、海参一样，同属棘皮动物，不过海百合是棘皮动物中最古老、最原始的种类。海百合极像植物，与陆地上的百合花很相似，所以人们称之为海百合。

▼海百合

海百合柔软的肉体，由无数细小的骨板连接包裹起来，既灵活自如，又能保持它亭亭玉立的姿态。它的头顶上有朵淡红色的"花"——那根本不是花，是只捕虫的网子。

海百合的嘴，长在"花心"底部。嘴巴周围有条状的"腕"，每条"腕"从基部分成两大枝，每枝再分出两枝。这样一来，它便像长了 20 只手似的。每条腕枝上，还分生出羽毛般的细枝来，那如同网子的横线，可用来挡住入网的虫子，不让它们漏网逃走。海百合大小腕枝内侧，有一条深沟，名叫"步带沟"。沟内长着两列柔软灵活、指头一样的小东西，名叫"触指"。它迎着海水流动的方向撒开，如同一朵盛开的鲜花。一批随水闯入的小鱼虾，懵懵懂懂，被它步带沟里的触指抓住，然后像扔上传送带的肉，由小沟送进大沟，再由大沟送入嘴里。当它吃饱喝足时，腕枝轻轻收拢下垂，宛如一朵行将凋谢的花——那是它正睡觉哩！

海百合一生扎根海底，不能行走。它们常遭鱼群蹂躏，一些被咬断茎秆，一些被吃掉花儿，落下悲惨的结局。在弱肉强食、竞争险恶的大海中，曾有一批批被咬断茎秆，仅留下花儿的海百合，大难不死存活下来。因为它们终归不是植物，茎秆在它们的生活中，并不是那么生死攸关。这种没柄的海百合，五彩缤纷，悠悠荡荡，四处漂流，被人称为"海中仙女"。生物学家给它另起美名——"羽星"。羽星体含毒素，许多鱼儿不敢碰它。可仍有一些不怕毒素的鱼，对它们毫不留情，狠下毒手。为了生存，它们只好大白天钻进石缝里躲藏起来；入夜才偷偷摸摸成群出洞，翩翩起舞。它们捕食的方法，还是老样子——腕枝迎向水流，平展开来，像一张蜘蛛的捕虫网，守株待兔，专等送食上门。

▲海星

海星

海星是棘皮动物中的重要成员。五条腕的海星形状很像五角星，它的口位于口面（腹面），肛门在反口面（背面）。口面为浅黄色或橙色，反口面为浅色，底子上衬着紫色或深褐色的斑纹。海星腹部着地，五条腕伸开在浅海的沙地或岩石上不慌不忙地用数目众多的管足（海星的运动器官）爬行。

海星捕食的方法十分奇特，且特别喜欢吃贝类。当海星用腕和管足把食物抓牢后，并不是送到嘴里"吃"，而是把胃从嘴里翻出来，包住食物进行消化，待食物消化后，再把胃缩回体内。海星吃贝类，还要加一道工序，先用腕和管足把贝类包起来使之窒息而死，把双壳拉开，然后再翻出胃来吞噬。那些消化不了的贝壳，在海星饱餐之后就被抛弃了。

海星的绝招是它分身有术。若把海星撕成几块抛入海中，每一碎块会很快重新长出失去的部分，从而长成几个完整的新海星来。例如，沙海星保留1厘米长的腕就能生长出一个完整的新海星，而有的海星本领更大，只要有一截残臂就可以长出一个完整的新海星。由于海星有如此惊人的再生本领，所以断臂缺肢对它来说是件无所谓的小事。目前，科学家们正在探索海星再生能力的奥秘，以便从中得到启示，为人类寻求一种新的医疗方法。

海胆

海胆是棘皮动物家族中的另一成员，它长着一个圆圆的石灰质硬壳，全身武装着硬刺。对居住在海底的"居民"来说，它是难以侵犯的，没有哪个莽撞的家伙敢去碰它。

▲海胆

在我国南方，大都在春末夏初开始捕捞海胆；北方的大连紫海胆则是在夏秋两季采集。这时的海胆里面包着一腔橙黄色的卵，卵在硬壳里排列得像个五角星。海胆的卵是一道特殊风味的佳肴，光棘球海胆、紫海胆的卵块是名贵的海珍品。在我国山东半岛北部沿海，如龙口、蓬莱、威海、长岛等地用海胆卵制成的"海胆酱"行销海内外。

然而，并不是所有的海胆都可以吃，有不少种类是有毒的。这些海胆看上去要比无毒的海胆漂亮得多。例如，生长在南海珊瑚礁间的环刺海胆，它的粗刺上有黑白条纹，细刺为黄色。幼小的环刺海胆的刺上有白色、绿色的彩带，闪闪发光，在细刺的尖端生长着一个倒钩，它一旦刺进人体皮肤，毒汁就会注入体内，细刺也就断在皮肉中，使皮肤局部红肿疼痛，有的人甚至出现心跳加快、全身痉挛等中毒症状。

海参

在海藻繁茂的海底，生活着一种像黄瓜一样的动物，它们披着褐色或苍绿色的外衣，身上长着许多突出的肉刺，这就是海中的"人参"——海参。海参是棘皮动物中名贵的海珍品。在中国海内有20多种食用海参，有些价格昂贵，如刺参、梅花参、乌皱辐肛参等。

在我国山东半岛和辽东半岛沿海，在海水稳静的海湾3～15米深的岩礁或细泥沙的海底，生活着一种身体背部布满大大小小的圆锥状肉刺的海参，名叫刺参。刺参是海参中最为名贵的一种。它很怕热，每当夏季来临、海水温度升高时，它便爬到深水里，伏在礁石附近，不吃也不动，开始了"夏眠"，一直睡到仲秋季节才开始活动，这一觉足足要睡3个多月！待到秋高气爽、水温渐凉时，刺参便爬到浅水中，边爬边用树枝状的触手抓起海底含有丰富有机物质的泥沙，吞噬下去。夹在泥沙中的有机物质被消化吸收，消化不了的泥沙被排出体外。正是海参的粪便给那些潜水捕捉海参的人提供了线索。

▲海参

第五章

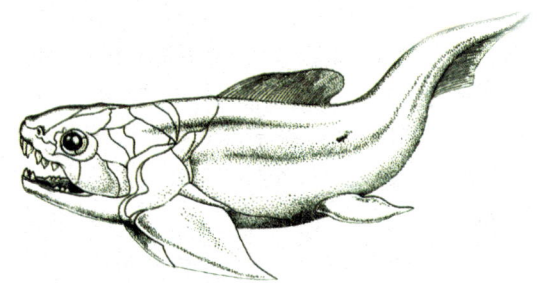

最古老的脊椎动物——鱼类

　　脊椎动物的共同祖先是原始无头类,逐渐演化为原始有头类,出现了头部和脊柱。原始有头类又分化成两支:一支为无颌类,包括古生代的甲胄鱼和现代圆口纲的盲鳗、七鳃鳗;一支为有颌类,这是鱼类的祖先。

　　鱼类可分成4个亚纲,即棘鱼亚纲、盾皮鱼亚纲、软骨鱼亚纲和硬骨鱼亚纲。棘鱼和盾皮鱼代表原始鱼类。棘鱼出现在早志留纪,灭绝于早二叠纪。最早的原始有颌鱼是盾皮鱼类,出现于志留纪,兴盛于泥盆纪。在志留纪及泥盆纪除盾皮鱼类外,还分化出原始软骨鱼,如裂口鲨,是现代鲨鱼的祖先,后分化出现代软骨鱼中的全头亚纲(银鲛)和板鳃亚纲(鲨和鳐)。

　　由古软骨鱼类演化成原始硬骨鱼,如棘鱼类,认为是现代硬骨鱼类的祖先。分化成两支,一支为辐鳍亚纲的鱼类,一支为肺鱼亚纲和总鳍亚纲的鱼类。古代辐鳍亚纲的鱼类以古鳕总目的鱼类为代表,从古鳕总目演化为硬鳞总目、多鳍总目和全骨总目。再从古全骨总目分化出真骨鱼类,进化成现代硬骨鱼。全骨鱼类在距今2.5亿年前～1亿年前曾一度鼎盛,后逐渐衰落。真骨鱼类从距今1亿多年前开始兴起,演化出许多分支,成为现代地球水域的主角。4亿年前,硬骨鱼类中的总鳍鱼类和肺鱼类开始出现并迅速繁荣,总鳍鱼类也是最早登上陆地的动物。3亿年前,总鳍鱼类开始衰落,至今仅在东非海岸有少数残存,被称为"活化石"。

向脊索方向进化

在分类学上,脊椎动物是脊索动物中的一个亚门。由于脊椎动物之外的脊索动物只占极少数,因此习惯上统称它们为脊椎动物。但要了解脊椎动物的发展史,还得从脊索动物谈起。脊索动物是动物界最高等的一类,也是种类相当丰富的一个门。它包括低等的脊索动物,如现代海洋中的文昌鱼、海鞘等;以及较高等的脊索动物,如鱼、蛙、龟、鸟、牛、猿猴、人类等。脊索动物最主要的特点是具有脊索,脊索是一条具有弹性而不分节的白色轴索,起源于内胚层,起支持身体的中轴作用。高等动物的脊索只在胚胎期存在,胚胎期后由周围结缔组织硬化而成的脊椎所代替。由于棘皮动物与脊索动物有很多的相似之处,不少学者认为,脊索动物是从棘皮动物进化来的。世界上最早的脊索动物被发现于我国云南省昆明海口澄江动物群,其早寒武纪脊索动物的化石标本在海口华夏鱼、中新鱼出现的时间距今为5.3亿年。

形态分类

脊索动物在脊索的背侧有中枢神经系统,这是一种中空的神经管,起源于外胚层,大多数脊索动物的神经管前部扩大成脑。在脊索的腹侧有消化道,它的前端两侧有左右成排的小孔与外界沟通,这些小孔称为鳃裂。水中生活的脊索动物终身保留鳃裂,陆地脊索动物仅在胚胎期具有鳃裂,后来发展成肺呼吸。

脊索动物门中的动物,根据其脊索、神经管鳃裂的特点以及形态特征,可分为四个

▼文昌鱼

▲昆明海口澄江动物群中的鱼化石标本，这是目前世界上最早的脊索动物化石

亚门：半索亚门、尾索亚门、头索亚门和脊椎亚门。这四个亚门中仅有脊椎亚门是进化的主干，其余三个亚门是在向脊索进化途中生出的旁支。半索亚门，又称口索动物，身体分为吻、颈和躯干三个部分，在吻部有一段类似脊索的构造。单凭着这一小段"类脊索"便能判断它是由无脊索向有脊索转变的一种过渡型动物，这类动物全部是海生，现在还活着的动物代表有柱头虫，化石代表有笔石。

尾索亚门，幼体呈蝌蚪状，尾部有脊索，但成年后尾巴消失，钻进沙土里底栖生活，属海生单体。这类动物比半索动物在脊索的长度上进化了一些，据此推测它是由半索动物的祖先分化出来的，可它的倒退比半索动物还大，已不会游泳，不能主动地觅食，只斜插在沙滩中，等食物自动送上门来。海边渔民和海滨游泳池出售的海鞘，就是尾索动物的代表。

头索亚门，身体似鱼但无真正的头，终身都有一条纵贯全身的脊索，背侧有神经管，咽部具许多条鳃裂。比起半索、尾索动物来，头索动物要算相当进步的了，它的代表动物是文昌鱼。

半索、尾索和头索动物，尽管都算脊索动物门，但都是低级的，连头都没有，故统统称为原索动物或称为无头类，它们也是动物进化中的侧支，真正代表进化方向的还是脊椎动物亚门。

笔石

笔石是已经灭绝了的群体海生动物，由于它的化石印迹像描绘在岩石层面上的象形文字，故称此名。笔石动物是古无脊椎动物，过去视作腔肠动物，现在作为口索动物的一纲。笔石体由胎管和胞管组成。胎管是一个圆锥体，为笔石虫初从卵孵出时的原始房室。其后从胎管芽生胞管作为住室，发育成群体。保存成化石的一般是胞管的几丁质外壳。一般生活在平静的海洋里，多数为漂浮生活，有些靠附着生活。笔石演化快，分布广，是划分和对比地层的重要化石之一。笔石动物可以与腕足动物、三叶虫等动物的化石共生。但是也有一些特定的环境里只有漂浮笔石而没有其他生物或是仅有极少的浮游生物伴生。

笔石纲通常分为6目：树形笔石目、管

笔石化石

笔石通常保存在黑色页岩中，究其原因可能是因为沉积时海水较为平静，海底还原作用强，氧气不足，含有较多的硫化氢，不适宜底栖生物生存，但是在这样的环境里营漂浮生活的笔石可以在表层水体中生活，死后尸体沉入水底变成化石。另一种原因则可能是因为当笔石从正常的水体漂浮到这种不宜生存的水体中时，便大量死亡并沉入海底，而海底底栖动物稀少，没有将这些笔石尸体"消灭"掉，它们就大量保存下来并变成了化石。除了页岩之外，在细砂岩、粉砂岩或灰岩中也能发现一些笔石化石。

▲正笔石目化石

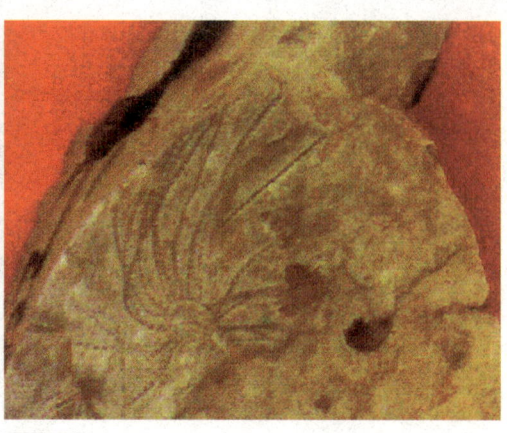
▲笔石

笔石目、腔笔石目、甲壳笔石目、茎笔石目和正笔石目。其中最常见的和研究较详细的是树形笔石目和正笔石目。树形笔石目,笔石体呈树枝状,分枝规则或不规则,枝间有时有横靶或交结相联。正笔石目营漂浮生活,笔石体有的具有浮胞。

笔石化石全世界均有发现,其地史分布自中寒武纪至早石炭纪,其中的正笔石在奥陶纪、志留纪达到极盛,且演化迅速,分布地广,灭绝也快,成为这种两个纪的标准化石之一。笔石群体的外形粗,看起来像松折枝的化石,即使是专家,稍不留神也会将其误认为是苔藓动物。确认笔石是半索动物,也是近几十年才明确的。

鱼类的祖先

▼文昌鱼

文昌鱼是一种动物珍宝。据科学家研究,它早在5亿多年前就出现了,至今仍保持着古代的特性及原始性状。这为研究鱼类的起源和无脊椎动物进化历史,提供了活的证据。

说起文昌鱼来很有意思,它全身无骨,体长2～5厘米,生活在浅海地区,因最初是在我国海南省文昌市的沿海一带发现的,故称此名。文昌鱼是比鱼类低等的动物,其生理构造甚为奇特,它和一般鱼儿不同,没有鱼类常有的鳍,它的鳍只有一层皮膜,虽然也用鳃呼吸,但鳃却被皮肤和肌肉包裹起来,形成了特殊的围鳃腔。它没有鳞,没有分化的头、眼、耳、鼻等感觉器官,也没有专门的消化系统,只有一个能跳动的、内有无色血液的腹血管和一条承接口腔及肛门的直肠。因此,文昌鱼属无脊椎动物进化至脊椎动物的过渡类型,有人称之为"鱼类的祖先"。

文昌鱼生长于潮汐不大、沙滩较大、风平浪静的内海浅湾。幼鱼生活在泥、沙交界的细沙中。文昌鱼经常随着潮水游到江河汇合的浅海海底，虽然它们几乎没有自卫能力，却有惊人的钻土本领，一般可生活3～4年。文昌鱼因为无鳍，不能游到远海去觅食，又光溜溜、半透明的，因难以自卫，只好钻沙，寻觅沉淀在沙里的食物。就是钻沙也钻不深，只在沙的表层。晚上它也会离开沙底，垂直游到水面，寻找海藻等东西吃。文昌鱼没有胸鳍和腹鳍，只有背鳍、尾鳍和臀鳍。白天它躲在海底泥沙中，露出半个身子，摇摇摆摆，依靠水流带来的浮游生物作食物，晚上出来活动。它垂直游泳，有时会像脱弓的羽箭射到水面上，它会用触须摄取海水中微小的浮游生物。

文昌鱼数量最多的地方是在福建省沿海一带，渔民们经常捕食，其捕捉的方法也很特别，根据它遇惊而喜钻沙的特点，先蹚水走几次，然后把沙子挖起堆成堆，再盛一桶（盆）海水，用瓢舀起一瓢沙，在桶中慢慢澄，沙落鱼出，多的时候，一瓢中能澄出半瓢鱼来。拿回家里用鸡蛋裹上下油锅一炸，其味鲜美无比，又无骨刺鲠喉，常是渔家用来招待客人的佳肴。可惜现在已不多见了，随着沿海工业的发展，近海污染严重，文昌鱼也几乎不见踪迹了。

文昌鱼严格地讲还不能算是鱼，它是一种珍稀小型暖水性底栖动物，还没有鱼类所具有的脊椎，仅有一条脊索，是无脊椎动物向脊椎动物进化的过渡种类，可以说是最原始的鱼。文昌鱼被认为是脊椎动物的祖先，素有"活化石"之称，是研究脊椎动物进化和系统发育的理想材料，在学术上有很高的研究价值。目前，地球上这种过渡种类极少，由于文昌鱼是科学家们研究脊椎动物以及鱼类起源的好材料，所以受到科学家们的青睐。

▼图中所显示的是一种被称为海鞘的动物，它们的生长速度很快，大多数的海鞘生活在深度400米以内的海底，它们在海底可附着于几乎任何物体表面。海鞘受环境变化的影响也很大，可以作为生态环境灾难性变化的晴雨表

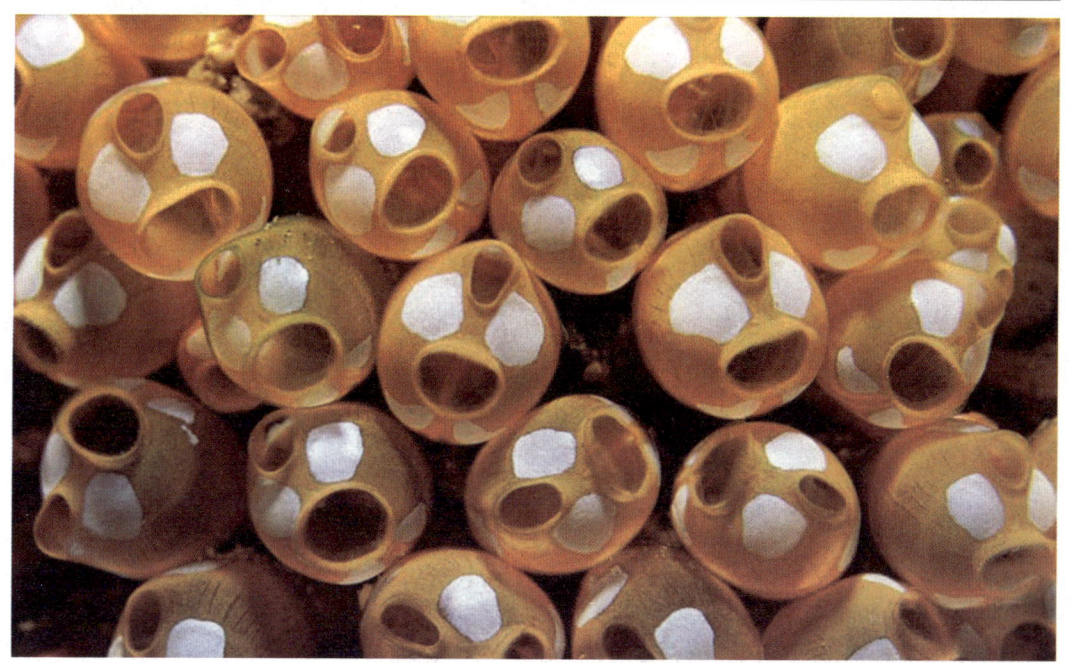

甲胄鱼的出现

当三叶虫和水蝎都灭绝时，发生了一件极其重要的事。在那淡水溪流的泥底里，已经出现了一种动物，未来是属于它们的。这种动物身体小而扁，行动很迟钝。它吃东西的唯一方法就是吸，靠从泥巴里吸取有机物为生。因为它没有牙床，嘴巴窄得像一条缝。可是它们有另外两件重要的东西：盔甲和头脑。科学家把它们叫作甲胄鱼，意思是说，它们戴盔披甲。它们是原始的脊椎动物，身体的前部长着骨板，其余的部分都长着鳞。甲胄鱼的全身甲胄是一层硬的骨板，能起到保护身体的作用。不过正是因为全身披甲，给它们生活带来了很多不便，行动既缓慢又笨拙，如此落后的生活方式致使甲胄鱼在泥盆纪末期几乎全部绝灭。

甲胄鱼的形态分类

英格兰志留纪中期的沉积物中发现了完整的早期脊椎动物化石，它们代表了一些样子像鱼的非常原始的脊椎动物：身体细长呈管状；没有上下颌，只在身体的前端有一个吸盘状的口；眼睛后面、头部两侧各有一排圆形的鳃孔；具有分成上下两叶的尾鳍，下叶较长、上叶较短而高，这样的尾巴类型叫做歪尾型。这种动物与现代仍然生活在海洋中的七鳃鳗有很多的相似之处，它们被分别命名为莫氏鱼和花鳞鱼。

到了泥盆纪时，这一大类早期的脊椎动物达到了繁盛时期，各种各样的无颌鱼形脊椎动物的化石在世界各地都有发现。它们没有上下颌骨，作为取食器官的口不能有效地张合，只能靠吮吸甚至仅靠水的自然流动将食物送进嘴里食用，因此它们被称作无颌类。此外，它们没有真正的偶鳍，中轴骨骼还只是软骨质而不是真正的骨质（即硬骨质）。有代表性的无颌类身体前部的体表具有骨板或鳞甲，彼此相连就像古代武士的铠甲一样起着保护身体的作用，因此一般又将它们称为甲胄鱼类。

不同类群的无颌类彼此之间仍有相当大的差异。很可能，这些不同类群在其有化石记录的时代之前，已经各自经历了长期的进化过程。根据这些差异，可以把包括现代类型在内的所有无颌类分为以下两个亚纲和几个目：

单鼻孔亚纲：特点是具有单一的鼻孔、较多的鳃孔和骨质的头盾（头部的骨质甲胄），包括4个

▼各种甲胄鱼

▲甲胄鱼化石

目,即头甲鱼目、盔甲鱼目、缺甲鱼目和圆口目。圆口目是包括七鳃鳗在内的现代无颌类动物。甲胄鱼是头甲鱼目的典型代表。头甲鱼的身体可长达0.5米,腹部很平,背部凸起,尾巴上翘,头上盖着坚固的骨板,眼睛长在头顶上。头甲鱼的头顶中间和头甲周围有一道深沟,是神经集中的地方。

双鼻孔亚纲:特点是具有一对内鼻孔,外鼻孔不存在,形态多样,甲片复杂,包括3个目,即鳍甲鱼目、盾鳞鱼目和多鳃鱼目。多鳃鱼目是中国特有的无颌类,主要发现于云南曲靖、武定等地。它们不仅有一对内鼻孔,而且有在头甲鱼类中尚未出现的硬骨质的脊椎骨。不过,它们的硬骨质脊椎骨像七鳃鳗一样还只是雏形,仅有竖立在脊索上侧的小骨片而没有其他成分。

退出历史舞台

甲胄鱼其实还算不上是真正的鱼,不过同时期的真正的鱼类也有全身披甲的,不同的是,那些原始的鱼类有了颌和偶鳍。为了把真正的鱼类和古老的无颌类——甲胄鱼区分开,所以把那些真正的鱼类称为"盾皮鱼类"。甲胄鱼是比鱼类低等的无颌类动物,它和现代海洋里的七鳃鳗同属一类。

甲胄鱼类在地质历史上的分布比较有限,仅延续到泥盆纪。它们可能起源于奥陶纪,由更早期的、还没有甲胄的祖先发展而来,莫氏鱼可能就是那些祖先类型的残余。甲胄鱼类在泥盆纪时发展为适应于各种水生生态环境和具有各种生活习性的一大类群动物,可谓取得了暂时的成功。

当许多沿着不同进化路线迅速发展起来的更为进步的有颌类脊椎动物从泥盆纪开始逐渐兴起之后,无颌的甲胄鱼类最终在生存竞争中失败了。到了泥盆纪末期,除了少数适应于某种特殊的生活方式的残余种类之外,绝大多数甲胄鱼类退出了历史舞台。

▼七鳃鳗

脊椎动物开始张开了"血盆大口"

在距今约4.3亿年前的志留纪早期,由原始的无颌类动物分化出了有颌脊椎动物,包括盾皮鱼类、棘鱼类、软骨鱼类和硬骨鱼类,其中皮鱼类和棘鱼类是原始鱼类。上下颌的出现是生物进化史上的一次大革命。它大大提高了鱼类的取食和咀嚼功能,也因此增强了鱼类的生存竞争能力。棘鱼类是目前所知最早的脊椎动物,它的历史并不长,在志留纪早期出现后,经过大约1.7亿年的演化,于二叠纪早期灭绝。以恐鱼为代表的盾皮鱼类在泥盆纪时曾经盛极一时,但笨重的骨甲和不发达的偶鳍却使它行动不方便,因此在泥盆纪后期,随着那些已经摆脱沉重骨甲束缚的硬骨鱼和软骨鱼的崛起,盾皮鱼逐渐衰退灭绝。

盾皮鱼化石

最早一批志留纪盾皮鱼化石被发现于中国,主要是节甲鱼类和胴甲鱼类。显然,盾皮鱼起源分化于泥盆纪以前,可能在志留纪早期或中期,尽管更早的盾皮鱼化石还没有被发现。志留纪的盾皮鱼化石往往是一些骨甲碎片,有些种的分类命名也十分不可靠。与志留纪形成反差的是,在泥盆纪时,盾皮鱼在各种水生生态系统中占优势,包括海水和淡水。尽管如此,盾皮鱼在泥盆纪末还是全部灭绝,没有一个种存活到石炭纪。中国的盾皮鱼化石较为丰富,主要是节甲鱼类、胴甲鱼类和瓣甲鱼类。研究人员在中国还发现了许多早期的盾皮鱼化石,尤其是在泥盆纪早期地层中发现了属于原始胴甲鱼类的云南鱼类和始突鱼类,这在世界其他地方都没有被发现过。近来又在云南发现了志留纪的胴甲鱼化石,这说明胴甲鱼起源于东亚。

无颌类动物进化为有颌脊椎动物

生物的进化史上,发生过一些重大事件。这些重大事件的意义超过各种一般性事件的总和,具有革命的性质,深远地影响着后来的进化方向。脊椎动物登上历史舞台之后,第一次革命性事件就是颌的出现。由较早期的动物向较晚期的动物进化的过程,实际上是通过其结构由一种功能向另一种功能转变来完成的。颌就是由一些原来执行的功能与取食并无关系的结构转变而来的。

甲胄鱼类有大量的鳃,这些鳃由一系列的骨骼构造所支持,每一构造由数节骨头组成,

▼沟鳞鱼化石

形状像尖端指向后方的">"形。在脊椎动物进化的某一个早期阶段，原来前边的两对鳃弓消失了，第三对鳃弓上长出了牙齿，并在">"形的尖端处以关节结构铰合在一起。这样，能够张合自如，有效地咬啮食物的上下颌形成了，脊椎动物从此真正地张开了"血盆大口"。

▲恐鱼化石

一般认为盾皮鱼类是有颌类的远祖，其中出现最早的是棘鱼类，由它们进化成硬骨鱼类；盾皮鱼的另一支则进化成软骨鱼。软骨鱼和硬骨鱼都出现在泥盆纪，它们不断进化，最后取代了盾皮鱼类。

最原始的硬骨鱼类——棘鱼类

早在盾皮鱼类刚刚出现的志留纪晚期，硬骨鱼类中最原始的一支——棘鱼类也悄悄地登上了进化的舞台。

棘鱼类是一类古老的鱼类，长的样子像黄花鱼，个体也不大，上、下颌形成并出现，鳍也在特定部位产生，但它的鳍比较特殊，在鳍叶的前方有一根强壮的鳍刺，棘鱼的名字就来源于此。

志留纪晚期和泥盆纪早期的栅鱼可以作为早期棘鱼类的代表。它们体长只有几十厘米，身体由前向后逐渐缩小，在末端向上翘起，形成歪尾；背部有两个三角形的大背鳍，每一个背鳍由皮质的膜构成，鳍的前缘由一个强大的骨质棘支撑；身体下部与后背鳍相对称的位置有一个大小相等、形状相似的臀鳍；臀鳍之前有一个腹鳍；头骨之后有一对胸鳍；胸鳍与腹鳍之间，沿着腹部两侧还有5对较小的鳍。这些较小的"额外的"鳍各有一根棘刺支撑于前缘，它们是棘鱼类的特征。棘鱼类生活在古生代中期和晚期的河流、湖泊和沼泽之中，在早泥盆纪发展到其进化的顶峰，从此以后它们衰退了。

有颌类的远祖——盾皮鱼类

穿着盔甲的鱼已经很奇特了，难道还有戴着盾牌的鱼吗？同甲胄鱼一样，盾皮鱼的头部也被许多骨质的甲

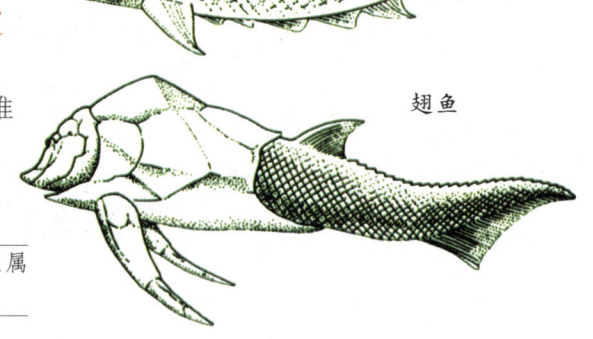

▶栅棘鱼属于棘皮鱼，长有多刺的鳍；翅鱼属于盾皮鱼，长有沉重的铠甲

片包裹着，防备敌手的进攻。不仅如此，盾皮鱼的胸部也装备了甲片，躯体的后部覆盖着鳞片，浑身上下武装得严严实实，让"敌人"无从下口。我们可以想象，带着这么多的装备游动，盾皮鱼和甲胄鱼同属当时海洋中的"老爷车"一族，臃肿笨重，行动迟缓。不过同为"老爷车"，两者的内部结构却并不相同，盾皮鱼具有颌和偶鳍，因此是标准的鱼类。就好比最早出现的蒸汽机车，虽然样子和四轮马车差不多，速度也在伯仲之间，但是毕竟使用的是蒸汽机驱动，而非畜力拉动。沿着这条崭新的"设计思路"走下去，鱼类将有一个光明的未来。

盾皮鱼类的优势使得它们在生存竞争中能够压倒甲胄鱼类，到了泥盆纪时发展成为种类繁多的类群。它们包括如下几个目：节颈鱼目、扁平鱼目、胴甲鱼目、硬鲛目、叶鳞鱼目、褶齿鱼目和古椎鱼目。在这些类群中，最繁盛的是节颈鱼类和胴甲鱼类。

节颈鱼类头部和躯干部被坚固的骨质甲片所包裹，两个部分的骨片自成系统，只用一对关节相连。上下颌骨的构造很特殊，吃东西时与一般的脊椎动物相反，下颌不动，上颌向上抬起，然后向下切割，像铡刀一样。这类鱼中有的在泥盆纪中期发展出巨大的类型，如恐鱼，它可以捕食当时的任何一种鱼类，堪称原始海洋中的霸主。我国四川省江油市发现过与恐鱼相似的盾皮鱼头甲化石，这种鱼被称为江油鱼。

胴甲鱼类是较小的原始有颌类，一般体长只有30厘米左右。它们的头部、躯干部和胸鳍覆盖着由多块甲片组成的骨甲，躯干部的甲片特别发达，好像由一只骨片做成的匣子套在鱼体的外面。我国发现的胴甲鱼类化石相当多，特别是在云南省，除了最常见的沟鳞鱼外，还有武定鱼、云南鱼、滇鱼等。

盾皮鱼虽比无颌的甲胄鱼前进了一步，但笨重的"盔甲"是它致命的弱点。它虽然有了不太发达的偶鳍，取食不必等待水的流动，张嘴捕食可以随心所欲；但行动还是受到极大的限制，依然没有摆脱枷锁的束缚，还是不能自如地在水中行动，只能过底栖生活（生活在水底）。盾皮鱼经历了一段全盛的发展时期后，在激烈的生存竞争中还是落伍了。它们由志留纪晚期生活到泥盆纪，也有少数延续到石炭纪早期，并最终全部退出了生命的舞台。

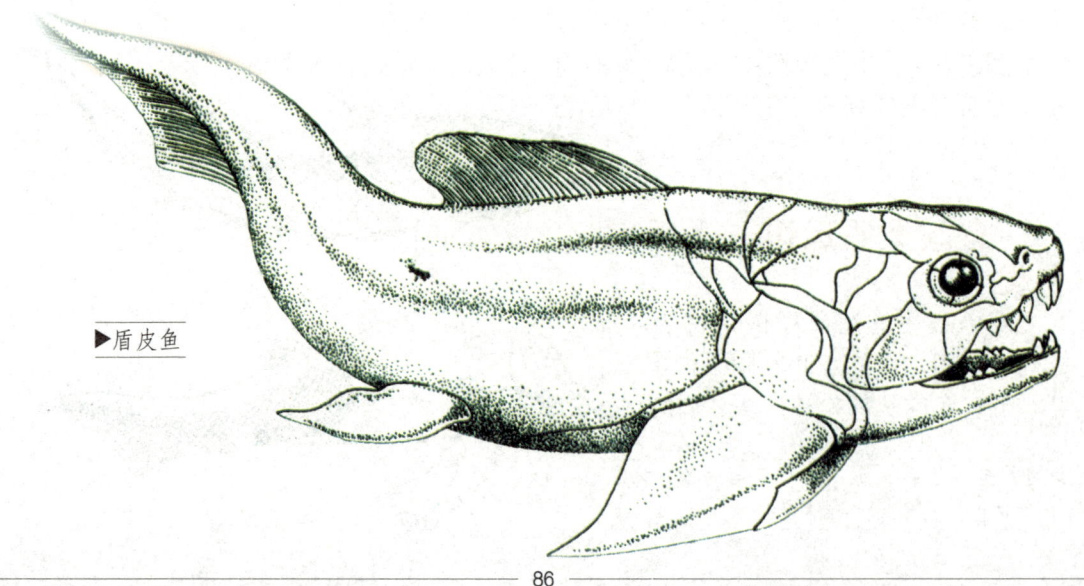

▶盾皮鱼

沟鳞鱼

沟鳞鱼是生活在泥盆纪沿海和河道口的一种盾皮鱼。头部和胸部的外面，套着一个和蟹壳有些相似的小壳。这个小壳是由许多块小骨板合成的，上面有弯曲的细沟。沟鳞鱼没有真正的鳍，仅在胸部长有一对套着硬壳的"翅膀"。有些沟鳞鱼化石还保留着软体部分的印模，科学家通过这些印模发现，它的食道两侧有一对与咽喉相通的气囊，很可能是具有呼吸功能雏形的肺。由于这样的构造在早期的一些硬骨鱼类中也曾被发现，因此科学家推测，肺在脊椎动物起源时就存在，只是后来在一些鱼形脊椎动物中发生了次生性退化。

沟鳞鱼大概是习惯于河、湖的底栖动物，用钩状前肢沿水底活动。由于嘴部不发达，显然不是动作灵敏的食肉者。在欧洲、美洲和亚洲的泥盆纪地层中，都发现有沟鳞鱼的化石；在中国的华南泥盆纪地层也富含沟鳞鱼化石。

▲沟鳞鱼

恐鱼

盾皮鱼类中最显赫的一族叫做恐鱼。在寒武纪早期的海洋中，曾经生活着身长两米的奇虾，长有两只巨大的前臂，在海洋中称王称霸。正所谓山中无老虎，猴子称大王，奇虾只能欺负寒武纪时期体形不大的软躯体动物，而泥盆纪晚期出现的恐鱼，单是它头胸甲的尺寸，就超过了奇虾的身材，成为继奇虾之后的海洋霸主。

恐鱼的下颌骨粗壮有力，边缘有一排宽锯齿，在上颌骨上也有一排齿状物与之对应，呈刀刃状，显然是作为撕咬之用。它的头胸甲可达1.7～2.2米，估计张开的大口，直径在半米至1米之间。如此规模的大口，如此锋利的"牙齿"，显然不是为了啃蛋糕，而是为了咬"坚果"而准备的。恐鱼的食物是什么呢？人们推测，当时的恐鱼一般在靠近水底的层位游弋，在淤泥或岩石上寻觅长着外壳的软体动物，如现代螺类和贝类的先祖，这些动物的行动更加缓慢，往往依靠外壳保护自己。可惜碰到恐鱼就不管用了，恐鱼的上下颌一用力，这些精美的壳体便破碎开来，内部的软体被恐鱼吞进肚子，给恐鱼增加了蛋白质营养。

▶恐鱼

高等鱼类的兴起和发展

鱼类在脊椎动物中种数最多,分为软骨鱼类(如鲨鱼)以及硬骨鱼类(如鲤、鲫、黄鱼、带鱼)。棘鱼类和盾皮鱼类曾相继统治海洋,但此后灭绝。在长期的历史演化中,低等的鱼类灭绝了,继而出现的是高等的鱼类——软骨鱼和硬骨鱼。软骨鱼类化石最早出现于约3.9亿年前的地层中。4亿年前,硬骨鱼类中的总鳍鱼类和肺鱼类开始出现并迅速繁荣,总鳍鱼类也是最早登上陆地的动物。3亿年前,总鳍鱼类开始衰落,至今仅在东非海岸有少数残存,被称为"活化石"。软骨硬鳞鱼类2亿多年前曾经非常繁盛,但现在只残存鲟鱼一个类型。

▲鱼类的基本结构

高等鱼类出现

生命起源于原始海洋,最早的脊椎动物也是在水域中诞生。甲胄鱼类和盾皮鱼类都曾在地球的水域中繁盛一时,但是很快地,它们就退出了历史舞台。虽然促使它们灭绝的因素是多方面的,但其主要原因可能是早期的高等鱼类的兴起和发展。

一般认为,软骨鱼类和硬骨鱼类都是由盾皮鱼演化来的。有一种盾皮鱼又向前发展了一大步,变成了差不多是真正的鱼类。它们有一根真正的脊梁骨,一副支持全身肌肉的骨骼;它们有腭,嘴巴可以开合;它们有鳍,还有个强有力的尾巴;它们全身成为流线型,身体也增大了。这副新的装备,给了这种鱼两件重要的东西:自由和保护。它们不再待在池塘底下的淤泥里,可以到处游来游去,看到什么可吃的东西就张口吞下去。它们身体的形状便于在水里行动,靠着鳍和尾巴可以更快地避开敌人。它们虽然失去了甲胄鱼的那副盔甲,可是比甲胄鱼更加安全了。这些新出来的鱼不断地得到发展,直到到处都是其后代。那时候,鱼的种类很多,彼此又长得很不一样。在以后的5000万年,可以叫作鱼的世纪。在鱼的世纪里有两类

中华鲟

中华鲟是世界上现存27种鲟鱼中的珍稀鱼类,是全球分布最南端的鲟种,还是地球上最古老的脊椎动物,距今已有1.4亿年的历史,有"活化石"之称,主要分布于长江干流。中华鲟是一种大型洄游性鱼类。平时,中华鲟栖息于北起朝鲜西海岸,南至我国东南沿海的沿海大陆架地带。在海洋里生活了9～18年后,性腺发育接近成熟时,便成群结队向长江洄游,到达长江上游四川宜宾一带和金沙江下段繁殖。每年夏秋,聚集于长江口,溯江而上至长江上游金沙江一带产卵,和幼鲟顺江而下,到东海、黄海的深水中成长。

重要的鱼：一类是鲨鱼和它的近亲，它们的骨骼都是软的，这是软骨鱼；另外一类就是硬骨鱼，它们的骨骼都是硬的。生活在淡水中的硬骨鱼，大半长出了肺。

高等鱼类，也就是我们每个人日常概念中所谓的鱼类，其适应水生生活的能力是如此的完善，以至于地球上的水域中几乎各个角落都能发现它们的存在，"海阔凭鱼跃"这一成语真真切切地将它们在进化上的成功表达得淋漓尽致。

高等鱼类的进步

典型的高等鱼类都是流线型身体，这一点与许多善于游泳的原始鱼形动物并无太大差别，所不同的是，它们发展出了一套后者从来没有过的完善的运动器官——鳍。

▲各种鱼类

典型的高等鱼类有一个大而有力的尾鳍，尾鳍来回摆动在水中引起反作用力，从而推动身体前进。背部有1~2个背鳍，腹面一般还有一个臀鳍，均为平衡器，当鱼游动时防止滚动和侧滑。偶鳍包括位于前方的一对胸鳍和一对位置或前或后的腹鳍。在进步的鱼类中，这些偶鳍非常灵活，起到水平翼或升降舵的作用，有助于鱼在水中上下运动，可以起方向舵的作用，使鱼能够急转弯，还可以作为制动器使鱼能够急停。有了奇鳍和偶鳍的配合，鱼类就能够完善地适应在水中活跃的生活方式。

在高等鱼类的诸多进步性状中，有一项解剖结构的革新意义是非常重要的。在鱼类进化的初期，颌骨后面的第一对鳃弓特化为舌弓，上面的骨头特化为起支撑或连接作用的舌颌骨，将颌骨与颅骨（包裹和保护脑子的骨骼）连接起来。舌颌骨在鱼类的进化和由鱼类发展为陆生脊椎动物的过程中都发挥了重要作用。由于舌颌骨一端与头骨后部（即颅骨）相连接而另一端与颌骨相连接，原来位于头骨与舌弓之间的鳃裂就大为缩小，在较原始的鱼类中它变成了喷水孔，在高度进步的鱼类中它完全消失。

▼硬骨鱼类

软骨鱼类的进化

软骨鱼类的进化亦分为鲨类和全头类两个方向,且两者早就各自分别地发展。一般将板鳃类的历史分为三个阶段:原始的裂口鲨阶段主要在泥盆纪,延续到晚古生代;弓鲛阶段约始自早石炭纪到三叠纪;近世阶段自侏罗纪始直到现在,发展出后来的鲨类及其亲族。然而三阶段并不是衔接的直接关系。软骨鱼类的第二条进化路线以全头类为代表。这可从现代的银鲛类经由中生代的多棘鲛类追溯到颊甲鲛类。它们几乎全是底栖的,具有替换缓慢的齿板,基本以带壳食物为食,用齿板研磨。全头类于石炭纪达到极盛期,侵占了原来被盾皮鱼类占据的环境,并取而代之。

软骨鱼类形态

软骨鱼类是鱼类中最低等的类群,绝大多数在海洋中生活,但它们的祖先却起源于淡水生活。鲨鱼和鳐鱼是现代软骨鱼类动物的主要代表,正像它们的名字所表明的,它们有一副由软骨组成的骨架。软骨是一种充满钙时变硬的柔韧的材料,是像骨一样的固体。软骨鱼在温带和热海洋中大量生长,它们在水中用鳃呼吸。鳃通过头部后面的几个鳃裂直接同外界交流。软骨鱼大约有550种,其中370种是鲨鱼,其他基本上由身体扁平的鳐鱼和电鳐组成。

软骨鱼类一直是很成功的脊椎动物,虽然它们的种属从来不很多,但是所发展出来的类型,对其环境总是能够异常完善地适应。从泥盆纪到现代,它们一直生活在各个海洋中(极少数在淡水水域),成功地控制着它们的对抗者,甚至压制着与它们生活在同一生态环境中的更高级的动物类群。

最早的鲨鱼

已知最早的鲨类是裂口鲨属,其化石被发现于美国伊利湖南岸晚泥盆纪克利夫兰页岩中。身长约1米,体形似鱼雷;有一条大歪尾,不能活动的成对的胸鳍和腹鳍凭借宽阔的基部附着在身体上;另外在尾的基部还有一对小的水平鳍。

鳐鱼

鳐鱼是鲨鱼的同类,但为了适应海底生活,长期将身体藏在海底沙地里,便慢慢进化成现在模样。鳐鱼身体周围长着一圈扇子一样的胸鳍,尾鳍退化,像一根又细又长的鞭子,靠胸鳍波浪般的运动向前进。鳐鱼平时隐藏在沙里,等螃蟹和虾等接近,则突然进攻。它们的牙齿像石臼,能磨碎任何东西,背部长着一根剧毒的红色刺,人被刺到会死亡。鳐鱼的种类很多,全世界发现的鳐鱼有100多种。

▼软骨鱼纲中的弓鲛

▲鲨鱼

裂口鲨的上颌骨由两个关节将其连接在颅骨上，一个是眶后关节，紧挨在眼睛后边；另一个在头骨后部，舌颌骨在这里形成颅骨与上颌背部的连接杆。这种上颌与颅骨的连接形式称为双接型，是相当原始的连接方式。裂口鲨的上颌仅由一块腰方骨组成，下颌也仅有一块骨头，称为下颌骨。牙齿中间有一个高齿尖，其两侧各有一个低齿尖，许多古老软骨鱼类的牙齿都是这种原始结构。颌之后有六对鳃弓（或称鳃条）。

裂口鲨的结构在许多方面都是鲨类中原始的模式，可以认为它接近鲨类进化系统中央主干的基点，后期的鲨类可能是从这里出发沿着各个方向进化出来的。

令人生畏的海洋杀手

现代海洋中大概有10多种鲨鱼对人类构成一定的威胁，它们是令人生畏的海洋杀手。全世界大约有520多种鲨鱼。从寒冷的北极到炎热的赤道，世界各地的大洋中都生活着鲨鱼。鲨鱼的生长速度很慢，能活20～30年。

大多数鲨鱼的嘴巴长在头部的腹面，有着非常尖利的牙齿。鲨鱼的听觉极其灵敏，可以捕捉到水中哪怕非常微弱的低频声波。此外，鲨鱼的嗅觉也十分发达，有"游泳者之鼻"之称。一旦受到外界刺激，鲨鱼会表现出一种近乎捕食狂的举动，它们猛烈地搅动海水，用最快的速度蹿出水面，突袭目标。鲨鱼最常用的攻击方式是对猎物咬一口就跑，然后又回头紧追不舍，直至得到美餐为止。

鲨鱼的生命力极强，据说有人把捕获的鲨鱼开膛破肚后，再把它扔回海里，不料它竟会游上来撕扯绑在船侧的鲸鱼。即使你把它钩住、用鱼叉叉口、把许多子弹打进它的身体，拉到船上以后，它仍然摇头摆尾地把船上的东西打得乱七八糟。更令人不可思议的是，一个被切下来的鲨鱼头，居然能够咬掉了一个靠近它的水手的手指，真有股杀身之仇不报死不瞑目的劲头。

鲨鱼全身上下覆盖着尖利的盾鳞，这些鳞片隆起且又粗糙。整条鲨鱼就像一把粗锉，哪怕是被它的大尾巴打上一下，其致命的程度，几乎不亚于被它咬上一口。鲨鱼在咬人前，往往先斜冲过来撞你一下，只这一下，就能把游泳者的皮肤撕烂。

鲨鱼最精良的武器就是它的牙齿，一排一排稀稀疏疏地排列着，前一排折裂或磨坏以后，后一排的备用牙齿就慢慢移上前来代替。鲨鱼一口咬下去，就是一个清清楚楚的新月形印子，有时会切断人的主动脉。所以许多遇害者往往还没来得及被救上岸，就会因失血过多而死亡。

硬骨鱼类成为地球上真正的水域征服者

在泥盆纪中期，一些更为进步的硬骨鱼类出现了。在自身的骨骼坚硬起来的同时，硬骨鱼类凭借鳔的优势，迅速占据了海洋中的各个角落，并挺进陆地内部，在河流、湖泊的水底倒映下自己的身影。同早期的鱼形动物相比，此时的鱼类身手要矫健许多。硬骨鱼种类繁多，形态、大小千差万别，适应性更是"八仙过海，各显神通"。它们的进化史波澜壮阔，各个时代的各群"明星"粉墨登场，将一部进化史诗表演得像涨潮的大海，一浪高过一浪。

硬骨鱼类的进化

硬骨鱼类具有高度进步的骨化了的骨骼。头骨在外层由数量很多的骨片衔接拼成一整幅复杂的图式，覆盖着头的顶部和侧面，并向后覆盖在鳃上。鳃弓由一系列以关节相连的骨链组成；整个鳃部又被一单块的骨片——鳃盖骨所覆盖，因此硬骨鱼在鳃盖骨后部活动的边缘形成鳃的单个水流出口。硬骨鱼的喷水孔大为缩小，有的甚至消失了。大多数硬骨鱼由舌颌骨将颌骨与颅骨以舌接型的连接方式相关联。

脊椎骨有一个线轴形的中心骨体，称为椎体；椎体互相关联成一条支持身体的能动的主干；椎体向上伸出棘刺，称为髓棘，尾部的椎体还向下伸出棘刺，称为脉棘；在胸部则由椎体的两侧与肋骨相关联。有一个复合的肩带，通常与头骨相连接，胸鳍也与肩带相关节。所有的鳍内部均有硬骨质的鳍条支持。

体外覆盖的鳞片完全骨化。原始硬骨鱼类的鳞厚重，通常呈菱形，可分为两种类型：一种是以早期的肺鱼和总鳍鱼为代表的齿鳞；另一种是以早期的辐鳍鱼类为代表的硬鳞。随着硬骨鱼类的进化发展，鳞片的厚度逐渐减薄。最后，进步的硬骨鱼仅有一薄层骨质鳞片。原始的硬骨鱼类有肺，但大多数硬骨鱼的肺已经转化成有助于控制浮力的鳔。硬骨鱼类的眼睛通常较大，在其生活中起着重要作用；嗅觉的作用退为次要。

从总体上说，地球上所有生活在水里的动物没有任何一类取得了像硬骨鱼类这样的成功进化。硬骨鱼类已经占据了地球上所有水域中的各种生态位，从小的溪流到大的河流、从大陆深处的

▼硬骨鱼类

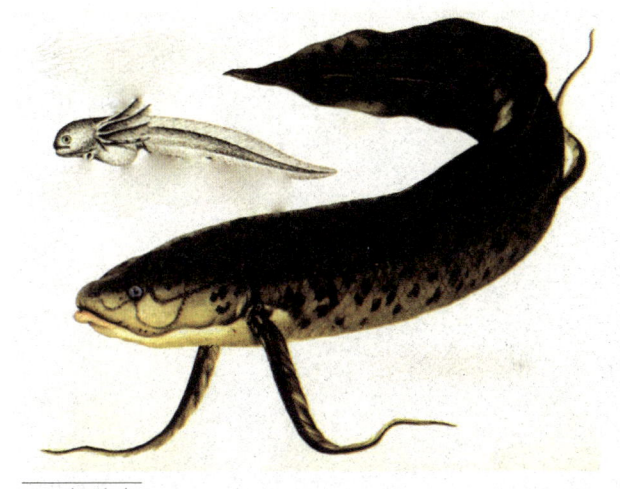

▲双鳔肺鱼

小小池塘到各类湖泊、从浅浅的海湾到浩瀚大洋中各种深度的水域,到处都有硬骨鱼类在漫游。硬骨鱼类各个物种之间体形大小上的差别也很悬殊,有些小鱼永远长不到1厘米以上,而鲔鱼可以长得非常大。硬骨鱼类身体的形状和生态适应类型也是千差万别,各有千秋。而且,硬骨鱼类无论是物种数量还是个体数量都远远超过许多其他脊椎动物的总和。因此,硬骨鱼类才是地球上真正的水域征服者。

辐鳍鱼类和肉鳍鱼类

硬骨鱼类最早出现于泥盆纪中期的淡水沉积物中。之后,它们分化为走向不同进化道路的两大类,辐鳍鱼类(亚纲)和肉鳍鱼类(亚纲)。肉鳍亚纲包括肺鱼类和总鳍鱼类,它们在鱼类适应于水中生活的进化史上是一个旁支,但是在整个脊椎动物的进化史上却起着承上启下的关键性作用。后来出现的四足类脊椎动物,就是从肉鳍鱼类中演化出来的。

辐鳍鱼类则是鱼类自身演化道路上的主干,是地球水域的真正征服者。辐鳍鱼类是当今最为繁盛的脊椎动物。由于每年都有不少新的属种被发现,而且还有难以估量的未知种类,如生活在热带淡水水域和深海海域的鱼类。因此,谁也无法准确统计出世界上到底有多少种辐鳍鱼类。

辐鳍鱼类除了属种众多的特点,在形态、栖息地及生活习性等方面,都表现出了极大的多样性。鱼类的体形可以从线形到球形,色彩从平淡无奇到艳丽无比,运动姿势从优美动人到丑陋怪异。鱼类的栖息地几乎包括了所有我们能够想象得到的水域环境:从海拔5000米以上的青藏高原湖泊到7000米以下的大洋深处,从淡水到含盐量达10%的卤水,从冰天雪地的南极到水温达44℃的温泉。辐鳍鱼类的生活习性也是千奇百怪:居所从定居、洄游到远洋漫游;对后代的抚养从"含在嘴里怕化了"到"危在旦夕"而不顾;与其他生物的关系从平等互利、互不干涉到弱肉强食,不一而论。

▶鲤鱼

第六章

两栖动物水陆现身影

　　脊椎动物在水中形成的初期，鱼类动物是最早形成的生存形态，是各类脊椎动物发展的基础来源。随着初级脊椎动物的不断进化与发展，某些鱼类物种通过在水边、湿地、红树林及沼泽地这些特殊环境生活，作为跨越陆地生存活动的适应性跳板，久而久之，逐步演化出一类能适应水陆之间的环境与气候而生存的两栖动物。两栖动物是一种幼体生存在水环境中而成体生存在陆地上的变温变态脊椎动物。

　　两栖动物是从水生过渡到陆生的脊椎动物，具有水生脊椎动物与陆生脊椎动物的双重特性。它们既保留了水生祖先的一些特征，如生殖和发育仍在水中进行，幼体生活在水中，用鳃呼吸，没有成对的附肢等；同时幼体变态发育成成体时，获得了真正陆地脊椎动物的许多特征，如用肺呼吸，具有五趾型四肢等。

　　作为第一批登陆的脊椎动物，两栖动物有着最长的发展历史，但是关于两栖动物起源和演化的历史，现在仍然不是很明确。两栖动物的祖先是肉鳍鱼类，但是到底是起源于哪类肉鳍鱼尚不明确。最早的两栖动物是出现于古生代泥盆纪晚期的鱼石螈和棘鱼石螈，它们拥有较多鱼类的特征，如尚保留有尾鳍，并且未能很好地适应陆地的生活。鱼石螈和棘鱼石螈代表鱼类和两栖动物之间的过渡类型，但是新近的研究表明，它们只是两栖动物早期进化的一个旁支，不是两栖动物的祖先类型，真正最原始的两栖动物尚待发现。最早的两栖动物牙齿有迷路，被称为迷齿类，在石炭纪时还出现了牙齿没有迷路的壳椎类，这两类两栖动物在石炭纪和二叠纪非常繁盛，因此这个时代也被称为两栖动物时代。在二叠纪结束时，壳椎类全部灭绝，迷齿类也只有少数在中生代继续存活了一段时间。进入中生代以后，出现了现代类型的两栖动物，其皮肤裸露而光滑，被称为滑体两栖类。

　　现代的两栖动物种类并不少，超过 4000 种，分布也比较广泛，但其多样性远不如其他的陆生脊椎动物，且只有 3 个目：有尾目、无尾目和无足目。有尾目如蝾螈、大鲵，无尾目如青蛙、蟾蜍，无足目有蚓螈。

肉鳍鱼离开水的摇篮

在脊椎动物的进化史中，两栖类是从水到陆、承上启下的关键类群。从它开始，脊椎动物才在陆地上打开局面，从而后来进化出爬行类、鸟类以及哺乳类和我们人类。所以，探讨两栖动物的起源，实际上也就是探讨四足动物的起源。这是何等重要的一个课题！难怪有人称两栖动物的从水到陆的进化为脊椎动物进化史上的一场革命。

在距今4亿年前的泥盆纪，鱼类非常繁盛，被称为鱼类时代。在这一时期，世界各地的海陆分布发生很大的变化，形成了新的高山、高原和盆地，大陆面积不断增加，气候干燥炎热，栖息在淡水中的鱼类，常常遭到河川断流、湖泊枯竭等恶劣自然条件的挑战。有些不能适应的种类，逐渐走向灭绝，而有些则产生了变异，多数软骨鱼由淡水迁居到海洋环境生活，早期的硬骨鱼则产生了另一种适应，在咽喉部分向体腔内长出一对原始的"肺脏"，以此可在鳃呼吸困难时进行气呼吸。硬骨鱼类一般身体表面还长有鳞片，既有保护作用，也有抗旱作用。由于具有了原始的"肺脏"，这种鱼类慢慢摆脱了对水的依赖，向新的陆地生活环境发起挑战。经过无数的失败，终于，硬骨鱼中的一些类型，慢慢爬上了陆地，呼吸着空气，发展成为最早的陆生脊椎动物。两栖类的起源很可能发生在泥盆纪后期。当时，肉鳍鱼类中的某个物种登上了陆地，从此开创了一个全新的适应和进化方向。这是早期脊椎动物的一次冒险，是向它们完全陌生、只能部分适应的新环境跨出的大胆一步。但是，这种进步的、呼吸空气的鱼类一旦迈出了这一步，很快就转变成为原始的两栖动物。从此，脊椎动物的进化发展道路上许许多多新的可能性就被开发出来了。

肉鳍鱼类

在鱼类自身进化的道路上，肉鳍鱼类可以说是进化的一个旁支，可是从整个脊椎动物的进化来说，肉鳍鱼类却是一个举足轻重的类群，因为后来出现的四足类脊椎动物，就是从肉鳍鱼类中进化出来的。肉鳍鱼类分为肺鱼和总鳍鱼。

肺鱼类的最早代表是泥盆纪中期的双鳍鱼。在此基础上，肺鱼类在晚泥盆纪至石炭纪比较繁盛，不过至今只有少数极特化的代表生活在非洲、澳大利亚和南美洲的赤道地区。澳大利亚肺鱼是三个地区肺鱼中最原始的，它们生活在昆士兰州的一条河流中。

两栖类起源论重新面临挑战

由于肺鱼类有能够呼吸空气的肺及内鼻孔，所以很长时间里它们都被认为是最早的陆生四足类脊椎动物——两栖类的祖先或近亲。到了19世纪末期，肺鱼类作为两栖类祖先的地位，一度被总鳍鱼类取代。但是到了20世纪80年代，中国科学院古脊椎动物与古人类研究所的科学家张弥曼院士用连续切片的方式，对一种总鳍鱼类——发现于我国云南省的杨氏鱼进行了深入的研究，认为杨氏鱼没有内鼻孔。因此，她推测整个总鳍鱼家族所谓的内鼻孔实际上可能都不存在。因此，被世界科学界"公认"了半个多世纪的两栖类起源于总鳍鱼类的理论又重新面临了挑战。那么，到底最早的陆生脊椎动物——两栖类起源于哪一种肉鳍鱼类呢？看来还需要寻找更多更好的化石证据来证明。

▲美洲肺鱼

在旱季河流水量减少时，就生活在一个个孤立的小水坑中，到水面上来呼吸空气，利用它那分布着许多血管的单个的肺进行呼吸。不过，这种鱼还不能离开水面生活。非洲的肺鱼和南美洲的肺鱼则在它们栖息的河流完全干涸后还能够生存好几个月。当旱季来临时，这些肺鱼就钻进泥里并把自己包裹起来，只留下一到数个小孔与外界通气，以使自己能够进行呼吸。与澳大利亚肺鱼不同的是，这两种肺鱼都有一对肺。

总鳍鱼类的最早代表是泥盆纪中期的骨鳞鱼。从它身上，实际上已经可以多多少少地看出一些早期两栖类动物的"苗头"了。

首先，骨鳞鱼的头骨和上下颌完全是硬骨质的，而且许多骨块的成分、位置和形状都与早期的两栖类相似。其次，骨鳞鱼的牙齿是"迷齿型"的，也就是说，在显微镜下观察它的牙齿横切面时，可以发现釉质层褶皱得很厉害，形成的图案就像迷宫似的。有意思的是，早期的陆生两栖动物的牙齿也是这种迷齿型的。最有意义的是骨鳞鱼偶鳍内部的骨骼结构，不仅不像肺鱼那样特化，反而其中各个骨块的结构、位置和形状，甚至骨块之间的关节都与早期的两栖动物非常相似了。

以此为基干，总鳍鱼类发展成为两个大的系统，即包括骨鳞鱼在内的扇鳍鱼类（亚目）及空棘鱼类（亚目）。扇鳍鱼类是大的肉食鱼类，被发现于泥盆纪至早二叠纪的化石中，多生活于淡水水域，现已灭绝。扇鳍鱼类中有一种生活在泥盆纪的真掌鳍鱼，它们与早期两栖动物的相似点就更多了。除了头骨、牙齿和偶鳍上的相似之外，它们在脊索周围有一系列骨环。这些结构与早期两栖类动物脊椎的结构已经非常相似了。因此，有些科学家认为，从真掌鳍鱼到陆生脊椎动物在进化上只差爬上陆地那短短的一步了。空棘鱼类是特化类群，头骨骨片数量和牙齿数目均减少。它们在中生代较多，代表有大盖鱼等。在我国发现的空棘鱼类化石有长兴鱼等。

▼总鳍鱼

▲拉蒂迈鱼

从水到陆要解决的三大问题

  水和陆是两种截然不同的生态环境，脊椎动物从水到陆，至少要解决干燥、重力、呼吸三大问题。呼吸问题是早期的两栖类必须克服的重大问题之一，不过这已经由它们的鱼类祖先解决了。肉鳍鱼类的肺是发育完善的，而且可能经常在使用。因此，两栖类在空气中呼吸实际上不算什么问题，只不过是继续使用它们从肉鳍鱼类祖先继承下来的肺。鱼类和两栖类在这个方面的主要区别之处是，用鳃呼吸仍然是大多数有肺的鱼呼吸的主要方式，而肺通常只是一个辅助的呼吸器官，但最早的陆生脊椎动物基本上是用肺呼吸空气，只是在它们的幼体阶段里用鳃呼吸。

  另一个问题是干燥问题。鱼在水中生活，用鳃呼吸，有水浮托和湿润身体，一切自如。可若上岸，问题就来了。为对付干燥，早期两栖动物有的身上披有甲片，减少体液的蒸发。后期的两栖动物则大多发育有体表黏腺，以资润滑。不过，总的说来，两栖动物始终未曾彻底解决干燥问题，对水还有一定的依赖性。它们的卵还得产在水中，并在那里孵化。它们的幼体基本上还是一条鱼，在水中游泳，用鳃呼吸。正因为这样，它们只能"徘徊"在水域附近，未能向陆地的纵深发展。相比较其他脊椎动物，它们一直不很繁盛，分布也不很广。

▼澳大利亚肺鱼

  地心吸引力对鱼类的影响较小，因为鱼类是被致密的水所支持着的。但对于一个生活在陆地上的动物来说，地心吸引力就是一个很大的问题。最初的两栖类在离水以后，曾经与增大了的地心吸引力的影响做过长时间斗争，因此，在它们进化到早期的一个阶段中，发育了强壮的脊椎骨与强有力的肢体，构成肉鳍鱼类脊椎骨的椎体的那些比较简单的"盘"或"环"，已经成为互相连锁着的结构，共同形成了支持身体的强有力的水平的脊柱。脊柱在两个点上分别由肢带所支持，即前边的肩带与后边的腰带，腰带和肩带又由肢体和脚所支持。

▲骨鳞鱼

谁是两栖动物祖先

在鱼类中，谁可充当两栖动物祖先的候选对象？长期以来，科学家瞄上了硬骨鱼类中的肉鳍鱼类。肉鳍鱼类包括肺鱼和总鳍鱼，它们的胸、腹鳍内的骨骼排列不像其他鱼类那样呈辐条状，而是在近端有一块中轴骨头，远端有几块较小的骨头。这种骨骼结构模式和陆生脊椎动物四肢近似，后者可能就是从前者进化来的。

生物学家原来认为，肺鱼和总鳍鱼具有内鼻孔，这是陆生脊椎动物用肺呼吸最主要的基本构造。肺鱼呼吸空气的能力自然而然地使我们联想到，它们可能是鱼类和陆生脊椎动物之间的一个中间过渡环节。特别是澳大利亚肺鱼的偶鳍演化的外形很像是细细的腿，它们甚至可以用这样的偶鳍在河底是水塘底部像走路似的移动身体，这样的身体结构和行为活生生地反映了陆生的四足脊椎动物的早期形态。基于上述理由，有的人开始是把肺鱼当作两栖动物的祖先或其近亲。

直到19世纪末期，肺鱼的"祖先"地位才被总鳍鱼（包括多鳍鱼、空棘鱼、扇鳍鱼、杨氏鱼等）所取代。其原因是肺鱼的牙齿太特化了，上、下颌每侧均只有一块齿板，而总鳍鱼类的牙齿是沿着上、下颌边缘生长的，且其横切面上具迷路式的结构，都与原始两栖类的一致。于是，有人描绘当时总鳍鱼从水上岸的情景：泥盆纪晚期（距今约3.5亿年前），在总鳍鱼生活的地区发生季节性的干旱，河、湖缺水，匍匐在潮湿污泥上的总鳍鱼受尽煎熬，虽可勉强生活下去，但总不及在水中舒服，为寻找水源和食物，它们有的支撑上岸，在众多先驱者的牺牲下，个别强者终于活下来了，成为陆地上的第一批脊椎动物。

对此推测，有人持相反看法。他们说，当时不是干旱，而是多雨、潮湿，湖中的植物腐烂了，影响了水的清洁度。总鳍鱼是为了寻找干净的氧气而上岸的。谁是谁非，希望读者科学定夺。

▶空棘鱼

找寻最早长出脚的鱼

科学家相信，很久以前，有一条鱼登上了陆地，长出脚，开始走路。这是生命史上最重大的事件之一——因为那条鱼正是我们人类的祖先。不过，那条鱼是怎样长出脚的，又为什么要长出脚呢？科学家相信，所有四足动物一定都来自一种共同的祖先。为证明这一点，他们认为只需要两种化石。首先，需要最早登上陆地行走，而且是用四只脚且每只脚都有五根脚趾头的动物；其次，需要最早长出脚的鱼，正是这种鱼变成了最早登陆行走的四足动物。找到这两种动物的化石，对它们进行比较，找出其中的区别，就可知道鱼为什么会长出脚来。

▲潘氏中国螈化石

发现鱼石螈

一个多世纪以来，为了寻找最早登陆的原始动物化石，古生物学家走遍了世界。有一条重要线索引导科学家进行探寻，那就是这一进化很可能发生在4亿年前的泥盆纪。这样，寻找那条鱼的化石好像并不难。到19世纪快要结束的时候，科学家的目光都集中在了一类鱼的身上，它们就是生活在泥盆纪的总鳍类。

总鳍类的鳍里有着独一无二的骨结构，似乎是人类大腿和手臂的前身。尤其是其中一种总鳍类——早已绝迹了的掌鳍鱼，更是具备所有的腿骨，只是缺少脚和趾。于是，科学家们认为，如果找到地球上最早出现的总鳍鱼登陆后便演化而成的动物化石，就可以找到我们人类的祖先——没有四肢的祖先。

要想见到露出地面的泥盆纪岩层，只有到世界上为数不多的几个地方去，其中之一是格陵兰。于是在20世纪30年代，一组瑞典科学家多次造访了此处，其任务正是寻找第一种有腿的动物。在这组专家中，寡言少语、固执己见、在整个古生物学界最不招人爱的埃里克·贾维克，找到了人们梦寐以求的东西——最早长出腿脚（而不是鳍）的动物。贾维克把它称作鱼石螈。

▼鱼石螈

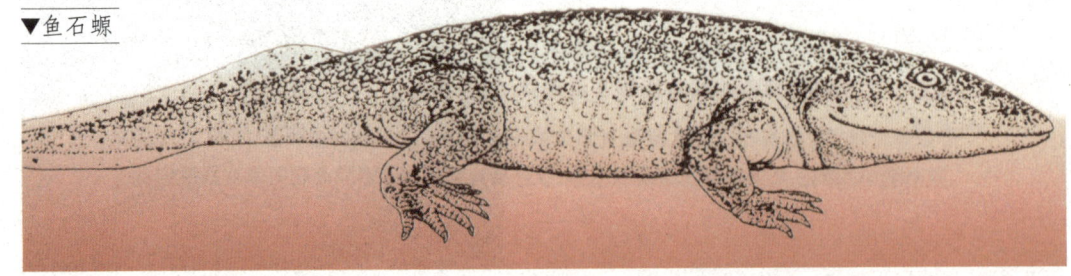

从达尔文时代之后的1859年开始，人们就一直在寻找这种意义重大的动物，而今终于找到了，这当然令整个古生物学界欢欣鼓舞。现在贾维克所要做的，就是尽可能地重建这种古怪动物的解剖结构。这一切当然需要较长的时间，尽管贾维克是一名非常出色的解剖学家，而且自1948年就已开始工作，却直到1996年才完成基本分析。其间他完成了两篇论文，证实了现行的理论。贾维克说，鱼石螈确实是一种在陆地上行走的四足动物，它有5根手指和5根脚趾。由此，我们为何会有手脚这个谜便得到了回答：当掌鳍鱼拖着鳍挣扎登陆之后，它便演化成为最早的四足动物——鱼石螈。这与科学家的预测完全一致。

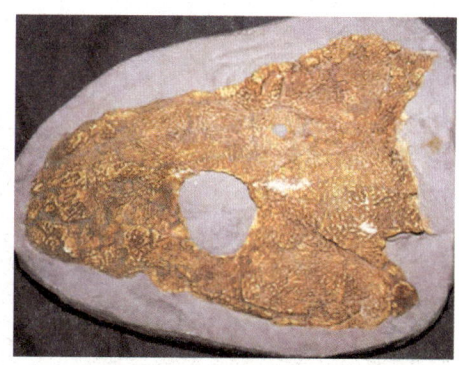

▲鱼石螈头骨化石

但立即有人指出，贾维克的说法有很大漏洞，鱼石螈很可能不是直接从掌鳍鱼进化来的，因为二者之间差异太大。鱼石螈是完全成形的四足动物，也就是说它有胸廓，盆骨连接在脊骨上，肢体上有指头和趾头。而掌鳍鱼仍然是鱼，尽管它已有原始的腿骨，却未显示出明显向四足动物进化的其他特征。这就意味着，必须找到一种"中间动物"，它能显示从鱼向四足动物的转变的确发生过。因此，这种"中间动物"应该既能行走，又是一半像鱼、一半像四足动物。"中间动物"也就是达尔文所称的"过渡形式"。"过渡形式"正是进化理论的核心，因为它们表明一种动物能够变异成另一种动物。当环境条件发生剧变时，进化过程中就会出现"过渡形式"。那些不能适应新环境的动物会灭绝，但偶然的变异最终往往是保证存活的关键。随着一群古怪的变异动物在新环境中挣扎求生，其中大多数会很快消亡，只有少数将变成"过渡形式"动物。"过渡形式"的化石，因此成为所有物种演化中最重要的化石。如果在掌鳍鱼和鱼石螈之间找不到半鱼半四足动物这一"过渡形式"，就无法透彻解释我们为什么会长出腿脚。

"活化石"拉蒂迈鱼惊现

为了透彻解释人类为什么会长出腿脚，古生物学家开始寻找鱼和我们最早的祖先之间的"过渡形式"。

1938年12月下旬，南非罗兹大学一位解剖学教授的助手拉蒂迈小姐在海边寻找鱼标本时，从渔民打捞上来的鱼中发现了一条奇怪的鱼。一般鱼（包括软骨鱼和此前已知所有的硬骨鱼）的鳍都是直接长在身体上的，可是这条鱼的鳍却与众不同，它的鳍都是长在一条条胳膊或腿似的附肢状结构上，然后这些

▼拉蒂迈鱼的标本。20世纪80年代，拉蒂迈鱼从非洲远道运至我国的北京自然博物馆展出过，引起了不小的轰动

▲来自辽西的狼鳍鱼化石，狼鳍鱼是原始的真骨鱼类，种类很多，为中生代后期（晚侏罗世—早白垩世）东亚地区的特有鱼类。现已绝灭

附肢状结构再与身体相连。拉蒂迈小姐立刻意识到这条鱼的不同寻常——这样结构的鱼不正是四足类脊椎动物起源于鱼形脊椎动物的一个良好佐证吗？拉蒂迈小姐立即向渔民买下了这条鱼。可是，当时学校已经放假，实验室已经封了门，无法取出用于浸制和保护标本的福尔马林等药剂。情急之下，拉蒂迈小姐买了几千克盐，将这条鱼像腌咸鱼一样地里里外外涂抹起来——这是当时条件下唯一的保护防腐办法了。

圣诞节过后，教授度假回来，拉蒂迈小姐兴冲冲地将这条鱼拿给他看。此时，由于在盐的作用下脱水变干变硬，这条珍贵的"咸鱼"几乎只剩下鱼皮和里面的鱼刺了。即使如此，教授还是马上就意识到了这条鱼的意义并进行了研究，认为这条鱼应属总鳍鱼目空棘鱼亚目。原来被认为已经灭绝的动物突然被发现仍然生存在地球上，而且这种动物还与包括我们人类在内的所有四足类脊椎动物的祖先有关，怎么能不让人心情激动！为了纪念拉蒂迈小姐对科学、对人类知识宝库做出的这一重大贡献，教授将这条鱼及其所代表的物种命名为"拉蒂迈鱼"。

要知道，空棘鱼是生活于泥盆纪的一种总鳍类，人们以为它早在7600万年前就已灭绝了。而今发现它竟然还活着，就好比找到了一头活体恐龙或一只活的始祖鸟。当时的整个科学界，理所当然地都被惊呆了。此后的好几十年里，空棘鱼一直被认为是鱼和四足动物之间的"过渡形式"。不过，当时无人对它有足够了解，人们只把它当成是一种活化石。

发现第一条空棘鱼后的第13年，终于找到了第二条活的空棘鱼。结果却令人大失所望：它并不会用鳍行走，而只会游泳，也就是说，它只是一条鱼，而不是"过渡形式"或"中间动物"。

刺鱼石螈的发现

又是30年过去了，人们依然没有

> **四足动物化石**
>
> 鱼石螈生活的时代距今已有3.6亿年，很长一段时间被认为是最早登陆的脊椎动物，也是泥盆纪四足动物的唯一代表。古生物学家开始在世界其他地区寻找鱼石螈类化石。1977年，澳大利亚发现了一件被认为是泥盆纪四足动物的下颌标本。此后，比鱼石螈更早的四足动物化石陆续又在俄罗斯、苏格兰、拉脱维亚和美国被发现。这些化石的发现，将四足动物的历史前推了1000多万年，并大大扩展了泥盆纪四足动物的地理分布。

找到"过渡形式",也就是没有找到用鳍行走,并最终进化成我们有脚的最早祖先的鱼。一直到1981年,古生物学的"复仇天使"终于降临了。

这一年,金妮·克兰克完成了她的毕业论文,来到英国剑桥大学动物学博物馆工作。金妮一直梦想着能加入到探索"我们为何会长出脚"之谜的队伍中,正在这时,一位同事对她说:"别担心,机会马上就到。"这位同事带来了一本学生笔记,是一名学地质的学生写的,他曾于1970年去过格陵兰。笔记写道,尽管他了解岩石,但却很不了解化石,只是在格陵兰的山上发现了大量鱼石螈化石。虽然他语焉不详,但却好似一声惊雷。要知道,当时世界上仅存由贾维克找到的鱼石螈化石。金妮当即决定去一趟格陵兰。到达目的地之后的两星期,她仍未找到那位学生描述的地方。正当金妮开始认为自己可能找错了地方时,却出现了惊喜——吹开覆盖的尘土,她看见了一副头骨的一部分。

▲美西螈虽然长有腿,但生活在水里,终身都保留着幼鱼的一些特征

金妮找到的虽不是鱼和四足动物之间的"过渡形式",但同样是罕见的发现。这是另一种泥盆纪的四足动物,叫作刺鱼石螈。刺鱼石螈虽与贾维克的发现不同,但它们明显来自同一祖先,因而也与人类相关。刺鱼石螈是迄今为止发现的第二种泥盆纪四足动物。金妮带了十多块刺鱼石螈化石回剑桥,但直到1990年,这趟旅行的真正重要性才浮现出来。当时,金妮的一名同事开始分析金妮已放弃的刺鱼石螈化石样本。当他准备从岩石中挖出刺鱼石螈的"手"时,他想一定会找到5根手指。令他大吃一惊的是,他最终找到的手指不是5根,而是8根!再进一步核实,没错,刺鱼石螈的一只手上真有8根指头!这就是说,所有教科书上都写错了——因为最早的四足动物根本不止有5根手指!

金妮同事的发现意味着,有关"我们为何长出、又如何长出四肢"的科学探索,必须全部从头再来。现在,科学家需要的就不仅是从鱼向四足动物的"过渡形式"——尽管这个"过渡形式"仍未找到,同时他们还得重新回答"我们为何会长出四肢"。为什么会有动物需要脚,而脚又不是用来走路的呢?

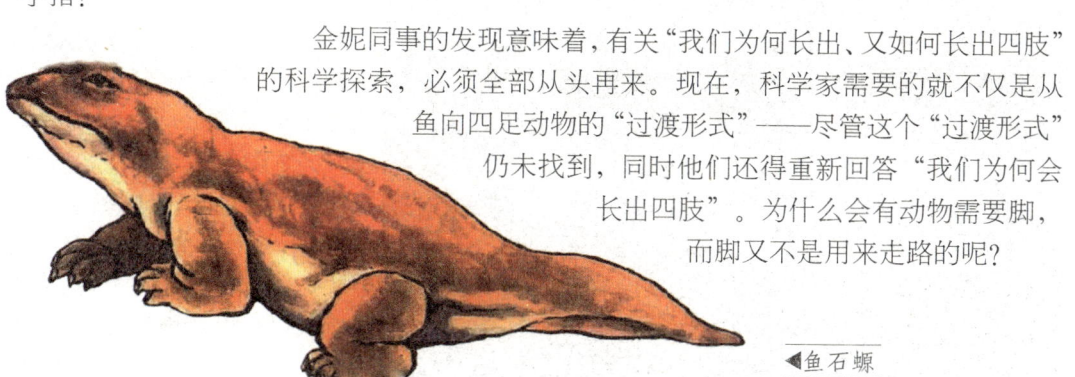

◀鱼石螈

出现两类古老的两栖动物

现代的两栖动物,如青蛙、娃娃鱼等都是体表湿润光滑的,所以它们又统称为"滑体两栖动物"。然而在遥远的古生代,两栖动物的头上戴着"头盔",身上长着鳞片。曾经有两大类两栖动物在古生代时比较繁盛,这些动物的头部很大,结构结实,覆盖有坚厚的骨板。第一类叫做迷齿两栖类,第二类是壳椎类。在古生代"粉墨登场"的古老两栖动物中,多数种类在演化的过程中衰落并灭绝了,但从古生代的两栖动物中发展出了两个重要的分支,其中一支是向现代两栖动物方向发展,另一支更加引人注意,即从迷齿两栖动物中一个叫"石炭蜥类"的分支中演化出了爬行动物,后来又从爬行动物进一步演化出鸟类、哺乳类等。所以说,在低等的两栖动物中,孕育着以后更加高等的脊椎动物。

▼蜥螈化石

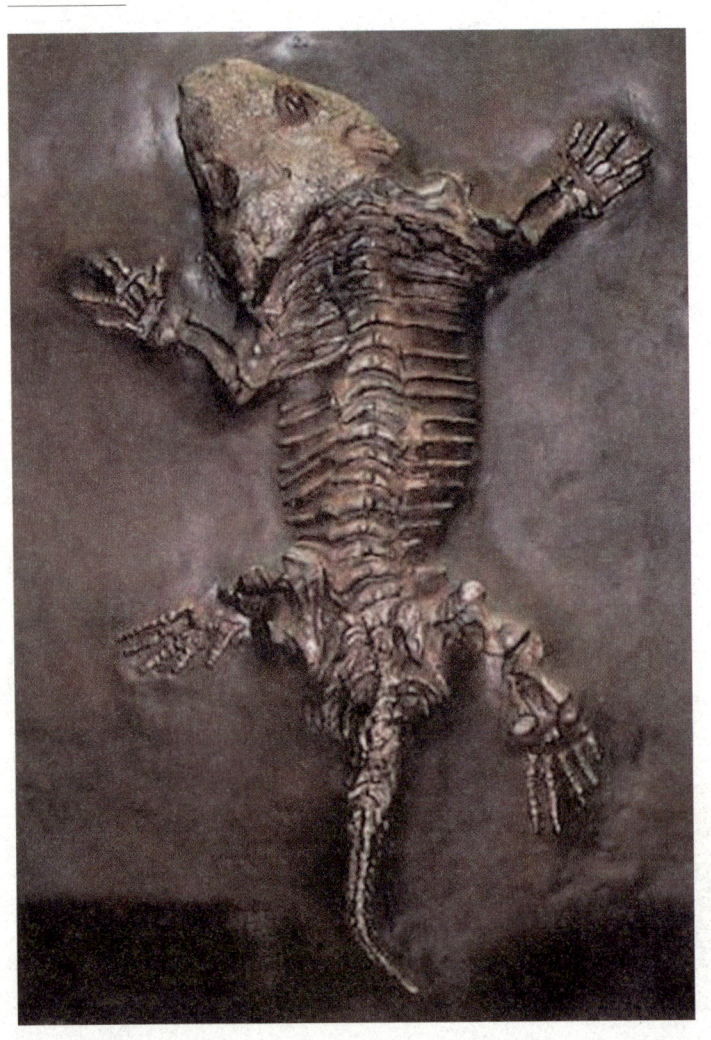

迷齿类

迷齿类是地球上最早出现的陆栖脊椎动物,它们繁盛于石炭纪和二叠纪,少数种类延续到三叠纪。其锥状牙齿横截面上具有迷路构造,因此得名。头骨由坚硬厚大的骨片组成,因此也称为坚头类。与肉鳍鱼类相比,头骨扁平,骨片减少,舌颌骨退入中耳形成镫骨,具有听凹。此外,它们当中的多数种类体表还有厚重的鳞甲。

迷齿类繁盛的时代,地球上的沼泽、河流和湖泊中到处都有这种动物。在古生代的后期和三叠纪时,它们遍布在地球的所有大陆上。迷齿两栖类的地理分布很广,种类也十分丰富,后期的迷齿两栖类个体较大,当时是一种可怕的捕食者。

迷齿类分为三个目:鱼石螈目、离片椎目和石炭螈目。我国新疆乌鲁木齐附近

▲蜥螈化石

发现的乌鲁木齐鲵是古生代晚期向爬行类演化的石炭蜥目、蜥螈亚目的成员。

蜥螈亚目中的蜥螈是一种特殊的两栖动物，在它身上可以看到既有一些两栖动物的特征，又有一些爬行动物的特征。蜥螈究竟是两栖动物还是爬行动物呢？这一问题的最好答案显然取决于蜥螈是像现代爬行动物那样在陆地上产羊膜卵还是像现代两栖动物那样回到水中去产卵。遗憾的是，古生物学到目前为止还没有给我们提供有关这一问题的线索。蜥螈既有爬行动物又有两栖动物特征的身体构造，正说明了动物进化的真谛。即使是一个物种的进化，也并不是在所有方面平均一致地发展的。一种动物可能在一些特征上是进步的，但是在另外一些特征上却是原始的，这种情况被称为"镶嵌进化"。蜥螈的这种镶嵌进化特点正表明了它们是介于两栖动物与爬行动物之间的奇妙的中间类型。因此，我们更有把握地推测，爬行动物起源于蜥螈或是类似于蜥螈那样的两栖动物。

最早的两栖动物——鱼石螈和棘鱼石螈就属于迷齿类（它们均出现于古生代泥盆纪晚期），它们拥有较多鱼类的特征，如尚保留有尾鳍，并且未能很好地适应陆地的生活。鱼石螈和棘鱼石螈的牙齿有类似总鳍鱼的迷路，被归入两栖动物纲的迷齿亚纲。鱼石螈和棘鱼石螈组成了迷齿亚纲的鱼石螈目，鱼石螈目自泥盆纪晚期出现后延续到了石炭纪早期，而在石炭纪早期迷齿亚纲的另外两个目也已经出现。

鱼石螈和棘鱼石螈代表鱼类和两栖动物之间的过渡类型，但是新近的研究

▲蜥螈

表明，它们只是两栖动物早期进化的一个旁支，不是其他两栖动物的祖先类型，真正最原始的两栖动物尚待发现。

进入石炭纪后，两栖动物迅速分化，并在古生代的最后两个纪石炭纪和二叠纪达到极盛，这个时代也因此被称为两栖动物时代。这个时期的两栖动物多种多样，适应不同的生存环境，有些相当适应陆地生活，有些则又回到了水中，有些特大型的种类如石炭纪的始螈可以长到7~8米长，习性颇似现代的鳄鱼，相当可怕。在石炭纪密布森林和沼泽的环境里，始螈和另一种凶狠的两栖动物——双锥螈是代表性的大动物。前者潜伏于水中猎食鱼类或别的两栖动物；后者则埋伏于陆上，袭击那些靠近它的大型昆虫或别的小动物。

▲始螈

▼引螈

而在二叠纪与异齿龙、楔齿龙、丽兽等凶恶爬行类对抗的引螈，则代表了古生代迷齿类进化的一个巅峰。引螈是石炭纪和二叠纪陆地上最大的动物之一。它体长1.8米以上，头骨很大，宽阔而比较扁平，耳缺很深，有大而具迷路构造的牙齿，脊椎和四肢骨结构粗壮，结构笨重，脊椎骨异常坚硬。生活习性可能像现代的鳄，出没于溪流、江河与湖泊之中，捕食鱼类及小型爬行类。与现在的两栖动物不同，这些早期的两栖动物身上多具有鳞甲。在古生代结束后，大多数原始两栖动物灭绝，只有少数延续了下来。

迷齿亚纲的离片椎目和石炭螈目两个目分别代表两栖动物的主干类型和两栖动物中

蜥螈身体特征

蜥螈很像一种叫做石炭蜥的迷齿类两栖动物，如它的头骨顶部是完全盖着的，迷齿类头骨的全部骨片都仍然保留着；在上下颌的边缘上也长着迷齿类那样的尖锐牙齿，特别是颌骨上还有一些迷齿类那种典型的大牙齿；而且，它那连接头骨与颈椎的枕髁也像石炭蜥一样，只有一个。但是另一方面，蜥螈身体上的骨骼（解剖学上称为头后骨骼）却表现出了一系列与早期的爬行动物相像的进步特征，如它的脊椎骨的构成和形状、连接前肢与脊柱的肩带中的锁间骨及肱骨都与爬行动物相似；肠骨比两栖动物扩大了很多；荐椎骨有两个，与两栖动物只有一个不同。蜥螈的踝部虽然还是两栖动物类型的，但是趾骨的排列却与早期的爬行动物相似：大拇指和大脚趾都有两节指（趾）节骨，第二指（趾）有三节指（趾）节骨，第三指（趾）有四节指（趾）节骨，第四指（趾）有五节指（趾）节骨，小指骨有三节指节骨，小脚趾有四节趾节骨。这种指（趾）节骨的排列形式是原始的爬行动物的典型指（趾）式。

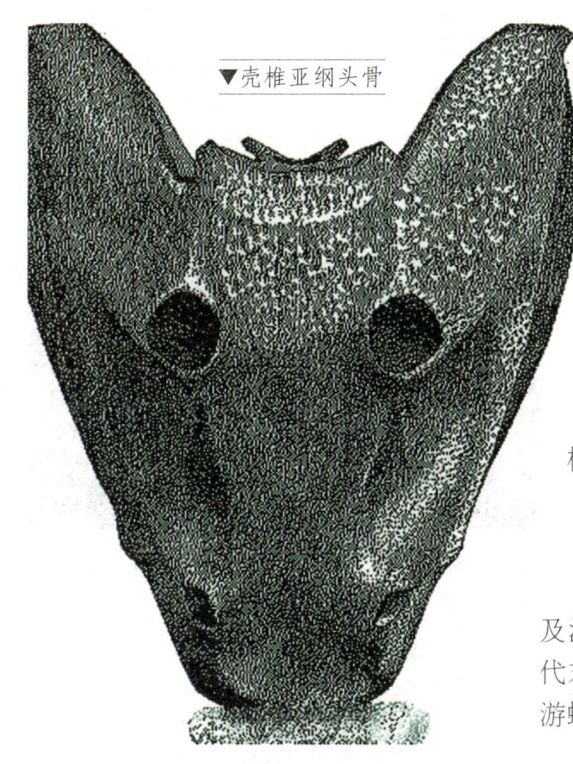

▼壳椎亚纲头骨

向着爬行动物进化的类型。离片椎目是两栖动物的主干类型,在石炭纪和二叠纪时遍布世界各地,而在古生代结束时离片椎目的一些成员仍然繁盛了一段时间,是原始两栖动物中唯一延续到中生代的代表,有些甚至到中生代后期才灭绝,这些中生代的迷齿类分布广泛,体形巨大,如三叠纪大名鼎鼎的虾蟆螈,头骨长度就超过1米,主要生活在水中,与其同时代的引鳄螈一样与植龙类争夺着淡水领域的统治权。

壳椎类

壳椎类多为小型两栖动物,适应于浅水及沼泽生活,最早出现于早石炭纪,至古生代末灭绝,从未繁盛过。一般分为三个目:游螈目、小鲵目和缺肢目。

小鲵目都是一些适合生存在水边地下或沼泽中的小型的原始两栖动物,而缺肢目则特化成小型、细长而且没有四肢的蛇状两栖动物。

游螈目是壳椎类中数量、种类和形态都最为多样化的家族。它们在石炭纪后期开始向两个方向进化:一支进化成体形细长的鳗鱼状或蛇形两栖动物;另一支则身体和头骨都向着扁平而且宽阔的方向发展,如二叠纪著名的笠头螈。

笠头螈是一种形状古怪的两栖动物。它的身体细扁,长约60厘米。头部像三角箭头向左右伸出,比身体还要宽,因此形状十分奇怪。它双眼在身体上侧,口在下面。它有长尾便于游水。笠头螈比引螈或者双椎螈更善于游泳。它四肢软弱,各有五趾,经常在泥岸上瞌睡。笠头螈的肢骨又小又弱,显然,这种动物很可能属于底栖型的两栖动物,大部分时间可能都是待在小溪或池塘的水底生活的。

▶笠头螈

滑体两栖类的崛起

三叠纪后古老的两栖类衰退并灭绝，代之而起的是无甲两栖类，并一直延续至今。无甲两栖类就是滑体两栖类，顾名思义，这是些体表光滑、没有甲胄的动物，是现代的两栖动物，种类并不少。现在的两栖动物超过4000种，分布也比较广泛，但其多样性远不如其他的陆生脊椎动物，只有3个目：无尾目、有尾目和无足目，其中只有无尾目种类繁多，分布广泛。每个目的成员也大体有着类似的生活方式，从食性上来说，除了一些无尾目的蝌蚪食植物性食物外，均食动物性食物。两栖动物虽然也能适应多种生活

▲各种两栖类，A.火蝾螈；B.鱼螈；C.青蛙；D.雨蛙；E.螈；F.蟾蜍；G.大鲵；H.钝口螈

环境，但是其适应力远不如更高等的其他陆生脊椎动物，既不能适应海洋的生活环境，也不能生活在极端干旱的环境中，在寒冷和酷热的季节则需要冬眠或者夏蛰。

有尾两栖类

有尾两栖类现生种类有350多种，代表动物是蝾螈，主要分布在北半球，其历史最早可以追溯到侏罗纪中期（大约1.7亿年前）。已知最早的代表发现于中亚和西欧，但这些化石都十分零散、破碎。

最近，在我国东北的白垩纪早期的地层中发现了许多保存精美的有尾类化石。目前已经命名的有钟健辽西螈、东方塘螈、奇异热河螈、凤山中国螈等，它们生活在距今大约1.3亿年前。这些化石具有时代早、保存状态好、数量多、种类丰富等特点。而且，它们是世界上已知最早的现代蝾螈类的代表，许多特征可以与现生种类比较。由此推测，世界上现存的蝾螈类很可能是由此演化出来的。我国现生的有尾两栖类有三个科：小鲵科、隐鳃鲵科和蝾螈科。

水中精灵——蝾螈

蝾螈，全世界大约有400多种，分属有尾目下的10个科，包括北螈、蝾螈、大隐鳃鲵（一种大型的水栖蝾螈）。它们大部分栖息在淡水和沼泽

滑体两栖类的起源

滑体两栖类到底是从哪一种或哪些古老的两栖动物进化出来的？这是困扰科学家们的一个必须回答的问题。目前占统治地位的观点认为，从迷齿两栖类中的某一种离片椎类动物演化出了所有滑体两栖动物的共同祖先类型，所有现代的两栖动物有一个共同的祖先。这种观点被称为"单源起源说"。与之相对的是"多源起源说"，认为无尾两栖类是从离片椎类进化来的，而有尾两栖类和无足两栖类可能是从壳椎类演化出来的。目前两种假说谁是谁非还难有定论，这也是现代两栖动物进化中的一个未解之谜。

地区，主要是北半球的温带区域。蝾螈身体短小，有4条腿，皮肤潮湿，体长大约在10～15厘米，大都有明亮的色彩和显眼的模样。中国大蝾螈体形最大，体长可达1.5米。

蝾螈出世以后，一般都要经过幼体时期，这个时期可能是几天，也可能是几年。幼体长有外鳃和牙齿，没有眼睑。这些特征可能会保留到性成熟。栖息在北美洲东部的一种泥蝾螈和墨西哥中部的蝾螈都有这个特性。

蝾螈主要食昆虫、蠕虫、蜗牛和一些小动物，其中还包括它们的同类。像其他两栖动物一样，由于它们依靠皮肤来吸收养分，因此需要潮湿的生活环境。在环境温度降到0℃以下后，它们会进入冬眠状态。

大多数成年的蝾螈白天躲藏起来，晚上才出来觅食。有些则在繁殖季节才从地底下出来，或者是到温度和湿度适合于它们生存的时候才会露面。有些种类的蝾螈，特别是属于无肺蝾科的蝾螈，完全是陆栖动物。

娃娃鱼

娃娃鱼又名大鲵。山间盛夏的夜晚，伴随着泉水叮咚的声音，常听到婴儿般的啼哭，这就是大鲵那凄惨的叫声。人们因此而称其为"娃娃鱼"。娃娃鱼头宽而扁圆，上嵌一对小眼睛，尾部侧扁，四肢短小，形状十分怪异。体色有棕色、红棕色，还有黑棕色的。娃娃鱼是现存两栖动物中最大的一种，有的地方，身长可达1.8米。

娃娃鱼一般生活在岩石磊磊的清澈的山涧，洞穴位于水面以下。白天，它在自己舒适的"家中"酣睡，夜幕降临时，才静静地隐蔽在滩口乱石中，等猎物经过，便吞而食之。由于很少活动，新陈代谢十分缓慢，偌大的娃娃鱼，每天只需吃200～300克食物就行，而且还不用天天都吃。每年5～8月，是娃娃鱼的繁殖季节。雌娃娃鱼产卵后，"任务"即告结束。雄的从此就要担当所有的孵卵任务，直至15～40天后，小"娃娃鱼"分散生活为止。娃娃鱼是一种很古老的动物，在2亿多年前曾繁盛一时。在自然选择的过程中，"适者生存"下来的很少，目前为我国的特有种，我们应极力加强对它们的保护。

▲蝾螈

▼蝾螈化石

▼娃娃鱼

无尾两栖类

无尾两栖动物习惯上被统称为"蛙类"。它们又包括了狭义的蛙类（也就是我们通常所说的青蛙等）和蟾蜍类。二者的主要区别是蛙类体表光滑，体态轻盈，喜欢湿润的环境，善于跳跃，具有固胸型肩带；而蟾蜍类体表粗糙不平，身体笨重，跳跃能力差，但抗旱力强，具有弧胸型肩带。但这二者的区别在生物分类学上并不是非常严格，被称为"蟾"的也具有较强的跳跃能力，被称为"蛙"的也曾发现弧胸型肩带（如皱皮蛙）。

▼三燕丽蟾

现生无尾两栖类中较原始的种类都是蟾类，如北美的尾蟾、新西兰的滑跖蟾及欧洲和北非的盘舌蟾等。同时，化石证据表明，弧胸型肩带的出现要早于固胸型肩带的出现。从这个角度看，蟾是蛙的前辈。换句话说，体态优雅的蛙是从某种怪模怪样的癞蛤蟆演化出来的。

三燕丽蟾

1999年，一只出土于辽西白垩纪早期地层中的古老蛙类化石引起了国内外科学家的广泛关注。中国科学院古脊椎动物与古人类研究所的青年学者王原将它命名为"三燕丽蟾"。它是我国已知最早的蛙类，生存在距今约1.25亿年前，与大大小小的恐龙生活在同一时代。

三燕丽蟾不仅时代早，而且化石保存得十分精美，这在蛙类化石中极其罕见。因为蛙类大多生活在温暖潮湿的环境中，同时骨骼又细又弱，所以很难保存为化石。过去我国仅发现了山东的玄武蛙（距今约1600万年前）和山西的榆社蛙（距今约500万年前）等2～3块较完整的新生代蛙化石。

三燕丽蟾的骨骼形态已经与现生无尾两栖类十分相近，它的上颌边缘长满了细细的梳状排列的牙齿，而我们现在常见的蛙类大多没有牙齿，具有牙齿是原始的表现。根据这一特征判断，三燕丽蟾的舌部捕食机能及身体的运动能力可能还不够强，牙齿在辅助捕食中具有比较重要的作用。

在分类学上，三燕丽蟾属于盘舌蟾类的一种。欧洲的盘舌蟾、产婆蟾与亚洲的东方铃蟾是它的现生的近亲。从这些蛤蟆的样子推测，

▲三叠蛙

三燕丽蟾的形象也不会好看。显然，"丽蟾"得名于它精美的骨架化石，而不是这类动物的"长相"。

三叠蛙

无足两栖类、无尾两栖类和有尾两栖类在动物分类学上构成了滑体亚纲中的3个目。此外，滑体亚纲还有第四个目，即原无尾目，其代表是在非洲马达加斯加岛上发现的三叠蛙。

三叠蛙是迄今所知最早的滑体两栖动物，已经有2.4亿年的高龄了。这种小动物体长只有10厘米左右，令人惊奇的是，它具有典型的蛙的特征，而它的出现时代（三叠纪早期）却是如此之早。三叠蛙头骨简化，尾部缩短。同时，它又有许多原始的特征：如前肢保留5趾（而不是现生两栖类中常见的4趾），躯干部的脊椎骨数目较多，尾部仍由若干脊椎组成，而不是现生蛙类所特有的愈合为一根的尾杆骨。

无足两栖类

无足两栖类是一类十分特化的两栖动物。它们的外形像蚯蚓，没有四肢，尾巴短短的，或是干脆没有尾巴。

大多数无足类动物生活在热带地区，并且是穴居生活，鱼螈是这类动物的代表之一。它们的皮肤裸露，有许多环状皱纹，富于黏液腺；眼睛退化，但嗅觉很发达。这类动物的脊椎骨数目很多，有的种类多达250块，而最大的无足类的个体长度可以达到1.5米。

无足两栖类除了具有以上特化性特征，还表现出一些原始的特点。例如，大多数无足类具有退化的骨质鳞片，但这些鳞片不是像鱼类那样覆盖在身体表面，而是陷入在皮肤的环状皱纹之内。这些退化的小鳞片被一些学者视为古代迷齿类体表鳞甲的遗迹，反映了这类动物继承下来的原始特征。

现生的无足两栖类有160多种，分布在拉丁美洲、亚洲南部和非洲的热带地区。西双版纳鱼螈是我国仅有的一种无足两栖类。无足类的化石十分罕见，最古老的化石无足类发现于美国亚利桑那州大约2亿年前的侏罗纪早期地层里，被命名为"小肢始蚓螈"，它的特别之处是具有弱小的四肢，这也反映了它的原始性。随着无足类的演化，这些四肢一步步缩小，到现生种类中则完全消失，使其成为真正的"无足类"了。

▼版纳鱼螈

第七章

爬行动物的登场

  目前，在地球上的爬行类动物非常活跃，它们种类繁多，不可胜数。从动物的进化史来看，海洋上的初级脊椎动物通过了海边、沼泽地、湿地作为自身演化的跳板，出现了两栖动物。随着时间的推移，一大批两栖动物物种为了能适应陆地生活而不断繁衍与进化，逐步形成了各种不同类型的陆生爬行类动物。这些爬行类动物进化的起点，对于其后脊椎动物的进化来说，具有极其深远的重要意义。正是从这些早期的爬行类动物中，诞生了我们今天所见到的各种各样的爬行动物。

  石炭纪晚期，随着有壳蛋的出现，标志着爬行动物的产生。早期爬行动物体形小，但在陆地发展迅速。二叠纪初期经历了巨大的气候变化，许多地区变得炎热干旱。湿润环境越来越少，这对两栖动物产生了毁灭性的影响。后来，许多两栖动物灭绝了，这为爬行动物的繁衍进化扫清了道路。二叠纪晚期，陆地上又一次发生了巨大的气候变化，导致了全世界物种大灭绝，有超过半数的动物物种消失了。经过这次物种大灭绝后，海洋和陆地生物非常稀少。地区的生态系统整整经历了1000万年时间，才重新恢复正常。

  到了三叠纪，爬行动物才真正崛起，这时的爬行动物主要由槽齿类、恐龙类、似哺乳的爬行类组成。典型的早期槽齿类表现出许多原始的特点，且仅限于三叠纪，其总体结构是后来的爬行动物以及鸟类的祖先模式。恐龙类最早出现于晚三叠世，有两个主要类型：较古老的蜥臀类和较进化的鸟臀类。海生爬行类在三叠纪首次出现，为适应水中生活，其体形呈流线式，四肢也变成桨形的鳍，似哺乳爬行动物亦称兽孔类，四肢向腹面移动，因此更适于陆地行走。

  侏罗纪时爬行动物发展迅速，生物发展史上出现了一件重要事件，即恐龙成为陆地的统治者。随着槽齿类绝灭，海生的幻龙类也绝灭了。恐龙的进化类型——鸟臀类的4个主要类型中有两个繁盛于侏罗纪，飞行的爬行动物第一次滑翔于天空之中。海生的爬行类中主要是鱼龙及蛇颈龙，它们成为海洋环境中不可忽视的成员。

  爬行类在晚侏罗世至早白垩世之间达到极盛，继续占领着海、陆、空。随着剧烈的地壳运动和海陆变迁，导致了白垩纪生物界的巨大变化，中生代盛行和占优势的爬行动物后期相继衰落和绝灭。而新兴的哺乳动物有所发展，这预示着新的生物演化阶段——新生代的来临。

爬行动物的起源

迷齿两栖动物在古生代晚期的石炭纪和二叠纪时，曾经一度繁盛。但在它繁盛初期时，就有一支已经进化为爬行动物。这支爬行动物逐渐崛起，最终在中生代一统天下。爬行动物形成的标志是羊膜卵的出现。虽然两栖动物已经登上了陆地，但只有在羊膜卵出现后，脊椎动物才真正摆脱了（个体发育过程中）对外界水体的依赖，成为完全陆生的动物。羊膜卵的出现是脊椎动物进化史上继"颌的出现""从水到陆"之后的又一次重大的飞跃。

▲盾齿龙，属于调孔亚纲盾齿龙目

爬行动物的出现

爬行类是从石炭纪末期的古代两栖类（坚头类）进化来的。在石炭纪的时期，气候比较稳定，温暖而潮湿。但到了石炭纪末期，地球上发生了造山运动，地壳有了很大的变动，陆地上出现了大片的沙漠，在很多地区，原来的温暖而潮湿的气候转变为干燥的大陆性气候——冬季寒冷，夏季炎热，这从该时期树干的年轮可以看出四季的变化。植物界也随着气候的变化而改观，适应干旱的裸子植物（松树和苏铁类）逐渐代替了沼泽生的蕨类植物。在这种条件下，很多古代两栖类灭绝了，代之而起的是具有适应陆生的体制结构（防止水分蒸发的角质化皮肤、较完善的肺呼吸等）、适应陆生的生殖方式（体内受精、卵外有硬壳和胚胎具羊膜）和有比较发达的脑的爬行动物。新兴的爬行动物，在生存竞争中不断发展壮大，到中生代初期，便将两栖类排挤到次要地位。

西蒙龙（又名蜥螈）被认为是研究爬行动物起源的最重要的化石代表。西蒙龙是

爬行动物特征

爬行动物纲是一种体表覆有鳞片，在陆地繁殖的动物。需要吸收太阳的热量作为运动时所需的能量。有些生活在水里，有些生活在陆地上。大多数生活在比较暖和的地区。爬行动物属变温动物，以肺呼吸。皮肤缺乏腺体，干燥，不透水，无法保持体温，随外界温度改变而改变，且冬眠。身体分为头躯干和尾。口腔中腺体发达，有湿润食物，助于吞咽的作用。舌发达，有助吞咽，具有捕食器及感受器之功能。牙齿有多种形式。嗅觉较为发达，具有探知化学气味的感觉功能。除具视觉、听觉外，还具有红外线感受器，能对环境温度微小变化发生反应。以产卵方式繁殖，卵产出后借日光孵化，也有少数具有孵卵行为。

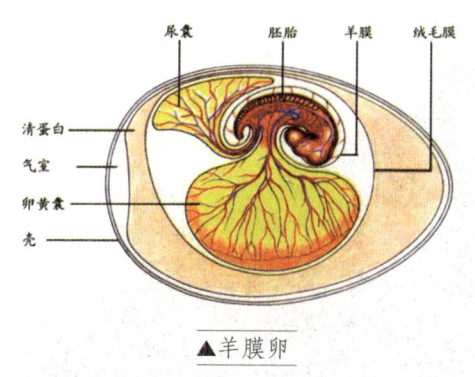

▲羊膜卵

体长约半米的小型四足类，发现于晚二叠纪。从它的结构来看，恰好介于两栖类和爬行类之间，以至于究竟是把它放在两栖类还是放在爬行类，意见并不一致。

早期爬行动物体形小，但在陆地迅速发展，很快进入相对干燥的高地。二叠纪晚期，陆地上发生了巨大的气候变化，导致了全世界物种大灭绝，超过半数以上的动物物种消失了。经过这次物种大灭绝后，海洋和陆地生物非常稀少。地区的生态系统整整经历了1000万年时间，才重新恢复正常。到了三叠纪，爬行动物才真正崛起，这时的爬行动物主要由槽齿类、恐龙类、似哺乳的爬行类组成。

爬行动物成功登陆的奥秘

我们都知道，鱼和两栖动物的卵、两栖动物的幼体（包括蝌蚪）的生长都离不开水，这是因为在爬行动物出现之前，脊椎动物的受精卵都必须在水环境中才能发育成幼体。爬行动物之所以能成功登陆，是因为爬行动物产羊膜卵。羊膜卵的出现使它们摆脱了对水的依赖，这是脊椎动物进化史上的一个里程碑，其意义可与颌的出现以及脊椎动物从水生向陆上生活的转变相当。羊膜卵的完善化像过去发生的几次进化上的重大事件一样，为脊椎动物的发展开创了新的纪元。

以羊膜卵进行繁殖的动物，卵在母体内受精，然后产在地上或其他适宜的场所，或是在母体输卵管内停留到幼体孵化时为止。卵内含有一个大的卵黄，为成长中的胚胎供应营养，此外，还有两个囊，即羊膜和尿囊。羊膜中充满着液体，并包裹着胚胎，尿囊收容动物胚体在卵内停留期间排出的废物。

▼异平齿龙，属于双孔亚纲鳞龙次亚纲的喙头目

最后，在整个结构的外面，包上一层卵壳。卵壳坚韧，足以保护卵体，同时又具有多孔性，可以吸进氧气和排出二氧化碳。这样的卵为胚胎的发育提供了一个保护环境，在效果上：一方面由羊膜提供了一个单独占用的小"水塘"，胚胎可以在其中生长；另一方面坚韧的卵壳庇护着卵不受外界的损伤。动物有了这样的卵才能自由地生活在陆地上，而不必像两栖类那样回到水中繁殖。

▼链鳄，属于双孔亚纲初龙次亚纲

爬行动物家谱

爬行动物是第一批真正摆脱对水的依赖而真正征服陆地的脊椎动物，可以适应各种不同的陆地生活环境。爬行动物也是统治陆地时间最长的动物，其主宰地球的中生代也是整个地球生物史上最引人注目的时代。那个时代，爬行动物不仅是陆地上的绝对统治者，还统治着海洋和天空，地球上没有任何一类其他生物有过如此辉煌的历史。现在虽然已经不再是爬行动物的时代，大多数爬行动物的类群已经灭绝，只有少数幸存下来，但是就种类来说，爬行动物仍然是非常繁盛的一群，其种类仅次于鸟类而排在陆地脊椎动物的第二位。爬行动物现在到底有多少种很难说清，各家的统计数字可能相差千种，新的种类还在不断被鉴定出来。大体来说，爬行动物现在应该有接近8000种。

由于摆脱了对水的依赖，爬行动物的分布受温度影响较大，而受湿度影响较少。现存的爬行动物大多数分布于热带、亚热带地区，在温带和寒带地区则很少，只有少数种类可到达北极圈附近或分布于高山上，而在热带地区，无论湿润地区还是较干燥地区，种类都很丰富。

爬行动物传统上可根据头骨上颞颥孔的数目和位置分成4大类。这种分类虽不一定正确，却反映了彼此的亲缘关系，使用起来比较方便。所以虽然现在新的划分方案很多，但是这种传统的分类仍然常被使用。

无孔亚纲（或缺弓亚纲）。头骨侧面没有颞颥孔，包括杯龙目和龟鳖目。杯龙目，为二叠纪早期已经出现的最原始的爬行类，在三叠纪末灭绝。龟鳖目，杯龙类的直接后裔，从二叠纪一直生存至今，并在进化过程中发展了保护性的骨甲的爬行动物。

下孔亚纲（或单弓亚纲）。头骨侧面有一个下位的颞颥孔，眶后骨和鳞骨为其上界。这是一支向哺乳类方向进化的爬行动物，故又称似哺乳爬行动物，包括盘龙目和兽孔目。盘龙目，时代仅限于二叠纪的原始单弓爬行类。兽孔目，二叠纪中期到三叠纪期间曾经繁盛一时的一大群

▲幻龙，属于调孔亚纲蜥鳍目的幻龙亚目

似哺乳爬行动物，其中的某些类群最后演化出哺乳动物。

调孔亚纲（或阔弓亚纲）。头骨侧面有一个上位的颞颥孔，眶后骨和鳞骨为其下界。主要包括原龙目、蜥鳍目、盾齿龙目和鱼龙目等，通常为水生爬行动物。原龙目，二叠纪由杯龙类早期发展出来的一支，三叠纪在与双孔类的竞争中失败而灭绝。蜥鳍目，分为幻龙类与蛇颈龙类，中生代海洋霸主之一。盾齿龙目，生活时代仅限于三叠纪初期的以海底介壳类为食的浅海生活爬行动物。鱼龙目，为三叠纪中期起源于杯龙类并一直延续到白垩纪的最完善的适应海洋生活的爬行动物。

双孔亚纲（或双弓亚纲）。头骨侧面有两个颞颥孔，眶后骨和鳞骨位于两孔之间。该亚纲为占优势的爬行动物，下分鳞龙次亚纲和初龙次亚纲。鳞龙次亚纲分为始鳄目、喙头目和有鳞目。初龙次亚纲分为槽齿目、翼龙目、蜥臀目、鸟臀目和鳄形目，其中的蜥臀目和鸟臀目俗称"恐龙类"。

鳞龙次亚纲，较原始的主干爬行动物，是出现于石炭纪晚期的第一批爬行动物之一，也是现代最繁盛爬行动物，其中包括现存爬行动物的绝大多数成员。始鳄目，早期的鳞龙类，是其他双孔类的祖先，最初出现于晚石炭纪，也是生存历史最长的爬行动物，这是一类小型的，像蜥蜴似的能迅速飞跑的爬行类。在新生代早期尚延续了一段时间，也有人将最早的和最完善的类型置于新的目。喙头目，原始的鳞龙类，绝大多数生存于中生代，仅有楔齿蜥残存到现代，是现存最原始的爬行动物。有鳞目，蜥蜴类及从中分化出来的蛇类，为三叠纪至今的优势爬行动物。

初龙次亚纲，为进步的主干爬行动物，鸟类的祖先，拥有改进的运动方式和四个室的心脏，出现于三叠纪，为中生代的统治者和最引人注目的古生物，但是中生代结束后只有少数鳄目成员残存下来。槽齿目，初龙次亚纲最原始的成员，仅生存于三叠纪，非常多样化，可能是其他各类初龙，由于过于庞杂，现常将槽齿类打散分成不同的类群。翼龙目，飞行的爬行动物，生存于三叠纪至白垩纪，有原始的喙嘴龙和进步的翼手龙两个亚目，包括历史上最大的飞行动物。蜥臀目，恐龙的两个目之一，生存于三叠纪至白垩纪，有2～3亚目，包括历史上最大的陆地植食动物和陆地肉食动物。该目分成两支，即兽脚亚目和蜥脚亚目。兽脚亚目包括所有的肉食恐龙。蜥脚亚目包括所有食草蜥龙类。鸟臀目，恐龙的两个目之一，有鸟脚亚目、剑龙亚目、甲龙亚目和鱼龙亚目四大支系。生存于三叠纪至白垩纪，包括一些相貌比较独特的恐龙。鳄形目，水栖的初龙，生存于三叠纪至现代，包括3～4个亚目，多数于中生代结束时灭绝，现存仅真鳄亚目的1～3个科。

▲南十字龙，属于初龙次亚纲蜥臀目兽脚亚目

龟鳖类爬行动物的出现

龟鳖是古老的、特化的一支爬行动物。早在2亿年前的晚三叠纪，它们就在地球上生息繁衍，且家庭兴旺，种族多样。目前所知最早的龟化石是距今2亿年前晚三叠纪原颚龟，也就是说，原颚龟是龟鳖类动物的祖先。到中生代晚期，从原颚龟类发展了两个类群——侧颈龟类和曲颈龟类，并延续到现代，与现生的种类无多大差别。鳖类动物是从早期的原始龟类演变进化而来。鳖类化石最早记录是距今1亿年前的白垩纪，以古鳖为代表。海龟类最早出现于距今1亿年前的白垩纪，一直延续至今。陆龟类最早记录是距今4亿年前，而且从此一直很繁盛，可是到距今100万年前，陆龟类骤然衰落，仅有少数种类延续至今。

龟鳖类爬行动物的起源

关于龟鳖类爬行动物的起源，各国的古生物科学家仍然是众说纷纭，大多数的说法只是根据化石的推测，不过要真说谁是龟类的祖先还不是一两句能说清楚的。地球上最早出现的爬行动物，叫"杯龙类"。古生物学家们将现代龟的头骨与杯龙类的头骨作比较，发现它们的形状很相似，所以认为龟的祖先是杯龙类。而龟是由杯龙类的一个分支逐渐进化而来的。杯龙类现在叫大鼻龙类，是最早而且是最原始的爬虫类。

其实我们可以这样理解，杯龙类是所有爬虫类的一个雏形，龟鳖自然是从杯龙类中不断进化出来的，然后出现龟鳖的雏形，这是由曾在德国和泰国出土的化石为证的，这个时期的龟鳖类体长可达两三米以上，头部和四肢都无法缩入体内，口中也没有牙齿，但有一对很大的耳洞，所以为了自我保护，它们全身长满了利刺，外形有点像大鳄龟，看来鳄龟还保留着一些原始的味道，不过不同的是"原鳄龟"是以陆栖为主，主要出没于河湖与沼泽区域。

▼鳖

直到1.6亿前的侏罗纪中期才演化出第一只海龟，同时龟鳖类也演化出两种不同的类型：一种就是可以将头部直接缩入壳中的隐颈龟鳖类；而另一种则是头部不能缩入壳中，只能将颈部侧弯贴于体侧的侧颈龟鳖类。

虽然没有直接的证据，但这是长久以来人类对龟的起源最有力的研究。最近，中国科学院根据在贵州发现的最原始的龟类化石，又有

▲大海龟

了新的研究结果：认为龟不是从陆地上起源而是源于水中，因为这个化石的古代龟类只有腹甲而没有背甲，这说明在水中它们来自下部的攻击更多一些，之后到了陆地上，由于受上空的攻击增多，于是它们又进化了背甲。听起来也蛮有道理的，不过世界古生物科学家还未就这一研究达成共识，有许多地方待进一步考证。

不管龟类的祖先是来自水中，还是来自陆地，它们的确可以称得上是"活化石"。它们虽和恐龙同时出现却一直生存至今，就连在大多数生物灭绝的白垩纪，它们也幸存了下来，并且以极慢的进化速度生存着，也许这就是为什么龟的寿命会这么长，适应能力这么强的缘故吧。

龟的种类

龟的种类，按它们的生活环境不同可分为陆栖龟、水栖龟、半水栖龟、海栖龟、底栖龟5种类型。不同种类的龟，外部形态构造分别与其生活环境相应，如水栖龟四肢的趾和指间均具丰富的蹼（似鸭掌），以适应深水中生活；而陆栖龟类的四肢却粗壮呈圆柱形，以适应于在沼泽地和陆地上爬行；生活在大海中的海龟类，均具有桨状四肢，且都具有一对盐腺，以利将体内多余的盐分泌出来。

目前的海栖龟主要有8种：棱皮龟、红头龟、玳瑁龟、橄榄绿鳞龟、大海龟、绿海龟、黑海龟（太平洋丽龟）和平背海龟。所有的海龟都被列为濒危动物。最大型的海龟是棱皮龟，长达2米，重达1吨。最小的是橄榄绿鳞龟，有75厘米长，40千克重。海龟最独特的地方就是龟壳。它可以保护海龟不受侵犯，让它们在海底自由游动。除了棱皮龟，所有的海龟都有壳。棱皮龟有一层很厚的油质皮肤，呈现出5条

▼缅甸陆龟

纵棱。与陆龟不同的是，海龟不能将它们的头部和四肢缩回到壳里。像翅膀一样的前肢主要用来推动海龟向前，而后肢就像方向舵在游动时掌控方向。

按龟的食性可将龟分为动物食性龟、植物食性龟、杂食性龟3种。水栖龟类的食性一般为杂食性，如乌龟、黄喉拟水龟等；半水栖龟类多数为动物食性，如平胸龟、三线闭壳龟、金头闭壳龟，而黄缘盒龟、黄额盒龟却是杂食性；陆栖龟类大多为植物食性，如缅甸陆龟、四爪陆龟等。有些龟耐饥耐渴能力较强，可几年不食也不易死亡。

▲三线闭壳龟

长寿的动物

人们都喜欢把龟叫做动物界里的"老寿星"。那么，龟的寿命到底有多长呢？《吉尼斯世界纪录》认定的世界上最长寿的龟是一只体态巨大的加拉帕戈斯陆龟"哈里特"，据说哈里特是在1835年时由科学家达尔文在加拉帕戈斯群岛发现的，当时它只有5岁。2006年6月23日，它因心脏衰竭而死，估计享年175岁。1971年，人们曾在长江里捕获过一只大头龟，它的背甲上刻有"道光二十年"（即1840年）字样，也就是说，从刻字的那年算起，到人们捕获的时候为止，这只龟至少也已经活了132年了。后来人们把它制成标本保存在上海自然博物馆里。

龟，虽然是动物世界中的"长寿冠军"，但是在整个龟类王国里，不同种类的龟，它们的寿命也是有长有短的。有的龟能够存活100年以上，也有的龟只能存活15年左右。即使是一些长寿的龟种，事实上也不可能个个都是"长命百岁"。因为从它们诞生的那天起，疾病和敌害就时时刻刻威胁着它们。此外，海洋环境污染和人类的过量捕杀，也在危害着它们的生命。

为什么龟会那么长寿呢？科学家们从龟的生活习性、生理机能等方面进行研究，揭开了龟长寿之谜：首先，乌龟的甲壳十分坚硬，遇到外敌时它们能将头尾和四肢缩到壳里保护自己；其次，乌龟平时是个瞌睡虫，爬行几步就会打盹，一天要睡上十五六个小时，这样新陈代谢就显得非常缓慢，能量消耗极少；再次，研究还发现，乌龟细胞的分裂代数要比其他动

▼加拉帕戈斯陆龟

物细胞分裂代数多得多，人的细胞一般只分裂 50 代左右，而乌龟的可达 110 代；此外，较强的心脏机能，特殊的呼吸动作，也可能是龟得以长寿的原因之一。

奇特的龟壳

龟鳖类也有人通俗地称它们为"十三块六角"，这是因为其背上有 13 块明显的背甲，头、尾和四肢伸出来形成凸出的六只"角"。背、腹甲之间的连接的"桥梁"称为骨桥，位于甲的侧面，左、右各一，大多数龟鳖类都具有，死去以后除去壳内的软体部分和内骨骼，背、腹甲仍然可以连在一起，成为一个前、后开口的"空盒"。骨桥从前被摇钱卜卦者作为的卦具使用，大多数化石龟鳖类的完整背腹甲，也常相连保存，只是"盒"中大多已被岩石所填充，成为"实心的盒子"。

> **曲颈龟类**
>
> 龟鳖类中进化最成功而且数目最多的是曲颈龟类，它们现在仍遍布全球。曲颈龟类的脖子可以以 S 形弯曲的方式垂直地缩进甲壳里，颈椎高度特化以适应这样的行为。曲颈龟类从白垩纪开始就在四足类脊椎动物群中占有显要的地位，并且向着许多适应辐射的方向进化着。它们有的栖息在河流与沼泽中，有的则适应于陆地生活；有的居住在森林中，也有的可以生活在平原上甚至沙漠里；有一些龟类重归海洋，只是生殖时才登陆；有些龟鳖类身体很小，有的却非常巨大（如现代的象龟、陆龟及更新世的巨龟等）；有的龟鳖类完全是肉食性的，有的则是完全的植食性，也有一些是杂食性。

龟壳通过骨桥把腹背连在一起，这种情况在脊椎动物中是绝无仅有的。最先表明这种特点的化石出现在 2.2 亿年前的三叠纪时期，那时正是恐龙在地球上漫步的时期。自那时起，龟壳的花纹经历了各种各样的变化。非洲饼龟的壳扁平灵活，可以轻松地插入岩石裂缝中，然后开始膨胀，这样不会被敌人拉出来。软壳龟虽缺少坚硬的壳，但它们的头部覆盖着光滑的皮质外壳，能提升它们的速度。

龟类的背甲是一种被称为"盾片"的角质层，这些盾片是它表皮的一部分。构成盾片的材料是被称为"角蛋白"的纤维状蛋白质，它也是其他爬行类动物鳞片的构成物质。这些盾片大大加强了甲壳的强度。不过有的龟类没有长出角质的"盾片"，盖在骨质甲板上的是革质皮肤。例如，我们最熟悉的是"鳖"，它的"壳"就是皮质的，英文管"鳖"叫软壳龟。

◀玳瑁的龟甲

鳄鱼成为原始爬行动物的"活化石"

鳄鱼是迄今发现活着的最早和最原始的爬行动物,它是在三叠纪至白垩纪的中生代(约2亿年以前)由两栖类进化而来,延续至今仍是半水生性凶猛的爬行动物。它和恐龙是同时代的动物,但科学家们相信,鳄鱼的起源时间比恐龙还要早,它目睹了爬行动物的兴衰、恐龙的兴亡以及鸟类和哺乳类的兴盛。恐龙的灭绝不管是环境的影响,还是自身的原因,都已成了化石。虽然鳄鱼顽强地坚持繁衍至今,但大部分历经劫难后也已绝迹,只有少数幸存下来。所以,科学家也称它为"活化石"。

凶恶杀手

淡水鳄生活在江河湖沼之中,咸水鳄主要集中在温湿的海滨。它们一般身长4～5米,头部扁平,有个很长的吻,全身长满角质鳞片,长长的尾巴呈侧扁形,四肢短,前肢5趾,后肢4趾,趾间有蹼,乍一看那形象,还真和恐龙相差不多。

鳄鱼形象狰狞丑陋,生性凶恶暴戾,行动十分灵活。白天它一般伏睡在林荫之下或潜游水底,夜间外出觅食。它极善潜水,可在水底潜伏10小时以上。如在陆上遇到敌害或猎捕食物时,它能纵跳抓扑,纵扑不到时,它那巨大的尾巴还可以猛烈横扫,是个很难对付的"虫类之王"。

鳄鱼的遗憾之处是,虽长有看似尖锐锋利的牙齿,却是槽生齿,这种牙齿脱落下来后能够很快重新长出,可惜它不能撕咬和咀嚼食物。这就使它那坚强长大的双颌功能大减,既然不能撕咬和咀嚼,只能像钳子一样把食物"夹住"然后囫囵吞咬下去。所以当鳄鱼扑到较大的陆生动物时,它不能把它们咬死,而是把它们拖入水中淹死;相反,当

▼史前巨鳄化石

鳄鱼的繁殖

鳄鱼虽然个体庞大,却是卵生。其寿命一般可长达70～80岁,多的可达100多岁。雌鳄长到12岁时性成熟,开始生儿育女,至40岁左右,停止生育。雄鳄的成熟期同雌鳄差不多。鳄鱼每次产卵20～40枚,小的如鸭蛋,大的如鹅蛋大小。雌鳄在产卵前,先上岸选址筑巢,它将树叶、干草等弄到巢内,铺成一张"软床",然后上床待产,到临产前两三天时,它泪如雨下,可能是疼痛所致。产下卵后,把它藏在树叶和干草下面,自身则伏在上面孵化60多天,在此期间它凶恶无比,不准任何动物接近,否则必遭猛烈袭击。幼鳄出壳以后,先是一起依附在母亲背上外出觅食,半年后可独立生活。

鳄鱼扑到较大水生动物时，又把它们抛上陆地，使猎物因缺氧而死。在遇到大块食物不能吞咽的时候，鳄鱼往往用大嘴"夹"着食物在石头或树干上猛烈摔打，直到把它摔软或摔碎后再张口吞下，如还不行，它干脆把猎物丢在一旁，任其自然腐烂，等烂到可以吞食了，再吞下去。正因为鳄鱼的牙齿不能嚼碎食物，所以"上帝"又让它生长了一个特殊的胃。这只胃的胃酸多而酸度高，让鳄鱼的消化功能特好。此外，鳄鱼也和鸡一样，经常吃些沙石，利用它们磨碎食物、促进消化。

▲湾鳄

一般来说，人们印象中的鳄鱼总是冷酷无情和凶残成性，其实这是一种误解。回顾鳄鱼的演化史，不仅有像帝王鳄和恐鳄这样凶残的肉食者，还有许多温顺的植食性鳄鱼。我国湖北1.1亿年前生存的一种鳄鱼，就是以植物为食的。除此之外，在世界其他地方也发现过一些植食性鳄鱼，如马达加斯加的奇异鳄鱼。

其实，很多肉食性鳄鱼并不凶残。在现生的20多种鳄鱼当中，只有两种是吃人不眨眼的"食人鳄"。一种是鳄鱼中的"巨人"——现生鳄鱼中唯一能在海中生活的湾鳄，它的体长一般有6～7米，最大的据说有10米；另外一种是产于非洲的尼罗鳄。大多数鳄鱼通常不会主动进攻人类，尤其是产于我国长江中下游，也是唯一生存于温带的现生鳄鱼——扬子鳄，性情非常温和。

鳄鱼这种冷血爬行动物也有其温柔的一面。所谓"虎毒不食子"，尼罗鳄抚育后代的情景正是这样。母鳄在小鳄出壳后，会把所有的小鳄放在自己嘴里，带它们去水中玩耍和觅食。平时，尼罗鳄的血盆大口是屠杀包括水牛这样的大型动物的凶器，这时却变成了小鳄温馨的"摇篮"，这就是生物构造的多功能性的极端表现。

另外，鳄鱼看似凶恶，其实它胆子很小，有的小鳄鱼甚至会因受惊而生病，如中国扬子鳄，一遇到有人走近，它立即钻洞躲藏。鳄鱼很少主动袭击人类；相反，经过训练，它还可以与人合作表演。任人抚摸、亲吻、骑乘，甚至张大嘴巴让人把头伸进去，以此惊险动作供人观赏。

帝王鳄

众所周知，鳄鱼是一种令人类感到恐惧不安的动物。身长6米的湾鳄称得上是体形最庞大的鳄鱼了，但人们很少知道曾经在地球上还出现过一种比现今鳄鱼还要大得多、还要可怕得多的鳄鱼，它就是生活在1.1亿年前白垩纪的帝王鳄。

帝王鳄无疑是史前最可怕的终极杀手之一。这种身长可以达到12米的巨鳄体重竟

▲帝王鳄

达到了 10 吨左右。在它居住的河塘边就连当时称霸的恐龙都不敢擅自闯入它的领地。当恐龙口渴难忍来到河塘边全神贯注地喝水时，帝王鳄会趁它不注意猛然张开它那张巨口，一下子咬住恐龙的身体，直至恐龙没有反抗之力，再把恐龙吃掉。

这类鳄鱼之所以能捕食恐龙，主要因为它有着非常特殊的身体构造。它的鼻子末端长着一个巨大的、球根状的突起，突起里面有一个空腔。这使它的嗅觉异常灵敏，并能发出奇异的声音。而且，这种超级鳄鱼的牙齿也非同一般。与一般以鱼类为生的动物相比，它的下颌牙不仅与上颌牙互相交错，而且能精确无误地嵌入其中。在100多颗牙齿当中，一排门牙能咬碎骨头，撕裂像恐龙一样巨大的猎物。帝王鳄的眼睛还有一个很独特的构造，能使它长时间生活在海岸边——帝王鳄的眼窝底部朝上转，这样能大量增加目视范围。除此之外，鳄鱼的皮肤上还长有一层片状骨质"铠甲"。这些"铠甲"不仅像树的年轮一样标志着鳄鱼的年龄，而且能保护鳄鱼在捕食猎物时免受伤害。

恐鳄

其实，帝王鳄并不算最大的鳄鱼。生存于北美的一种叫做"恐鳄"的巨无霸，体长达到 15 米，这是已知鳄鱼中的至尊了。这种绝对恐怖的巨型爬行动物生活在中生代白垩纪中期，距今 1.1 亿年至 9000 万年间，但它并不是现代鳄鱼的直系祖先，而只是近亲。

科学家们在恐鳄化石附近发现了许多鸭嘴龙的骨骼化石，有些骨骼上面还带着伤痕。有的古生物学家认为，这些伤痕极有可能是"恐鳄"所赐。食草的鸭嘴龙身高可达 9 米多，推测体重可达 12 吨，是一般恐鳄的 2 倍。然而当这些庞大的鸭嘴龙来到沼泽岸边找水喝时，竟还是会被比自己小得多的恐鳄咬翻在地、生吞活剥，这种场景真令人感到非常恐惧。

▼恐鳄

尼罗鳄

现存的著名"冷血杀手"当属尼罗鳄了，这是一种较大体形的鳄鱼，平均体长 3.7 米，大者可超过 5.5 米，有不确切的纪录则长达 7.3 米。尼罗鳄是分布最广泛的鳄之一，在非洲

▲尼罗鳄

大部分水域都能见到，在马达加斯加岛也有分布，有些种群生活于海湾环境中，在不同地区生活着不同的亚种，这些亚种彼此之间略有区别。

尼罗鳄以凶猛著称，可以捕食包括人在内的大型哺乳动物，也捕食鱼、鸟和小型鳄鱼等。鳄生性凶猛，但你知道它们是如何捕食猎物的吗？其实它们的秘密武器是它们那又长又粗的尾巴。当它们见到牛、羚羊、鹿等哺乳动物在河边饮水的时候，会悄悄潜水过去，突然将铁鞭一样的尾巴向上一扫，立即把猎物打入河内，然后它们张开大嘴，饱餐一顿。其他一些鳄类也能用类似的方法伤害人畜。

扬子鳄

扬子鳄是我国特有的珍稀动物，已濒临灭绝。我国已经把它列为国家一级保护动物。扬子鳄又称中华鳄，因为扬子鳄是恐龙的"堂兄弟"，所以它的俗名又叫猪婆龙或土龙。

扬子鳄以蛤蟆、鱼、蛙以及鼠类为主食。兔子会跑，鱼儿会游，鸟儿会飞，而扬子鳄的脖子只能转动15°，所以它捕食时，若不耍一点"阴谋诡计"是不可能捕到猎物的。它捕食猎物时，把尾巴和头隐藏在水中，只露出像木块似的背部，当猎物停落在它那像木块的背上晒太阳时，它的身体就会慢慢下沉，最后，只露出紧闭的嘴巴，猎物就会朝没水的地方爬，一直爬到扬子鳄的嘴边。这时，猎物还不知道自己已危在旦夕，只见扬子鳄张开大嘴，猎物"咕噜"地滚入嘴里，霎时便成了它的美餐。

扬子鳄喜欢栖息在湖泊、沼泽的滩地或丘陵山涧长满乱草蓬蒿的潮湿地带。它具有高超的挖洞打穴的本领，头、尾和锐利的趾爪都是它的打洞打穴工具。俗话说"狡兔三窟"，而扬子鳄的洞穴还超过三窟。它的洞穴常有几个洞口，有的在岸边滩地芦苇、竹林丛生之处，有的在池沼底部，地面上有出入口、通气口，而且还有适应各种水位高度的侧洞口。洞穴内曲径通幽，纵横交错，恰似一座地下迷宫。也许正是这种地下迷宫帮助它们度过了严寒的大冰期和寒冷的冬天，同时也帮助它们逃避了敌害而幸存下来。

▼扬子鳄

蜥蜴类和蛇类的出现

我们将蜥蜴类和蛇类合称为有鳞类,蛇是从蜥蜴类中演化出来的。确切无疑的有鳞类化石,是中侏罗纪时期的。蜥蜴类在地史中刚一出现就已经多种多样了,早在晚侏罗纪时,就发现了有鳞类中3个类群的化石记录。结合楔齿蜥的起源时间,推测最早的有鳞类应该至少在三叠纪就已经出现。有鳞类从中侏罗纪开始迅速发展,之后在早白垩纪时,伴随最早的蛇类的出现,这个类群又有了一次大发展。曾经普遍认为蛇起源于掘穴的蜥蜴,近年来又有人认为蛇起源于海洋,与沧龙密切相关。一般认为,现代蜥蜴中巨蜥类与蛇类最接近。蛇的祖先可能在侏罗纪时就从蜥蜴中分出来,可能与巨蜥类基干类群关系最近。

蜥蜴类形态特征

蜥蜴类和蛇类是现存爬行动物中最兴盛的类群,分布于世界大部分地区。现存蜥蜴约3000种,而蛇类有大约2400种。现代蜥蜴中最大的要数印度尼西亚的科摩多龙(也有称科摩多巨蜥),能长到3米多,捕食鹿和猪。在澳大利亚发现的巨蜥化石则有科摩多龙的2倍大。但蜥蜴中最大的还数沧龙,这是晚白垩纪的一种海生蜥蜴,有的个体长度可以超过10米。沧龙有着长长的尾巴,几乎占了身体的一半长。曾经发现过几百件保存极为精美的沧龙化石,但没在成年沧龙的体内发现过幼仔,估计它们和海龟一样还得回陆地下蛋。

▼沧龙

▼生活在加拉帕戈斯群岛的海鬣蜥

蜥蜴是变温动物。在温带及寒带生活的蜥蜴于冬季进入休眠状态,表现出季节活动的变化。在热带生活的蜥蜴,由于气候温暖,可终年进行活动。但在特别炎热和干燥的地方,也有夏眠的现象,以度过高温干燥和食物缺乏的恶劣环境。可分为白昼活动、夜晚活动与晨昏活动三种类型。不同活动类型的形成,主要取决于食物对象的活动习性及其他一些因素。

大多数蜥蜴吃动物性食物,主要是各种昆虫。壁虎类夜晚活动,以鳞翅目等昆虫为食物。体形较大的蜥蜴,如大壁虎也可以小鸟、其他蜥蜴为食物。巨蜥则可吃鱼、蛙甚至捕食小型哺乳动物。也有一部分蜥蜴,如鬣蜥以植物性食物为主。由于大多数种类捕食大量

▼壁虎

昆虫，蜥蜴在控制害虫方面所起的作用是不可低估的。很多人以为蜥蜴是有毒动物，这是不对的。全世界蜥蜴中，已知只有两种有毒毒蜥，隶属于毒蜥科，且都分布在北美及中美洲。

许多蜥蜴在遭遇敌害或受到严重干扰时，常常把尾巴断掉，断尾不停跳动吸引敌害的注意，它自己却逃之夭夭。这种现象叫做自截，可认为是一种逃避敌害的保护性适应。我国壁虎科、蛇蜥科、蜥蜴科及石龙子科的蜥蜴，都有自截与再生能力。

有的蜥蜴变色能力很强，特别是避役类以其善于变色获得"变色龙"的美名。另外，大多数蜥蜴是不会发声的。壁虎类是一个例外，不少种类都可以发出洪亮的声音。蛤蚧鸣声数米之外可闻。壁虎的叫声并不是寻偶的表示，可能是一种警戒或占有领域的信号。

科摩多龙

印度尼西亚有一个群岛叫努沙登加拉群岛，科摩多就是该群岛的一部分。在这里，生活着世界上最大的蜥蜴，岛上的居民称之为"科摩多龙"。科摩多岛气候温和，丛林茂密，四周环海，海岸有成片的沙滩和林立的礁岩。这样的自然环境，成了巨蜥蜴生活的"天堂"。

成年的蜥蜴，一般身长5米左右（雌性大，雄性小），体重100多千克。皮肤粗糙，生有许多隆起的疙瘩，无鳞片，黑褐色，口腔生满巨大而锋利牙齿（世界26种巨蜥蜴，只是它有牙齿）。但是，它基本上是"哑巴"，声带很不发达；即使激怒时，也仅能听到它发出的"嘶嘶，嘶嘶"的声音。它扑食动物时，凶猛异常，奔跑的速度极快。它那巨大而有力的长尾和尖爪是扑食动物的"工具"。它以岛上的野猪、鹿、猴子等为食。只要成年的巨蜥一扫尾巴，就可以将3岁以下的小马扫倒，然后一口咬断马腿，将马拖到树丛中吃掉。吃不完时，它还将余下部分埋在沙土或草里，饿时再吃。

生活在科摩多岛上的野鹿、野猪、山羊和各种猴子，见到巨蜥就逃。蜥蜴吃饱后，趴伏于丛林间，沙滩上或礁岩上。它善游泳，具有潜入水中捕鱼吃或在水下待几十分钟的特殊本能。

▼科摩多巨蜥

▲变色龙

变色龙

自然界中有一种叫变色龙的动物,它就是能改变身上颜色的蜥蜴。它依靠自身皮下的多种色素块,能随时随地根据需要改变身体颜色,以便捕食和躲避外敌的袭击。变色龙的变色实际上是一种伪装武器,用来弥补自身行动迟缓的缺陷,使其得以逃脱捕食者的追捕。

变色龙身体颜色的变化主要取决于光线、温度等环境因素和自身情绪等。因此,变色龙的皮肤颜色是其自身情绪的晴雨表。例如,有些种类的变色龙生病时肤色会变白,而另一些种类的变色龙会变成醒目的颜色来赶走入侵者,或者在发情期变成猩红色。而最妙之处在于,为了便于伪装,变色龙选择的是自己所处位置最主要的颜色。比如,当它在沙地捕食时,它的皮肤是黄褐色的;当它进入森林,又将自己变成草丛树干的绿色。

变色龙的变色受到神经激素的控制,是由色素的扩散或者集中引起的。色素存在于星形的色素细胞内,而色素细胞包括黄色素细胞、红色素细胞等多种。在色素细胞外环绕着肌肉纤维,因而具有一定的弹性。在植物神经系统的作用下,色素细胞能扩大到整个"自由"空间,同时发生许多分支。这样,原本集中在细胞中央的色素便分散开来。最后,色素细胞收缩或放大形成不同种类色素细胞的颜色组合,从而决定了变色龙的肤色。这也就是变色龙能变色的秘密。

蛇类形态特征

蛇是爬行动物中进化最快的类群。蛇类有红外线感受器,如存在于蝮蛇类的颊窝和大多数蟒的唇窝,它们是热敏器官,对周围环境温度变化极为敏感,能在数十厘米的距离内感知0.001℃的温度变化。这样它们就能在夜间准确地判断哺乳类或鸟类的存在及位置。蛇的这类捕食行为,还有蛇的专门用来捕捉温血动物的某些头骨结构都表明,蛇的进化可能与当时哺乳动物的多样化密切相关。

许多蜥蜴有躯干延长、四肢退化的趋势,而这种趋势在蛇中发展到了极致。蛇的脊椎数目可达500块,尾前椎数120~454块。现代蛇基本没有了四肢:肩带和前肢完全退化,仅蟒中有后肢残余,盲蛇有腰带的残迹。人们用"画蛇添足"来比喻做事多此一举。但是如果算上化石,画蛇添足就未必错误了。例如,近年来在以色列发现的9500万年前的蛇化石,从头骨看可以归入典型的蛇类,却还保留了几乎完整的后肢。

蛇的外耳已经没有了,不过里面的方骨和镫骨还在,它们直接从地面获取声波。声

波在固体中比空气中传播要快得多，所以蛇类对地面的微弱振动极为敏感。

我们常用"蛇吞象"比喻贪心不足，即使是最长的蛇，如拉丁美洲的网蟒10米长，或最重的蛇，227千克的水蟒，也不可能吞下大象。不过这句话也有其来由，蛇口可以张开很大，达到130度角，这时候就能吞下比蛇头大几倍的食物，如眼镜蛇吃鼠、蟒蛇吞山羊等等。

▲蟒蛇

不少人提到蛇就会感到毛骨悚然，这一方面是害怕毒牙的伤害，另一方面是其体表色彩斑斓，让人觉得形态可憎。很多毒蛇颜色鲜艳，身体具有色彩不同的环纹，意思是"小心点，别惹我"，真应了"打退不如吓退"的兵法精髓。早期的蛇大多靠窒息来杀死猎物，就像今天的蟒一样：缠绕在猎物胸部，逐渐收紧，直至猎物断气。

蛇一般是不会主动对人进攻的，除非你打到了它的身躯。如果你的脚踩上了它，它会本能地马上回头咬你脚一口，喷洒毒液，让你倒下。当人们行走在山路上，"打草惊蛇"在此用得很恰当。你手执一根木棍，有弹性的木棍子最好。边走边往草丛中划划打打，如果草丛有蛇，会受惊逃避的。用硬直木棒打蛇是最危险的动作，因为木棒着地点很小，不容易击倒蛇。软木棒有弹性，打蛇时木棒贴地，蛇被击中可能性更大。蛇打七寸，七寸是蛇的要害部位，打中此部位，蛇动弹不了。

▼眼镜蛇

区别有毒蛇和无毒蛇

蛇的种类很多，主要分为有毒蛇与无毒蛇两类。区别有毒蛇和无毒蛇首先看外形，无毒蛇的头部呈椭圆形，尾部细长，体表花纹多不明显，如火赤练蛇、乌风蛇等，毒蛇的头部呈三角形，一般头大颈细，尾短而突然变细，表皮花纹比较鲜艳，如五步蛇、蝮蛇、竹叶青、眼镜蛇、金环蛇、银环蛇等（但眼镜蛇、银环蛇的头部不呈三角形）；从伤口看，由于毒蛇都有毒牙，伤口上会留有两颗毒牙的大牙印，而无毒蛇留下的伤口是一排整齐的牙印；从时间看，如果咬伤后15分钟内出现红肿并疼痛，则有可能是被毒蛇咬了。

第八章

恐龙世界

　　恐龙，一个年代遥远的地球主人，自从地球上出现原始细菌开始，生命由简单到复杂，从低级到高级，把世界装点得越来越多姿多彩。在生物界不断的发展过程中，一些物种出现后又消失了，对此我们并不奇怪，因为物种灭绝实际上是生物演化的一个必然阶段。有相当多的种类，我们甚至从来就不知道它们的名字，出现或者消失似乎都无足轻重；但有一些种类，对地球的影响非常大，于是地质学家就给它们打上了时代的烙印。例如，三叶虫，这类生物绝迹的时候，地质史上就此作为古生代的结束，恐龙当然也不例外，中生代白垩纪就以恐龙灭绝为结束之界。但恐龙的影响绝不仅此而已，原因很简单，那就是恐龙是一类曾经繁盛无比的动物，它傲视一切与它同时代的天地之物，却在短时间内销声匿迹。究竟发生了什么事？为了破解这一谜团，科学家在世界各地搜寻一切可以找到的恐龙化石，然后把琐碎的骨头连接起来。随着恐龙化石的不断丰富，恐龙的生活逐渐清晰起来。

　　恐龙这种动物最早出现于三叠纪中期，灭绝于白垩纪末期，在地球上曾独霸约1.5亿年之久。可以说中生代的水、陆、空都是恐龙的天下。从地理范围来看，恐龙几乎无所不在，欧洲、亚洲、非洲、美洲、南极大陆都有恐龙化石出土。从形态特征来看，它们像爬行类，四肢健壮有力，并通过产蛋来孵化小生命；从个体大小来看，它们可以称得上是迄今为止发现的最大的陆生动物；根据化石推断出个体最重的可以达到100吨，而现在地球上陆生动物中的老大——非洲象只不过7吨重。随着化石证据的不断增多，关于恐龙的研究也发展到了习性、生理、生态等各个领域。虽然一个又一个的问题被解决了，但一个又一个的谜团又滋生了出来。

　　最关键的是，恐龙这种盛极一时的动物到底是如何灭亡的？直到今天，科学家们对这个问题还在不断的推测之中。虽然有些学说听上去非常令人心动，但终究留有破绽，于是，谜面只好继续存在下去。巨大的恐龙是灭绝了，但是并不是所有的爬行类都灭绝了。一些身体小的爬行类还保存了下来，进化成为现在的蛇、蜥蜴和乌龟之类。而另一类小型的恐龙，则是鸟类的祖先。

恐龙化石的发现

我们生活的地球已经有46亿年的历史了，在这漫长的发展岁月里，不断地有新的生物演化出来，也不断地有旧的生物被淘汰出局。对于那些被淘汰的生物来说，在人类还远远没有出现的时候，化石是它们曾经存在过的唯一证据，所以有了古生物学这一门奥秘万千的学科。令人感到不可思议的是，像恐龙这样一类极其庞大、盛极一时的生物的化石，按理应该早就被发现了，但之所以迟至19世纪才认识它，很大一部分原因是对这一类化石熟视无睹，根本没有想到动物中会有如此巨大的个体出现过。所以，最早注意到恐龙的人不仅具有相当的知识，而且还极富科学的灵感，他就是英国的外科医生曼特尔。

▼岩石中的腔骨龙骨骼化石，属于蜥臀目中的兽脚亚目

发现奇特的牙齿化石

曼特尔是英国萨塞克斯郡刘易斯的一名乡村医生，同时也是一位探索热情很高的化石采集家。早年，他花了许多精力去寻找、采集岩石中的古生物化石，还在家中建起了一座小型地质博物馆。

1822年，曼特尔夫妇来到萨塞克斯郡的乡间，在当地筑路用的石材中，曼特尔夫人发现了一颗牙齿的化石。这是一颗样子奇特的动物牙齿化石。这颗牙齿化石太大了，曼特尔先生见过许许多多远古动物的化石牙齿，可是没有一种与这么大、这么奇特的牙齿相似。

随后不久，曼特尔先生又在发现化石地点的附近找到了许多这样的牙齿化石及相关的骨骼化石。为了弄清这些化石到底属于什么动物，带着深深的疑问，曼特尔找到了法国的博物学家，有着"古生物学之父"美称的居维叶先生，请他看看这些不同凡响的化石。居维叶鉴定的结果是犀牛的上腭门齿。接着，英国牛津大学的地质学教授威廉·巴

禽龙

现在我们已经知道，禽龙是一类广泛分布于世界各地的恐龙。身躯高大、体形笨重、尾部粗而巨大，体长一般在10米左右，体重十几吨。它的前肢较短，但坚实有力，前肢有5个指头，末端无爪呈"人手状"。最特别的是，禽龙的大拇指变大而成为一副尖利的"钉子"般的装备，这是它们的自卫武器。可以想象，当它遇到想要吃它的霸王龙时，就用这种大而尖硬的"钉耙"去刺伤敌手。因为禽龙常用两脚行走，两腿直立的姿势和它们脚的三趾构造，与现代的鸟禽颇为相像，所以人们叫它"禽龙"。禽龙的后肢很长且粗壮有力，脚趾分节宽而浑厚。禽龙大部分时间靠后肢行走，但有时在茂密的丛林、湿热的沼泽或宁静的湖畔寻食、饮水。漫游时，也会用四足缓慢行走，但是遇见了霸王龙，还是要用两只后脚逃命的，因为这样速度更快。它的"自卫武器"仅在迫不得已、无路可逃时才用。

第八章

恐龙世界

恐龙，一个年代遥远的地球主人，自从地球上出现原始细菌开始，生命由简单到复杂，从低级到高级，把世界装点得越来越多姿多彩。在生物界不断的发展过程中，一些物种出现后又消失了，对此我们并不奇怪，因为物种灭绝实际上是生物演化的一个必然阶段。有相当多的种类，我们甚至从来就不知道它们的名字，出现或者消失似乎都无足轻重；但有一些种类，对地球的影响非常大，于是地质学家就给它们打上了时代的烙印。例如，三叶虫，这类生物绝迹的时候，地质史上就此作为古生代的结束，恐龙当然也不例外，中生代白垩纪就以恐龙灭绝为结束之界。但恐龙的影响绝不仅此而已，原因很简单，那就是恐龙是一类曾经繁盛无比的动物，它傲视一切与它同时代的天地之物，却在短时间内销声匿迹。究竟发生了什么事？为了破解这一谜团，科学家在世界各地搜寻一切可以找到的恐龙化石，然后把琐碎的骨头连接起来。随着恐龙化石的不断丰富，恐龙的生活逐渐清晰起来。

恐龙这种动物最早出现于三叠纪中期，灭绝于白垩纪末期，在地球上曾独霸约 1.5 亿年之久。可以说中生代的水、陆、空都是恐龙的天下。从地理范围来看，恐龙几乎无所不在，欧洲、亚洲、非洲、美洲、南极大陆都有恐龙化石出土。从形态特征来看，它们像爬行类，四肢健壮有力，并通过产蛋来孵化小生命；从个体大小来看，它们可以称得上是迄今为止发现的最大的陆生动物；根据化石推断出个体最重的可以达到 100 吨，而现在地球上陆生动物中的老大——非洲象只不过 7 吨重。随着化石证据的不断增多，关于恐龙的研究也发展到了习性、生理、生态等各个领域。虽然一个又一个的问题被解决了，但一个又一个的谜团又滋生了出来。

最关键的是，恐龙这种盛极一时的动物到底是如何灭亡的？直到今天，科学家们对这个问题还在不断的推测之中。虽然有些学说听上去非常令人心动，但终究留有破绽，于是，谜面只好继续存在下去。巨大的恐龙是灭绝了，但是并不是所有的爬行类都灭绝了。一些身体小的爬行类还保存了下来，进化成为现在的蛇、蜥蜴和乌龟之类。而另一类小型的恐龙，则是鸟类的祖先。

恐龙化石的发现

▼岩石中的腔骨龙骨骼化石，属于蜥臀目中的兽脚亚目

我们生活的地球已经有46亿年的历史了，在这漫长的发展岁月里，不断地有新的生物演化出来，也不断地有旧的生物被淘汰出局。对于那些被淘汰的生物来说，在人类还远远没有出现的时候，化石是它们曾经存在过的唯一证据，所以有了古生物学这一门奥秘万千的学科。令人感到不可思议的是，像恐龙这样一类极其庞大、盛极一时的生物的化石，按理应该早就被发现了，但之所以迟至19世纪才认识它，很大一部分原因是对这一类化石熟视无睹，根本没有想到动物中会有如此巨大的个体出现过。所以，最早注意到恐龙的人不仅具有相当的知识，而且还极富科学的灵感，他就是英国的外科医生曼特尔。

发现奇特的牙齿化石

曼特尔是英国萨塞克斯郡刘易斯的一名乡村医生，同时也是一位探索热情很高的化石采集家。早年，他花了许多精力去寻找、采集岩石中的古生物化石，还在家中建起了一座小型地质博物馆。

1822年，曼特尔夫妇来到萨塞克斯郡的乡间，在当地筑路用的石材中，曼特尔夫人发现了一颗牙齿的化石。这是一颗样子奇特的动物牙齿化石。这颗牙齿化石太大了，曼特尔先生见过许许多多远古动物的化石牙齿，可是没有一种与这么大、这么奇特的牙齿相似。

随后不久，曼特尔先生又在发现化石地点的附近找到了许多这样的牙齿化石及相关的骨骼化石。为了弄清这些化石到底属于什么动物，带着深深的疑问，曼特尔找到了法国的博物学家，有着"古生物学之父"美称的居维叶先生，请他看看这些不同凡响的化石。居维叶鉴定的结果是犀牛的上腭门齿。接着，英国牛津大学的地质学教授威廉·巴

禽龙

现在我们已经知道，禽龙是一类广泛分布于世界各地的恐龙。身躯高大、体形笨重、尾部粗而巨大，体长一般在10米左右，体重十几吨。它的前肢较短，但坚实有力，前肢有5个指头，末端无爪呈"人手状"。最特别的是，禽龙的大拇指变大而成为一副尖利的"钉子"般的装备，这是它们的自卫武器。可以想象，当它遇到想要吃它的霸王龙时，就用这种大而尖硬的"钉耙"去刺伤敌手。因为禽龙常用两脚行走，两腿直立的姿势和它们脚的三趾构造，与现代的鸟禽颇为相像，所以人们叫它"禽龙"。禽龙的后肢很长且粗壮有力，脚趾分节宽而浑厚。禽龙大部分时间靠后肢行走，但有时在茂密的丛林、湿热的沼泽或宁静的湖畔寻食、饮水。漫游时，也会用四足缓慢行走，但是遇见了霸王龙，还是要用两只后脚逃命的，因为这样速度更快。它的"自卫武器"仅在迫不得已、无路可逃时才用。

克兰也得出了相同的结论。

　　经过核对资料，曼特尔发现，在采石场一带的地层中根本没有哺乳类动物的化石。他对这些权威们的论证表示怀疑，于是决定继续考证。从此，只要一有机会，他就到各地的博物馆去对比标本、查阅资料。

命名为"鬣蜥的牙齿"

　　两年后的一天，他偶然结识了一位在伦敦皇家学院博物馆工作的博物学家，此人当时正在研究一种生活在中美洲的现代蜥蜴——鬣蜥。于是，曼特尔先生就带着那些化石来到伦敦皇家学院博物馆，与博物学家收集的鬣蜥的牙齿相对比，结果发现两者非常相似。曼特尔顿时有所领悟。1825 年，他公开发表了研究报告，认为他收到的那些巨大的牙齿化石，应属于尚未发现过的一种绝灭动物，并给这种古动物起了个拉丁语学名，叫做"鬣蜥的牙齿"。

▲禄丰龙的骨骼

　　后来，随着发现的化石材料越来越多，人类对这些远古动物的认识也越来越深入，我们知道所谓的"鬣蜥的牙齿"这种动物实际上是种类繁多的恐龙家族的一员。它确实与鬣蜥一样属于爬行动物，但是它与真正的鬣蜥的亲缘关系比起与其他种类的恐龙的关系还要远呢！但是，按照生物命名法则，这种最早被科学地记录下来的恐龙的种名的拉丁文字并没有变，依然是"鬣蜥的牙齿"的意思。不过，它的中文名称则被译成为"禽龙"。

"恐龙"之名的由来

　　曼特尔的发现迈出了人类科学地研究恐龙、认识恐龙的第一步。后来，禽龙化石在英国、比利时等地陆续被大量发现，证实了曼特尔的正确鉴定。

　　随后发现的新类型的恐龙及其他一些古老的爬行动物，名称全都和蜥蜴有关，如"像鲸鱼的蜥蜴""森林的蜥蜴"等。同时，最初引起人们注意的这些远古动物化石，往往个体巨大、奇形怪状，着实令人恐怖。随着这些令人恐怖而类似于蜥蜴的远古动物化石不断被发现和发掘，它们的种类积累得越来越多，许多博物学家已经开始意识到它们在动物分类学上应该自成一体。

　　1842 年，英国古生物学家欧文爵士用拉丁文给它们创造了一个名称，这个拉丁文由两个词根组成，前面的词根意思就是"恐怖的"，后面的词根意思就是"蜥蜴"。从此，"恐怖的蜥蜴"就成了这一大类彼此有一定的亲缘关系，但是却表现得形形色色的爬行动物的统称。我们中国人则既有想象力又有概括力，把这个拉丁名翻译成了"恐龙"。

◀梁龙头骨，属于蜥脚亚目

恐龙的出现

众所周知，恐龙统治了三个地质时代，大约1.5亿年。不过，在三叠纪和侏罗纪早期，恐龙仍然未成为非常强大的物种。到了侏罗纪末期，非常庞大的蜥脚类才成为这个地球上最庞大的生物。侏罗纪末期是它们统治地球的"黄金时期"，无论多样性、智力、体形上都远远凌驾了同时期的其他生物。地球历史上最传奇的物种究竟是如何出现，又是如何崛起的呢？恐龙的起源仍然是一个待解之谜。一种观点认为，恐龙的祖先是一种像蜥蜴一样的小型动物，名叫"杨氏鳄"。这种小动物约30厘米长，走起路来摇摇晃晃，靠捕捉虫子为生。它们的后代明显分出两支，一支是继续吃虫子的真正的蜥蜴，另一支是半水生的早期类型的初龙。其中，后者也就是早期类型的初龙，与恐龙有较为可靠的亲缘关系。由初龙再进化成地球上形形色色的恐龙。

初龙类的兴起

在二叠纪时期，似哺乳爬行动物是陆地上的优势脊椎动物，但大部分在二叠纪至三叠纪灭绝事件中灭亡。草食性的似哺乳爬行动物水龙兽是唯一存活下来的大型陆地动物，并在三叠纪初期成为最繁盛的陆地动物。在早三叠纪，初龙类快速地成为陆地上的优势脊椎动物。关于初龙类为何快速崛起，一种解释是，初龙类演化出直立四肢的过程，比似哺乳爬行动物的演化还快。

▲派克鳄，一种早期的初龙

最早的初龙有些外貌与鳄鱼像极了，同样是铠甲护身，就连头骨上也有鳄鱼一样的坑洼。它们的主要差异是初龙的鼻孔靠近双眼，而鳄鱼的鼻孔位于头的最前端。初龙与鳄鱼一样是肉食动物，而它们的亲族也有演变成植食性动物的，但无论是吃荤的还是吃素的，早期的初龙类动物，身上都长有骨甲，身后都拖着一条粗大有力的尾巴，以便它们能在碧水潭中起到推波助澜的作用。

为了提高划水的速度，那时的初龙还进一步改变了身体的结构，后肢增长，加粗，成为水中的推进器。逐渐地，腿移到了身体下方。腿的位置变动和后腿的加长，对这类动物取得生存优势是非常重要的。

后来，气候变得更加干燥了，这些动物被迫移往陆地上生活，感觉到长短不齐的四条

杨氏鳄

在具有双孔类型头骨的动物中有一种"槽齿类"的小动物，叫杨氏鳄，它是从南非二叠纪晚期的地层里发现的，样子有点像现代的蜥蜴。它有瘦长的身子，细弱的四肢，是一种肉食性动物。头骨构造轻巧而不特化，有两个颞颥孔，此外还保存着很多原始的特征：如有耳凹，耳凹一般是两栖动物的特征；牙齿不仅长在颌的边缘，而且还长在颌骨上；同时还保存有松果体。很可能中生代以后繁殖起来的各式各样的双孔类爬行动物都是从这类小动物分化出来的。

腿走起路来特别别扭，于是改用两条后腿行走。长而粗大的尾巴这时正好起到平衡身体前部重量的作用。由于姿态的改变，它们的步幅加大了，运动速度也提高了许多，这是向恐龙演变迈出的关键性一步。

▲兔鳄，在外形上，它和早期的兽脚亚目恐龙非常相似

不过，在早期的初龙类动物身体条件尚不完善，还不太适应陆地生活的时候，其大部分时间还是生活在水中，以免受到别的动物的惊扰。一旦身体结构更加完善，真正的恐龙便出现了。这类新的、富有生气的动物在陆地上向似哺乳动物发起了进攻。

恐龙正式登场

在三叠纪晚期，真正的恐龙正式登场了。黑瑞龙是其中一种最早出现的恐龙，它的身体可以长到3～6米长，体重可以达到360～450千克，它比现代陆地上最大的食肉猛兽狮子和老虎已经大多了。它有敏锐的听力，锋利的爪子和牙齿，身手非常敏捷，由于这些进化特征，它很快成为生存游戏的大赢家。

另一种最早出现的恐龙叫始盗龙，与黑瑞龙相比，始盗龙简直就像是猫，因为它身长还不到1米，体重只有5～7千克。有趣的是，在始盗龙的上下颌上，后面的牙齿像带槽的牛排刀一样，与其他的食肉恐龙相似；但是前面的牙齿却是树叶状，与其他的素食恐龙相似。这一特征表明，始盗龙很可能既吃植物又吃肉。

始盗龙的一些特征证明，它是地球上最早出现的恐龙之一。例如，它具有5个"手指"，而后来出现的食肉恐龙的"手指"数则趋于减少，到了最后出现的霸王龙等大型食肉恐龙只剩下两个"手指"了。再如，始盗龙的腰部只有三块脊椎骨支持着它那小巧的腰带，而当后来的恐龙越变越大时，支持腰带的腰部脊椎骨的数目就增加了。不过始盗龙也有一些特征与黑瑞龙及后来出现的各种食肉恐龙一样。例如，它的下颌中部没有一些素食恐龙那种额外的连接装置。再如，它的耻骨不是特别地大。始盗龙和黑瑞龙在三叠纪晚期的出现，代表了恐龙时代的黎明。

▲始盗龙

鱼龙和蛇颈龙海中称霸

尼斯湖水怪

尼斯湖水怪可算是世界上最出名的怪物了。根据各目击者的描述,尼斯湖水怪就像是蛇颈龙。许多人相信尼斯湖水怪是一条活着的蛇颈龙。当蛇颈龙大灭绝时,它躲进了英格兰第二大淡水湖——尼斯湖中避难,从而变成了尼斯湖水怪。在尼斯湖发现水怪的历史很长,最早提及尼斯湖怪物是在公元565年的一位僧侣圣科伦巴的生活故事中,传说中他不但目击水怪,还喝令它不得伤害人类。此后1000多年不断有人声称见到水怪,一些人还拍下了据称是"水怪"的照片。尼斯湖的水怪真是蛇颈龙吗?显然,只有在捕获了这种动物并做出科学鉴定后,这个谜底才算真正揭开。

2亿多年前的三叠纪,在恐龙登上陆地之前,称霸海洋的是一些形形色色的海生爬行动物。那时的海洋爬行动物与现在的不同,不仅种类更加丰富,而且体形巨大,形状怪异。到了中生代,鱼龙和蛇颈龙已是海洋的主宰,它们的角色很像今天仍然活跃在大海中的鲸、海豚和海豹。

鱼龙

鱼龙是一种类似鱼和海豚的大型海栖爬行动物。它们是一类古老的爬行动物,生活在中生代的大多数时期,最早出现在约2.5亿年前,比恐龙稍微早一点,约9000万年前它们消失了,比恐龙灭绝时间要早。在三叠纪中期陆栖爬行动物(今天还未能确定的)逐渐回到海洋中生活,演化为鱼龙,这个过程类似今天的海豚和鲸的演化过程。虽在侏罗纪时它们分布尤其广泛,但在白垩纪它们作为最高的水生食肉动物被蛇颈龙取代。

侏罗纪的鱼龙属是典型的鱼龙。关于鱼龙的样子,居维叶曾对鱼龙有过较形象的描述:"鱼龙具有海豚的吻,鳄鱼的牙齿,蜥蜴的头和胸骨,鲸一样的四肢,鱼形的脊椎。"它们的外形酷似一些大型快速游泳的鱼类,纺锤形的身体,皮肤裸露,三角形的头向前伸出似剑的长吻,嘴内长满锥状的牙齿,牙齿有迷路构造。身上长有一个肉质的背鳍,尾部长有由一串下折的尾椎骨构成的上叶小、下叶大的倒歪形尾。鱼龙的这一体现快速游泳的适应形式从三叠纪延续到白垩纪,仅有量的改变。例如,它们的个体变大,歪形的尾鳍加大,前肢鳍脚变长。鱼龙类的身躯构造说明,它们完全失去了上陆的能力。

在鱼龙的种种奇怪特征中,最惊人的是它们巨大的眼睛。人们发现,有一种身长只有9米的鱼龙拥有一对直径超过26厘米的大眼睛,它们看上去像一对盛食物的大盘子。这是人们发现的世界上最大的眼睛。另一种鱼龙很小,只有4米,但它们的眼睛却超过了22厘米,相对于它们的身体而言,

▶混鱼龙,属于鱼龙目混鱼龙科,生活在三叠纪。是原始鱼龙和高级鱼龙之间的一个过渡种群

▲沙尼龙,属于鱼龙目,生活在三叠纪,是迄今为止发现的最大型的鱼龙

▼泰曼鱼龙,属于鱼龙目,生活在侏罗纪,这种鱼龙外形有点像现代的海豚

这也是一对大得出奇的眼睛,科学家迄今尚未发现眼睛和身体的比例如此超常的动物。不过在今天的海洋里,也有一些眼睛大得出奇的家伙,如一种巨大的乌贼,它们眼睛的直径可以达到25厘米,蓝鲸的眼睛也可达到15厘米。

鱼龙进化出如此大的眼睛有何用处呢?鱼形鱼龙的眼睛,像猫眼一样有非常低的光孔值,即采光性能很好。根据计算,如果把一只猫放在水下,关掉所有的灯,它可以在深达500米的海域猎取食物。大眼鱼龙眼睛的光孔值接近猫,但是它的眼睛比猫眼睛还大。也就是说,它可以接纳更多的影像,因而具有更强的视力。所以,大眼鱼龙在同样的深度可能比猫看得更清楚。因此,鱼龙拥有大眼睛是为了在阴暗的海洋里收集更多的光线,以便发现隐藏在深水中的小动物。

关于鱼龙的生殖方式,目前的化石表明鱼龙是胎生动物,尽管人们很难相信海生爬行动物在那么早的时候就进化出了胎生的繁殖方式。每年的6月中旬,怀孕的雌性大眼鱼龙会成群结队地游到有大片珊瑚礁和海藻丛的陆表海,尽快生产。这种环境不仅为小鱼龙提供了丰富的食物来源,也是他们的避难所。但是,这里并不适合成年的大眼鱼龙捕食。习惯了在广阔而黑暗的深海里捕食的鱼龙,很难适应陆表海水域的明亮阳光和狭小空间,所以它们产下小鱼龙后不久就会离开。

小鱼龙离开母体后第一件事就是赶快浮到水面上去吸一口气。它们生下来就

▲鱼龙,属于鱼龙目鱼龙科,古生物学家找到了几百具完整的鱼龙化石,使它成为人类最为了解的史前动物之一

很活泼，能够自由游泳。像所有动物的婴儿一样，它们头和眼睛的比例都比成年个体的大。新生的小鱼龙成长初期，珊瑚礁中的洞穴和通道成了他们躲避肉食动物的理想场所。在几个月内，小鱼龙就会长大，进入开阔海域生活。

鱼龙的分类，目前较一致的意见是根据肢骨鳍脚构造的联接关系分为两大类，即宽足类和窄足类，它们共分为5个科。混鱼龙科、短头鱼龙科、萨斯特鱼龙科、鱼龙科、块鳍鱼龙科。前三科主要生存于三叠纪，是一些较原始的鱼龙，一般个体较小，形态较原始。其中的萨斯特鱼龙科是三叠纪中晚期分布最广泛的鱼龙类，囊括了一大堆千差万别的品种，从几米长的到十几米的都有。后两个科主要包括侏罗纪和白垩纪一些进步的鱼龙。

蛇颈龙

蛇颈龙属于爬行纲的调孔亚纲的蜥鳍目，是一类适应浅水环境中生活的类群，从三叠纪晚期开始出现，到侏罗纪已遍布世界各地。到了白垩纪末期，蛇颈龙渐渐退出海洋霸主的位置，与恐龙一起走向灭绝之路，而体积庞大、更为凶猛的沧龙成为海洋中强大的掠食者。尽管蛇颈龙是一种早在白垩纪末期灭绝的大型海洋爬行动物，但有人曾怀疑尼斯湖水怪可能就是蛇颈龙的后裔。在多年的远古生物研究领域中，蛇颈龙一直被披上一层神秘色彩，它为什么长着相当于身体和尾部长度2倍的脖颈？它的胃部为什么藏有大量磨光鹅卵石？

蛇颈龙是恐龙时期最凶猛的海洋脊椎动物之一，因此被科学家们称为"海中霸王龙"。蛇颈龙体形庞大，它的脖颈与体躯不成正比，就像一条大蛇穿在乌龟壳中：头小、颈长、躯干像乌龟，尾巴短。头虽然偏小，但口很大，口内长有很多细长的锥形牙齿。它们游泳方式是靠四肢划水，尾巴做舵，因此速度不如鱼龙快。这类动物以白垩纪末期的薄片龙为代表，薄片龙全长14米，但绝大部分被其细长的脖子所占据，它的脖子里有76节

▼蛇颈龙的骨骼

▼薄片龙，属于长颈型蛇颈龙，生活在白垩纪。这是迄今为止，发现的体形最长的蛇颈龙

颈椎，因而像蛇一样非常灵活，可以左右摆动和向前猛刺，追逐并袭击鱼群。

一般认为，蛇颈龙在海洋中主要以鱼、鱿鱼和其他游水动物作为食物，但对最近的化石研究表明，蛇颈龙摄食范围要广得多。从澳大利亚昆士兰州发现的两具蛇颈龙化石分析中，研究人员找到了这两具蛇颈龙死亡前的"最后晚餐"。令他们感到惊奇的是，在化石中竟发现蛇颈龙肠胃中残留着蛤蜊、螃蟹和其他海底贝类动物，这证明蛇颈龙的食谱要更为广泛，它不仅仅局限于猎食游水鱼类，还可以利用长长的脖颈伸到海底寻觅各种贝壳类、软体类动物。

更加令人惊奇的是，在这两具蛇颈龙化石分析过程中，发现其中一具蛇颈龙胃部竟包含着135块胃石。胃石在蛇颈龙胃中究竟实现着一种什么功能呢？有人认为，蛇颈龙体内胃石的主要作用可能是帮助消化，蛇颈龙在海底觅食会吞下许多蛤蜊、螃蟹等带有甲壳的动物，胃中难免会留下难以消化的贝壳残物。正是这种鹅卵石在胃中将难以消化的贝壳磨碎，促进蛇颈龙的食物消化，长时间之后鹅卵石也被磨得十分光滑。

蛇颈龙类可根据它们颈部的长短分为长颈型蛇颈龙和短颈型蛇颈龙两类。

长颈型蛇颈龙主要生活在海洋中，脖子极度伸长，活像一条蛇，身体宽扁，鳍脚犹如四支很大的划船的桨，使身体进退自如，转动灵活。长颈伸缩自如，可以攫取相当远的食物。生活在白垩纪的薄片龙，颈长是躯干长的2倍，由60多个颈椎组成，真是令人吃惊。

短颈型蛇颈龙又叫上龙类。这类动物脖子较短，身体粗壮，有长长的嘴，所以头部较大，鳍脚大而有力，适于游泳。发现于澳大利亚白垩纪地层中的一种长头龙，身长15米，可头竟有3.7米长，嘴里上下长满了钉子般的牙齿，大而尖利，呈犬牙交错状，凶猛无比。上龙类适应性强，分布广泛，当时的海洋和淡水河湖中均有它们的种类生活着，是名副其实的水中一霸。

▲滑齿龙，属于短颈型蛇颈龙，生活在侏罗纪

翼龙飞向蓝天

翼龙是恐龙的近亲，生活在同一时代，是飞向蓝天的爬行动物，有时也被误认为是"会飞的恐龙"。翼龙起源于约2.15亿年前的晚三叠纪，灭绝于6500万年前的白垩纪末期。当恐龙成为陆地霸主时，翼龙始终占据着广阔的天空。翼龙时而栖息在悬崖峭壁上闭目养神，时而快速掠过湖面捕食鱼虾。它们在空中翩翩飞舞，追逐嬉戏，俯瞰着大地上的万物生灵。翼龙的飞行在飞行动物中达到了极限，因为中生代的蓝天再无其他生物与其争锋，即使现在也没有。

▲蓓天翼龙，属于喙嘴龙亚目

飞翔的秘密

翼龙是一类非常特殊的爬行动物，具有独特的骨骼构造特征。早在1784年，意大利的古生物学家科利尼在德国发现第一件翼龙化石时，甚至不能确定它属于哪一类动物，有人认为它生活在海洋中，也有人认为它是鸟和蝙蝠的过渡类型，等等。直到1801年，居维叶才鉴定它为翼手龙，归于爬行动物。

翼龙作为一种爬行动物，为什么会飞呢？这一直是科学家研究的热点。在我们已经知道的具有飞行能力的动物中，像昆虫、鸟和蝙蝠今天还生活在我们的周围，但翼龙没有留下任何活生生的、可以参考对比的后代，所以人们对翼龙飞行的研究充满幻想与狂热。更有趣的是，第一篇有关翼龙飞行的论文并不是发表在动物学或古生物学杂志上，而是发表在一本航空学杂志上。

那么翼龙是怎样飞行的呢？我们先来看看翼龙的外形，翼龙没有羽毛，它的奇特之处就在它的双翼上。科学家推测，翼龙最初是从一种爬行动物进化而来的。起初它就像鳄鱼一样爬行，后来经过漫长的进化，它的第五指退化，第四指不断加长变粗，达到其

翼龙是会飞的恐龙吗？

尽管翼龙化石的发现比恐龙早了半个多世纪，但它的祖先是谁到现在还是一个谜，科学家们甚至连两者之间的过渡类型都没有找到，多年来科学家对翼龙的研究一直是疑团丛生。由于翼龙与恐龙生活在同一时代，一个是陆地霸主，一个是空中主宰，同时出现又同时灭绝，于是人们猜想，翼龙是不是会飞的恐龙呢？从翼龙化石中，科学家发现翼龙的头骨和恐龙一样都是双孔结构。头骨的双孔结构是爬行动物的一个重要标志，科学家推测翼龙和恐龙应该有共同的祖先，它们可能都是从一种原始的爬行动物进化而来的，也可以说翼龙是恐龙的近亲。虽然它们同时出现又同时灭亡，但没有进化上的联系。过去确实有人认为，翼龙是恐龙当中的一个类群，有人甚至说翼龙是会飞的恐龙。其实这是个错误的看法，翼龙和恐龙是完全不一样的。

他手指的20倍长，前端的爪子也已经退化，与前肢共同构成飞行翼的坚固前缘，支撑并连接着身体侧面和后肢的膜，形成能够飞行的像鸟类翅膀一样的翼膜。翼膜是皮状的，非常薄并且柔软，翼膜内没有骨骼支撑，只有纤维分布，翼龙就是靠这样的皮膜在天空中滑翔。

科学家从翼龙化石中发现翼龙的骨骼结构非常独特。在辽西发现的被命名为"中国翼龙"的化石就是一个很好的例证。它的头部有一个很大的孔，以便飞行时减轻头部的重量；它的脖子比较长，便于开阔视野；它的尾骨已经退化；它的第四指变成了飞行指，每个前肢由七节骨骼组成；两个飞行指构成翅膀的骨架，这是翼龙最奇特的地方，翼龙就是通过这两个骨架支撑着双翼飞行。从它的骨骼形态来看，它体态轻盈，具有很好的飞行能力。

▲槌喙龙，属于翼手龙亚目

翼龙独特的进化结构有助于其飞向蓝天，但它们并不能像鸟类那样自由地、长距离地翱翔于蓝天，只能在它的生活环境附近，如海边、湖边的岩石或树林中滑翔，有时也在水面上盘旋。

▲真双齿翼龙，属于喙嘴龙亚目

翼龙分类

迄今为止，世界上已经发现命名了超过120种的翼龙化石。翼龙的个体大小和形态差异非常大，大者如20世纪70年代在美国得克萨斯州发现的翼手龙化石，它的两翼展开约16米，宽度相当于F—16战斗机，小者形如麻雀。

中生代的翼龙大致可分三类，一类是早期的翼龙，主要生活在早侏罗纪，喙嘴龙是这一类的代表。它产于德国佐伦霍芬地区，恰巧与始祖鸟产于同地、同时代的地层中。它是刚从爬行类中分化出来，身体上的原始特征很多，如长尾巴、嘴中有长牙、前肢掌骨很短、两翼拍动力量不大。它还不能自由飞行，只能从高处向低处滑行，这阶段的翼龙还

▼双型齿翼龙，属于喙嘴龙亚目

不是它们的典型代表。到了晚侏罗纪，出现了翼手龙，它进化得尾巴极短，口中的牙齿也有退化，掌骨变长了，它可算作进化的中期产物。进入白垩纪后，翼龙的演化已达到了高峰，尾巴消失，牙齿退化，骨骼中空，眼睛前方有巨大的孔洞，这样就减轻了头骨的重量，第四指骨更加伸长，拍动力量加大，使它能够自由飞翔，这个时期的代表是中国准噶尔翼龙。

▲喙嘴龙，属于喙嘴龙亚目

▲无颚龙，属于喙嘴龙亚目

温血爬行动物

翼龙类属于爬行动物，然而它很可能是温血动物。20世纪初，英国古生物学者曾推测，翼龙具备快速运动的能力，像蝙蝠一样，体上有毛，并有与鸟类相似的生活习性，是体温恒定的温血动物。后来在德国发现的喙嘴龙化石上，找到了毛的印痕。1970年，在哈萨克斯坦发现了一件比较完整的带有"毛"的翼龙化石，英国古生物学家通过对这件标本毛状物和翼膜结构的研究，认为它无疑属于温血动物。

翼龙身体上的这些"毛"隔热保温，防止体内热量的散失，具有调节体温的作用。另一个证据来自翼龙的骨骼，它们像鸟一样有一些用于调节体温的小气囊。最近，在我国辽西带"毛"的热河翼龙的化石被发现，进一步佐证了至少部分小型的翼龙类为温血动物。

越来越多的化石证据表明，一些翼龙为了适应飞行的需要，已经具有内热和体温恒定的生理机制、较高的新陈代谢水平、发达的神经系统及高效率的循环和呼吸系统，成为一类最不像爬行动物的爬行动物。

翼龙突然灭绝

为了生存而竞争和繁衍后代是生物的本能，翼龙也不例外。较强的飞行能力使它们可以长途迁徙，寻找最佳的生存环境和自己的伴侣。为了生存和交配，它们之间的争斗在不断上演，这也是翼龙家族不断发展壮大的生存法则。白垩纪晚期，翼龙已经成为当之无愧的空中霸主，但是一场大灾难正在悄悄逼近这个庞大的家族。

虽然翼龙在地球上曾形成了庞大的翼龙家族，但是它们也随时面临着危险，甚至灭顶之灾。在中国辽西发现的许多翼龙化石，都明显地表现出它们死亡前的痛苦挣扎，如郝氏翼龙，它们的身体紧紧蜷曲在一起，嘴里还咬着自己的翅膀，就是说它是在非常痛苦的状态下死亡和被埋葬的。辽西地区很多翼龙标本都反映出当时的生物经历了突然的非正常死亡。这些突发灾难是如何造成的？科学家研究认为，翼龙灭绝的原因可能是频繁的火山爆发。

火山猛烈地喷发了，浓厚的火山灰和大量的有毒气体像一个张牙舞爪的魔鬼迅速地扑向它们，大量动物瞬间窒息而死，包括陆地上的恐龙、空中飞翔的翼龙和鸟，甚至它们的后代，那即将破壳而出的小生命也不能幸免于难。很快，所有生物灰飞烟灭，地球上曾经辉煌的翼龙彻底消失了。

对于火山爆发导致翼龙灭绝的推测，有人提出怀疑，因为火山喷发只能导致部分地区的翼龙死亡，但在6500万年前翼龙是突然灭绝了，应该有别的原因导致这一物种的消失。又有人推测，翼龙绝灭的原因很可能出在皮翼上。它的皮翼很薄弱，中间没有骨骼支撑，一旦皮翼破损就无法修补，影响了飞行能力，造成两翼不平衡，皮翼越大这个缺点就越明显。而从爬行类进化出的鸟类，在适应天空飞行能力方面比它们更强。在竞争中鸟类灵活地拍动翅膀，做着急飞、急停、空中急转弯等高难度动作，把翼龙打下了天空，打进了泥土中。因此，尽管翼龙有可能也进化到了温血动物阶段，但由于进化速度不快、程度不同，最终还是被进化快、程度高的鸟类独霸了天空。

▲翼手龙，属于翼手龙亚目

蜥臀类恐龙的出现

恐龙常被认为是总目,或是未定位的演化支。恐龙总目以下分为两大目:蜥臀目(一般称为蜥臀类)和鸟臀目(一般称为鸟臀类),以其骨盆结构来区分。蜥臀目意为"蜥蜴的臀部",骨盆形态比较接近早期的恐龙。鸟臀目意为"鸟类的臀部",大部分为四足草食性动物。蜥臀目种类繁多,著名的梁龙、雷龙、霸王龙及我国的马门溪龙、禄丰龙等皆属此类。蜥臀目恐龙从三叠纪晚期开始出现,与鸟臀目支系分开个别演化,它们所生存的时代一直延续到白垩纪结束为止。除了已经演变成为鸟类的分支之外,白垩纪晚期第三纪灭绝事件使蜥臀目恐龙完全消失。

蜥臀类恐龙在侏罗纪迅速发展

在侏罗纪时,蜥臀类恐龙进化发展迅速,特别是到中晚期,巨型蜥脚类恐龙和大型的肉食性恐龙在世界各地比比皆是。这是为什么呢?这和当时的自然环境是分不开的。

从三叠纪中期开始,特别是到了三叠纪晚期,地球上的陆地开始了一系列的解体过程,各大陆块先后分开,向着今天的位置缓慢漂移。随着陆块分离引起的海洋浸入,全球气候不仅变得温暖,而且变得越来越湿润。

进入侏罗纪早期后,大地构造活动相对较为平静,地势平坦、河湖广布、植被繁茂,这些是侏罗纪时期随处可见的自然景观。在这种优越的自然环境条件下,恐龙进入了大发展时期。其中,尤以蜥臀类恐龙更为繁盛,首先是植食性恐龙获得了极大的发展,出现了蜥脚类恐龙的大繁荣。饱食终日,无所用心,它们的体形越来越大,出现了数十米长、数十吨重的巨型蜥脚类恐龙,马门溪龙、雷龙、梁龙、腕龙就是这类恐龙的典型代表。

植食性恐龙的大繁荣必然带来肉食性恐龙的兴旺,因此以巨齿龙类为代表的大型食肉恐龙迅速发展起来,巨齿龙、气龙、霸王龙等都是当时非常活跃的中到大型的食肉恐龙类群。而这时的鸟臀类恐龙,除鸟脚类和剑龙类以外,其他类群都还没有出现,好像是在积蓄着进化发展的力量。

▼似鳄龙,属于兽脚亚目,生活在白垩纪

兽脚恐龙

蜥臀类恐龙主要分为两个亚目:兽脚亚目和蜥脚型亚目(即龙脚型亚目)。兽脚类是恐龙家族中的掠食者。它们的地史分布时间很长,从三叠纪中期一直到白垩纪末期。

它们的种类也很多，包括体长不足1米的小型种类到迄今最大的陆生食肉动物——霸王龙。

兽脚类具有快速奔跑和掠食的能力，这种能力是由它们的一些独特的结构来实现的。它们用长长的后肢支撑身体运动，前肢显著短于后肢，适于抓捕猎物，有的种类前肢极度退化到"不起作用"的程度。它们的后肢强健，有三个发挥作用的长脚趾着地，趾端长有钩状的爪子。头较大，有着恐龙中最大和最复杂的脑子，一些进步种类的脑很像鸟类的脑，说明这些种类已有很不简单的行为和习性。眼睛很大，视力很好，能发现远处的猎物。口裂很深，上下颌长满又长又大，向后弯曲的，匕首状牙齿，牙齿的边缘还有很多小锯齿。这种牙齿适于咬死猎物，并且能够将猎物身上的肌肉和肌腱割断，撕成碎片。它们的头骨结构粗壮，头与颈的连结非常灵活，有利于在捕食和撕咬猎物时头部的活动。

▲角鼻龙，属于兽脚亚目，生活在侏罗纪

兽脚类以其善跑和掠食的优势赢得了生存斗争的胜利，其中绝大多数种类是专事猎获、肆意杀戮的掠食者。个别种类可能为腐食性，即取食动物的尸体。在白垩纪晚期有的种类放弃了专一的肉食性，过着杂食的生活。一些成员还失去了口中的牙齿，用鸟一样的尖嘴啄食。

兽脚类出现很早，是最早的恐龙类群之一。它们是天生的猎手，一开始就以其高度特化的奔跑形象出现。自从发生开始便分化成两类：一类是个体较小，身体轻巧，肢骨内中空的虚骨龙类；另一类是个体中等到大型，身体沉重的肉食龙类。霸王龙是肉食龙中最为人熟知的种类。

腔骨龙是虚骨龙类恐龙中最著名的早期成员，生活在三叠纪晚期，其足迹曾遍布于世界。在始盗龙和黑瑞龙被发现以前，腔骨龙一直扮演着最早的兽脚类恐龙的角色。腔骨龙体长将近2.5米，身体轻巧，骨头的中间都是空心的，这一点很像鸟类。

▲气龙，属于兽脚亚目，生活在侏罗纪

蜥脚恐龙

在侏罗纪的恐龙世界里有一类巨型的恐龙。它们是吃植物的，生活在广阔的原

▲板龙

野上,这就是蜥脚类恐龙。蜥脚类恐龙是蜥臀目恐龙中的另一个主要的亚目,与兽脚形恐龙不同,它们全都是植食性动物。如果你已经为霸王龙的大体形感到吃惊的话,那么当面对蜥脚型类恐龙中的众多"巨人",心灵一定会为之震撼。这类动物中有的曾达到了体长40米,体重100吨的大体形,是地球上曾经生活过的最大的动物。

蜥脚类中出现较早较原始的次目为古蜥脚龙次目(板龙次目)。古蜥脚龙体形庞大笨重,虽在侏罗纪早期灭绝,但演化出体形更大更为进步的蜥脚龙。蜥脚类大恐龙,大约从侏罗纪早期发生,一直生存到白垩纪末,其中在侏罗纪晚期发展到顶点。梁龙、雷龙、腕龙、圆顶龙、马门溪龙这些大家熟识的大恐龙分别显示出蜥脚类恐龙的不同风采。进入白垩纪后,蜥脚类恐龙开始衰退,尽管如此,它们还是高高地昂着那看似小得可怜的脑袋走到了白垩纪的尽头。

最大的陆生动物

如果时光倒流1.5亿年,那时陆地上的统治者就是巨大恐龙群,其中的主角则是各种蜥脚类恐龙。蜥脚类恐龙曾是陆地上最大的动物。当今世界上所有已经发现的化石及所有现存动物,体形都没有能超过它们的。

蜥脚恐龙中出现较早较原始的是板龙,板龙被发现于德国、英国和南非三叠纪时期沉积形成的岩石中。长可达8米,在三叠纪的动物中算得上是"大汉"了。它的前腿明显比后腿短得多,故而认为它可用后腿站立。当然,从前腿仍较为粗壮的情况来看,四足行走仍是可

▲圆顶龙,属于蜥脚亚目,生活在侏罗纪

能的。板龙的头较小，而脖子已经较长，和躯干的长度差不多。借助于这条长脖子，以及后肢站立，身体昂起的姿态，板龙可以取食到5～6米高的树木顶端枝叶。它的牙齿相当细弱，样子像周围有锯齿的小树叶，这样的牙齿也只能适于吞食柔嫩多汁的树叶。

比较原始的蜥脚恐龙还有禄丰龙，它是生活于东亚的原蜥脚类恐龙的著名代表，因其标本在云南禄丰县出土而得名。禄丰龙从头到尾有6米长，双腿站立时，头抬起的高度可达4米；身体别的地方与板龙非常相似。禄丰龙带爪的前肢，可以帮助取食植物的枝叶，也可以与敌害搏斗，后肢的趾爪在行走时，深入地面，可防止滑倒。禄丰龙口中长的也是一副小牙齿，躯干部后面拖着的同样是一条长而粗大的尾巴。

在恐龙家族中，个子最大的要数梁龙了。它们又高又长，简直就像一幢楼房，尤其是脖子特别长。按说身躯如此庞大的梁龙，体重也应该不轻，可是实际上它们只有10多吨重，那些比它们个头小许多的恐龙倒往往比它们重上好几倍。那是因为，梁龙的骨头非常特殊，不但骨头里边是空心的，而且还很轻。因此，梁龙这样的庞然大物就不会被自己巨大的身躯压垮。

梁龙的姊妹——雷龙体躯庞大，重约40吨，体长可达24米。雷龙自发现以后，便"身世"不凡，起初人们把它视为最重的恐龙。美国一家石油公

霸王龙

肉食龙中最著名的当属霸王龙了，霸王龙的拉丁文学名的意思是"蜥蜴之王"，它是地球上有史以来生存过的最大最凶残的陆生食肉动物。最大的个体身长可达17米，站立时有6米高，体重达8吨，真是庞然大物了。更为可怕的是它有一个1.5米长的大头，1米以上的口裂，上下颌长满锋利的牙齿，牙齿足有20厘米长，霸王龙的血盆大口可以使任何动物望而生畏。霸王龙经常独来独往地出没于旷野，发现猎物就会发动猛烈攻击。它的嘴巴是主要武器，用来搏斗和杀死猎物，被称为"动口不动手"的动物，当时不知有多少蜥脚类恐龙成为了它的口中之食。霸王龙身材高大，特别适于捕食大型的植食性恐龙，至于小型的动物，霸王龙反而疲于应付。霸王龙代表着肉食龙进化的顶峰，除活跃在北美洲外，还分布在亚洲地区。

司曾耗费巨资，用它的复原形象做广告，使其普及到了家喻户晓的程度。雷龙的头骨与梁龙的头骨相似，较为低长，侧面看去呈三角形，吻端很低，只有一个鼻孔，且位于头的顶端。口中的牙齿较少，生在颌骨的前部，牙齿呈棒状，恰似铅笔头。

圆顶龙是北美最著名的恐龙之一，生活在开阔的平原上。圆顶龙在外形上，主要是脖子与躯干长度相当，而躯干很壮。圆顶龙是一种较为进步的蜥脚类，不仅体形大（体长可达18米，体重可达30吨），而且在骨骼上已演化出协调且巨大体重的结构。

圆顶龙类恐龙中的一个特殊成员是腕龙，之所以说它特殊，主要是因为它的前肢比后肢更长，脊背由前向后倾斜，这与其他所有的蜥脚类恐龙都不一样。此外，腕龙的脖子也相当长，并不亚于梁龙类动物。

综上所述，这类著名的恐龙给人的印象颇似今天的长颈鹿，不仅体形巨大，而且脖子长，当它伸直脖子站立时，可以观望四层顶上的花园。这无疑使它们能够吃到其他植食性恐龙够不着的更高处的植物。

鸟臀类恐龙进入盛世

与三叠纪晚期蜥臀类恐龙已经有了众多的代表相比,那时的鸟臀类恐龙被发现的数量却极少,真可谓凤毛麟角。但是到了侏罗纪晚期,鸟臀类恐龙开始进入它的繁盛期,白垩纪是鸟臀类恐龙的盛世。鸟臀类恐龙分为鸟脚类、剑龙类、甲龙类、肿头龙类和角龙类五大分支。

鸟臀类恐龙因何进入盛世?

为什么说白垩纪是鸟臀类恐龙的盛世呢?从侏罗纪晚期开始到白垩纪,在各大陆块继续分离漂移的同时,又发生了南方大陆彻底解体。超级大陆的解体、漂移,引起频繁的地震发生和火山的剧烈喷发,这使地壳强烈变形、陆地大幅度抬升,形成了许多高耸的山脉和异常复杂多样的地形地貌。加上陆块在移动过程中所处的纬度带发生变化等因素,白垩纪的气候又开始了长期的降温过程,春夏秋冬四季越来越分明。自然环境表现出复杂多变的特点。

植物对环境变化非常敏感,首先做出反应。侏罗纪晚期出现的被子植物因能充分适应白垩纪四季分明的气候而发展迅速,到白垩纪晚期出现了爆发性的增长,而裸子植物则开始衰退。

由于白垩纪自然条件的巨大变化,蜥臀类中除肉食性恐龙继续演化发展以外,巨型植食性恐龙日渐衰退。相反,恐龙中的另一大类——鸟臀类恐龙则进入了大发展时期,呈现出异彩纷呈的局面。其中,除了在侏罗纪出现的剑龙类是在白垩纪早期衰退灭绝以外,甲龙类、角龙类、肿头龙类等形态各异的全新的恐龙类群竞相出现,鸟脚类也演化出了新的类群——鸭嘴龙类。所以说,白垩纪是鸟臀类恐龙的盛世。

▼豪勇龙,属于鸟脚类恐龙,生活在白垩纪

鸟脚龙类

鸟脚类恐龙是鸟臀类恐龙中最早出现的一大支系,也是鸟臀类恐龙进化的主干,其他鸟臀类恐龙,如剑龙类、甲龙类和角龙类都是由鸟脚类进化而来。

鸟脚类恐龙出现于三叠纪中期,一直繁衍到白垩纪末,在地球上生活了1亿多年。由于它们用强壮的后肢奔走,有的地方很像鸟,所以它被叫作鸟脚类。鸟脚类恐龙是一个庞杂的类群,包括异齿龙、棱齿龙、禽龙、鸭嘴龙等。几乎所有的鸟脚类恐龙都是素食者。体形大小也较悬殊,小的不到 1 米(如异齿龙),最大的有十几米(如禽龙、鸭嘴龙),这显示出这类恐龙的光怪陆离,多姿多彩。

在鸟脚龙类中,特别兴旺的应是白垩纪的鸭嘴兽形恐龙,它的代表就是名为鸭嘴龙的大型恐龙,因为这类恐龙的嘴巴宽而扁,很像鸭子的嘴巴,所以叫鸭嘴龙。

鸭嘴龙的一个主要特征是牙齿很多,少的有 200 个,多的可以达到 2000 多个。这些牙齿一行行重叠排列在牙床里,替换使用,上面一行磨蚀了,下面又顶上一行。鸭嘴龙为什么会有这么多牙齿?据说,这与它们吃的食物有密切关系,因为鸭嘴龙吃的大部分植物是石松类中的木贼,这种植物含硅质较多,牙齿磨蚀较快,所以只有牙齿多才能弥补这一缺陷。

▲异齿龙,属于鸟脚类恐龙,生活在侏罗纪

鸭嘴龙的头骨也十分引人注目。一些鸭嘴龙头顶是平的,没有什么装饰,但另一些头上长着冠状突出物,它是由鼻骨或额骨形成的,也被称作"顶饰"。一般来说,研究恐龙的专家就是按照鸭嘴龙头上顶饰的有无,把它们分成为两类——平头类和栉龙类。

剑龙类

剑龙类恐龙出现于侏罗纪中期,繁盛于侏罗纪晚期,到白垩纪早期就灭绝了,在地球上生存了 1 亿多年。剑龙是剑龙类的代表。

剑龙最奇特的地方是背部具有呈三角形的剑刺般的骨质甲板,称为剑板。在颈部和尾部,这些剑板有碟子大小,而到了臀部以上的身体中段,则大如车轮。关于剑板的功能目前是众说纷纭。由于它们剑刺般的形状,开始人们都推测是用于防御的武器。当食肉类恐龙进攻时,它们便会低下头,用剑板进行抵御。也有人认为,由于剑板上还带有五颜六色的角质层,它们很可能在饱食之后便趴在地上,这样看起来就像是一簇簇中生代植物本内苏铁,这样巧妙的伪装可以避免被食肉类恐龙发现。此外,还有人认为,剑板上的颜色很可能十分鲜艳夺目,可以用作向其他恐龙发信号,或者作为求偶信号,用来吸引异性的注意。

▲钉状龙骨骼,属于剑龙类,生活在侏罗纪

在剑龙身上可以看到许多为适应环境而形成的奇特器官。在它们厚重有力的尾巴上长有四个大的骨刺,刺宛如四把利剑,最长的可达1米。当肉食性恐龙向其发起进攻时,它们可以挥舞锋利的尾刺戳向敌害,使进攻者死于非命。剑龙的脑非常小,仅比核桃仁大一点。这样小的脑是如何指挥体重达1~2吨的躯体来进行运动的呢?原来,在它们的臀部还有一个比脑大20倍的膨大的神经结,能够把脑发出的信号进一步传达到身体的其他部分,因此被誉为"第二大脑"。由此可见,剑龙绝不是智能低下的笨头笨脑的动物,不然它们不可能在中生代的大地上繁衍1亿多年。

最早的鸟臀类恐龙

发现于南非三叠纪晚期沉积岩层中的畸齿龙是目前发现的最早的鸟臀类恐龙,同时,它也是鸟脚类恐龙的最早代表。畸齿龙是一种用两只后足行走的很小的鸟臀类恐龙,它的头骨只有大约10厘米长。头骨上有一个被压低了的颌关节,在下颌的前方有一个分离开的没有牙齿的前齿骨,这是鸟臀类恐龙最显著的头骨特征。畸齿龙上下颌的边缘都长有较特化的小牙齿,显然适合于切割和咬裂植物性的食物。令人惊异的是,畸齿龙下颌的前方有一个类似于哺乳动物的犬齿那样的大牙齿。三叠纪晚期,鸟臀类恐龙虽然在整个的恐龙家族中并没有占据特别显赫的地位,但是在畸齿龙奠定的身体结构基础上,包括鸟脚类恐龙在内的鸟臀类恐龙在后来的侏罗纪和白垩纪中却百花齐放般地发展起来,成为恐龙大家族中最为多姿多彩的分支。

甲龙类

剑龙类从地球上消失后,接替它们的是甲龙类。这类恐龙就像是古代的穿山甲,当遭受到肉食恐龙攻击的威胁时,就将身体蜷缩成一个球形,或者在地上将身体伸展。总之,在敌人停止攻击之前,一动不动地争取早些脱险。但是有的时候这类恐龙也不光是致力于防御,它们大多在尾巴的末端长有长锤或大棒,这是用来击退敌人进攻的唯一武器。

甲龙是甲龙类的代表,是一种以植物为食、全身披着"铠甲"的恐龙。它们的后肢比前肢长,身体笨重,只能用四肢在地上缓慢爬行,看上去有点像坦克车,所以有人又把它叫做坦克龙。甲龙虽然是白垩纪武装恐龙的代表,但是它的外貌却没有像侏罗纪的剑龙那样威武壮观。用来保护身体的"尾锤"从效果上来看,在甲龙类中可以说是最发达的。

▼甲龙,属于甲龙类,生活在白垩纪

肿头龙类

到了白垩纪晚期,恐龙王国已经进入了它的黄昏期。可是就在这临近结尾的时候,恐龙大家族中又演化出了许许多多奇特的类群,这些新出场的"演员"

们把恐龙世界的最后一幕上演得分外辉煌。肿头龙类就是这些新出场的"演员"中非常独特的一群。肿头龙类区别于其他恐龙类群的最主要特点就是它们的头盖骨异常肿厚,并扩大成了一个突出的圆顶,头颅极其坚硬。它们的典型代表是肿头龙。

▼三角龙,属于角龙类,生活在白垩纪

肿头龙喜欢过群体生活。它们像山羊一样,雄性之间靠经常性的以头相撞,胜利者就可以在群体中保持较高的社会地位。在繁殖季节,它们也可能以这种方式决出胜负,胜者与雌性个体交配。不过肿头龙的厚头部并不能帮助它抵抗掠食者的袭击,依靠敏锐的嗅觉和视觉,当发现敌人时,它会快速逃离。

角龙类

在恐龙类中,角龙最后登场,是一类末代恐龙,充分繁荣了这一时期,接着和其他恐龙一起从地面上消失了。

角龙类是头上带角的恐龙,一般分为两大类群,即鹦鹉嘴龙类和新角龙类。它们共同的特点是:头上有窄的角质的沟状喙嘴,嘴的前部有高度发达的拱状骨板,有大小轻重不等、形状各异的颈盾。随着白垩纪晚期的自然环境变化及角龙类成员适应环境能力的增强,这让它们能在较短的时间内发展成体形巨大、颈盾和角各有特色的盛极一时的恐龙类群。在角龙类中最著名的就是三角龙了。

三角龙是晚白垩纪时期数量众多且十分著名的草食恐龙,躯体强而有力,约9米长,4米高,5~6吨重。三角龙最明显的一个特征是拥有三个角,有两个长在头顶上,第三个角长在鼻子上,是用来保护自己的锋利长矛,有矛必有盾,三角龙居然完美结合了矛与盾,三角龙的颅后部延长成为巨大的颈盾,充当一面护体盾牌。值得一提的是,三角龙的颈盾是一体实心的,这与其他一些角龙类不同,如开角龙,其颈盾是中空的,这显然不够坚固。三角龙还有一个重要特征,那就是特化的咀嚼构造,我们仔细观察三角龙的嘴部,就会发现三角龙的口鼻部已经演化为侧面紧缩的嘴,下颌悬于上颌之下。如此构造的嘴器能高效地切割坚硬的植物茎。

▼戟龙,属于角龙类,生活在白垩纪

三角龙和暴龙生活在同一时期,生存于现今的北美大陆。当遭遇暴龙,三角龙就以自己强壮结实的体格与尖锐的三角来进行决斗。

恐龙大灭绝

大约在距今 6500 万年时，曾经主宰地球 1.5 亿年的恐龙在短时间内突然销声匿迹。不仅统治地球的各种恐龙此时全部灭绝了，同样悲惨的命运还同时降临到了生活在陆地、海洋和天空中的很多种其他生物。在这次灾难中灭绝的还有蛇颈龙等海洋爬行动物，翼龙等会飞的爬行动物。经过这场大劫难，当时地球上大约 75% 的生物种从地球上永远地消失了。这真是一场大灭绝、大灾难。

▲陨星撞击地球

这场大灭绝标志着中生代的结束，地球的地质历史从此进入了一个新的时代——新生代。是什么原因导致了恐龙的突然灭绝呢？关于恐龙灭绝的原因，直到今天仍是一个谜，人们也做过许多种猜想，其中最引人注目的猜想是陨星撞击说。

陨星撞击地球说

1980 年，美国科学家在 6500 万年前的地层中发现了高浓度的铱，其含量超过正常含量几十倍甚至数百倍。这样浓度的铱只能在陨石中才可以找到，因此，科学家们就把它与恐龙灭绝联系起来了，提出了陨星撞击导致恐龙灭绝的假说。根据铱的含量还推算出撞击物体是相当于直径 10 公里的一颗小行星。这么大的陨石撞击地球，绝对是一次无与伦比的打击，以地震的强度来计算，大约是里氏 10 级，而撞击产生的陨石坑直径将超过 100 公里。科学工作者用了 10 年的时间，终于有了初步结果，他们在中美洲尤卡坦半岛的地层中找到了这个大坑。据推算，这个坑的直径在 180 公里到 300 公里之间。

陨星撞击地球的证据找到后，科学家形象生动地为我们描述了一段发生在距今 6500 万年前的惊心动魄的故事：有一天，恐龙们正在地球乐园中无忧无虑地

▲阿根廷龙，属于蜥脚亚目

吃喝着，突然，天空中出现了一道刺眼的白光，一颗直径 10 公里相当于一座中等城市般大的巨石从天而降，流星猛烈地撞到地球上。这一撞可不得了，相当于几万个原子弹威力的爆炸在顷刻间发生。这是一颗不期而至的小行星，与地球碰撞后产生的撞击力可达 1015 吨 TNT 炸药爆炸所产生的能量。卷着尘埃的一个巨大的蘑菇云迅速升起，直冲天空，而后弥散开来，最后把整个地球都笼罩在里面。很快，恐龙就彼此看不见了，因为黑云遮天蔽日，白天也没有了阳光。这种恐怖的状况持续了一两年。植物的光合作用中断了，因而大量枯萎、死亡。吃植物的素食恐龙因此相继死去后，吃肉的恐龙也由于失去了食物而灭绝了。

不论以上的事情是否真的发生过，恐龙的全部灭绝都将是一个奇特的事情。好在我们现在获得了一些珍贵的恐龙化石，使研究工作能够进行。希望不久的将来，这个谜一定会被解开。

其他猜想

除了"陨星碰撞说"以外，关于恐龙灭绝的猜想还有以下几种：

一、气候变迁说。6500 万年前，地球气候陡然变化，气温大幅下降，造成大气含氧量下降，令恐龙无法生存。也有人认为，恐龙是冷血动物，身上没有毛或保暖器官，无法适应地球气温的下降，都被冻死了。

▲火山爆发

二、物种斗争说。恐龙年代末期，最初的小型哺乳类动物出现了，这些动物属啮齿类食肉动物，可能以恐龙蛋为食。由于这种小型动物缺乏天敌，越来越多，最终吃光了恐龙蛋。

三、地磁变化说。现代生物学证明，某些生物的死亡与磁场有关。对磁场比较敏感的生物，在地球磁场发生变化的时候，都可能导致灭绝。由此推论，恐龙的灭绝可能与地球磁场的变化有关。

四、被子植物中毒说。恐龙年代末期，地球上的裸子植物逐渐消亡，取而代之的是大量的被子植物，这些植物中含有裸子植物中所没有的毒素，体形巨大的恐龙食量奇大，大量摄入被子植物导致体内毒素积累过多，终于被毒死了。

五、火山爆发说。火山大量且急剧地爆发，喷出了许多如二氧化碳与甲烷等温室气体，造成了地球的温室效应。温度升高，许多植物无法适应气温而死亡，草食性恐龙因没有食物而灭亡，而肉食性恐龙也相继灭绝。

关于恐龙灭绝原因的假说，虽远不止上述这几种，但却在科学界都有较多的支持者。当然，上面的每一种说法都存在其不完善的地方。恐龙灭绝的真正原因，还有待于人们的进一步探究。

第九章

天高任鸟飞

　　鸟类是由古爬行类进化而来的一种适应飞翔生活的高等脊椎动物。由于鸟类在形态构造方面有一系列的高级特征，有很强的飞翔能力，能进行快速的飞行运动，所以它的种类繁多，遍布全球，成为脊椎动物中仅次于鱼类的第二大纲。鸟纲分古鸟亚纲和今鸟亚纲两个亚纲。古鸟亚纲以始祖鸟为代表。中国的辽西是中生代鸟类的最大产地，其化石的丰富程度举世无双。最早在辽西发现的鸟类是1988年发现的"三塔中国鸟"，最著名的则是1994年发现的"孔子鸟"。孔子鸟虽比始祖鸟晚些，但比始祖鸟要进步得多。更进步的是朝阳鸟和辽宁鸟，它们被认为是现在鸟类的直接祖先。中国辽西发现的鸟类非常丰富，并可归入许多不同的类群，代表鸟类的不同进化阶段。今鸟亚纲包括白垩纪以来的一些化石鸟类以及现存鸟类。化石鸟类以黄昏鸟目和鱼鸟目为代表，它们的骨骼近似现代鸟类，但上、下颌具槽生齿。现存的鸟纲都可以被划入今鸟亚纲的三个总目：平胸总目、企鹅总目和突胸总目。平胸总目的著名代表为鸵鸟及鸸鹋，企鹅总目的代表为王企鹅，突胸总目包括现存鸟类的绝大多数，分布全球。

　　由于鸟类不易形成化石，因此史前鸟类的化石非常稀少珍贵，这也使人们对鸟类起源和早期演化产生了很多疑问和争论。关于鸟类的起源主要有槽齿类起源说、恐龙起源说和鳄类的姊妹群说三种，其中槽齿类起源说和恐龙起源说在最近争论得比较激烈。鸟类虽然留下的化石不多，但是现存的种类却繁多，鸟纲是陆生脊椎动物中出现最晚，数量最多的一纲。鸟纲现存约9000种，比哺乳动物种类几乎要多一倍。不同的学者对鸟类的分类有一定差别，单就鸟类的总数就可差上几百种之多，目和科的划分也是互有差异。鸟类虽然种类繁多，但不同鸟类之间的差异却远比哺乳动物要少。

发现始祖鸟化石

▼始祖鸟

根据达尔文进化论，生物是逐渐由低级向高级进化而来的。如果这个观点是正确的，鸟类应该是由低级的爬行动物进化来的，而且我们应该能够发现从古老的爬行动物逐渐演变成鸟类的连续化石记录。然而，在《物种起源》于1859年发表的时候，古生物学家还没有发现一具能够直接证明生物进化的所谓过渡型化石。为什么化石记录没能反映出生物的逐渐变化？达尔文解释说，这是由于化石记录极为不完全。化石的形成是一个非常偶然的事件，过渡型生物体要碰巧被保留下来并被人们发现，更为偶然。不过达尔文的运气非常不错，仅仅过了两年，第一具过渡型化石——始祖鸟就在德国出土了。它既有爬行类的特征，又有鸟类的特征，明显是从爬行类到鸟类的过渡型。始祖鸟作为生物进化直观而形象的证据，被写进了几乎每一本普通生物学教材中，成了尽人皆知的著名化石。

始祖鸟化石

在空中飞翔的鸟类要保存为化石很困难，这是因为鸟类为了飞上蓝天，在身体结构上发育了轻而中空的骨骼。当远古时期的一只鸟寿终正寝、长眠于地上时，它的纤细的骨骼在风吹、雨淋和日晒下，会逐渐破碎解体，最后变成尘埃。即便落在阴暗的地方，也会有其他食腐动物光顾，在它们饱餐之后，原地只余下一堆破碎的骨头。只有宁静的湖泊和沼泽，才是鸟类永久安息的理想坟墓。在古代湖边或沼泽地栖息的鸟类，在死亡之后如果恰好坠落在细腻的淤泥中，而且此后的漫长岁月中淤泥缓慢地压实，变成石头，没有被温度、压力摧毁，才最终会保留下那只鸟儿的骨骼，幸运的话，还能在岩石中留下羽毛的印痕。如此苛刻的形成条件使鸟类化石的完整保存成为奇迹。

然而这个奇迹真的出现在德国巴伐利亚地区的索伦霍芬。1861年秋天，内科医生卡尔·哈白林发现一处石

始祖鸟化石真伪

始祖鸟化石被发现100多年后，曾经有许多人质疑始祖鸟化石的真实性，指责说这块化石是伪造的。质疑者大部分是反进化论者，这些反进化论者之所以一口咬定始祖鸟化石是伪造的，是出于一个错误的假定，他们认为始祖鸟是唯一一种脊椎动物不同类群之间的过渡型化石，因此如果否定了始祖鸟的真实性，也就否定了脊椎动物过渡型化石的存在。但是近年来，在中国、西班牙、法国分别发现了多种与始祖鸟类似的过渡型化石，特别是在中国辽西，这类化石的种类之多、数量之巨，更是令人叹为观止。这些化石已充分证明了鸟类是从爬行动物进化来的。

灰石岩壁上有一块奇特的石头，表面刻着一幅画，画的像是一种小动物，大小和乌鸦差不多。它的头很像蜥蜴，两颌长着锯齿一样的牙齿，细长的尾巴是由许多尾椎骨串连成的，活像爬行动物鳄的骨骼。可它又带着飞翼和羽毛的印痕。这到底是什么怪物呢？

▲始祖鸟化石

哈白林医生和在场的人看了又看，谁也捉摸不定。最后干脆把这块石头从青色的石灰岩中凿了出来，送到动物学家那里弄个明白。石块送到学者们的书桌上，望着这只奇特的石头动物，他们一时也毫无头绪。在研究过程中，一位学者从《物种起源》一书中得到启示：他认为这种动物既保留了爬行动物的特征，又具备鸟类的特点，很有可能是鸟类的祖先。其他动物学家也都赞同他的观点，最后得出了结论：这是一块古鸟的化石，人们将这种古鸟取名为"始祖鸟"，意思是"羽翼之始"。并通过对它形态特征的分析，认定鸟类是由爬行动物进化而来的。

鸟的始祖

人们在教科书中记录了这样一句话：始祖鸟是最早的鸟类。把始祖鸟划到鸟类家族中，主要是因为它的羽毛。我们用肉眼观察一根羽毛时，看到的是一条中空的茎的两边伸展出排列整齐的"毛发"，似乎结构很简单。只有当我们把羽毛拿到显微镜下观察时，我们才发现，每一条细小的"毛发"上面，还有许多复杂的结构，枝杈纵横，并且有钩状物相连。这是鸟类的羽毛才有的特征。所以，确定一块化石是否属于鸟类的，要从显微结构上看化石上是否有鸟类羽毛独特的细微结构。由于始祖鸟的羽毛展现出了这些细微的特征，因此理所当然地成为鸟类家族的成员，有人甚至说它就是现代所有鸟类的老祖宗。

▼始祖鸟复原图

这种古鸟具有爬行类动物向鸟类动物过渡的形态。它身上有爬行动物的许多特点：有牙齿，尾巴是由许多块分离的尾椎骨构成的，前肢有3枚分离的掌骨，指端有爪。但它又有羽毛和翼，后足有四个脚趾，三前一后，这是鸟类的特征，所以又像鸟。

始祖鸟的发现意义非常重大，是人类探索鸟类起源的重大成果，也是人类研究生物进化发展道路上的里程碑。它有力地支持了1859年达尔文发表的名著《物种起源》，有力地证明了鸟类的确起源于爬行类，是由爬行类演化而来。

鸟类的起源

始祖鸟的化石被发现后，根据其特征，科学家认为始祖鸟是由爬行类进化到鸟类的一个过渡类型。然而，鸟类到底是由哪一类的爬行动物进化而来的呢？自从始祖鸟化石被发现后的100多年以来，科学家们就一直争论不休。迄今为止，晚侏罗纪的鸟类化石只有始祖鸟一种，因而是最知名的化石种类之一。而始祖鸟作为鸟类的始祖，也成为科学家破解中生代地球演化的一个突破口。其中，关于原始鸟类起源的猜想更是重要的一环，并形成了众多学派。但真正在学术界有影响的学说主要有三种：恐龙起源说、槽齿类起源说和鳄类起源说。

恐龙起源说

恐龙起源说有着曲折的历史，这一假说尽管很早就被提出，且现在已成为一种主流说法，但中间过程却颇具戏剧色彩。

恐龙起源说最早是由赫胥黎提出。赫胥黎是英国著名博物学家，达尔文进化论最杰出的代表。赫胥黎酷爱博物学，并坚信只有事实才可以作为说明问题的证据。

1868年，赫胥黎在一次晚宴中突然发现，盘子里吃剩的火鸡骨骼，竟和早上实验室里研究的恐龙骨骼如此神似。回家以后，他很仔细地比对恐龙与鸟类的骨骼，结果发现35个相似之处，于是提出"恐龙和鸟类之间存在一定亲缘关系"的假说。

这种假说流行了很长一段时间后，到了1927年便销声匿迹，被槽齿类起源说取代。一直到了20世纪70年代，才由美国耶鲁大学著名的恐龙学家约翰·奥斯特伦姆教授重新提出。20世纪80年代以后，影响日益扩大。

一直到1996年，中国辽宁带有羽毛印痕的恐龙化石陆续出现。这些介于恐龙和鸟

▼在所有进步的兽脚类恐龙中，快速奔跑的奔龙是与鸟类关系最密切的

赫胥黎

赫胥黎，英国著名博物学家，达尔文进化论最杰出的代表。1825年7月16日，他出生在英国的一个教师家庭。早年的赫胥黎因为家境贫寒而过早地离开了学校。但他凭借自己的勤奋，自学考进了医学院。1845年，赫胥黎在伦敦大学获得了医学学位。毕业后，他曾作为随船的外科医生去澳大利亚旅行。赫胥黎是达尔文学说的积极支持者。他竭力宣扬进化学说，与当时的宗教势力进行了激烈的斗争，并进一步发展了达尔文的思想，是最早提出人类起源问题的学者之一。1893年，他到牛津大学作了一次著名的讲演，题为《演化论与伦理学》，主要讲述了有关演化中宇宙过程的自然力量与伦理过程中的人为力量相互激扬、相互制约、相互依存的根本问题。对于生物发生、生物进化做出了科学的解释，这比达尔文《物种起源》里的学说更进了一大步。

类之间的中间型证物，使赫胥黎的假说又变成当代主流看法，更让长久以来吵嚷不休的鸟类起源与飞行起源之谜逐渐清晰起来。目前，多数学者已经接受了鸟类起源于恐龙的观点，并认为鸟类是从兽脚类恐龙的一支——小型个体的恐龙演变而来。

▼尾羽龙

槽齿类起源说

自从赫胥黎提出鸟类起源于恐龙以后，这一假说在当时曾经盛行一时，但同时也遭到了一些科学家的反对。对这一假说的真正冲击发生在1913年。当时，南非著名古生物学家布罗姆教授详细描述了一种叫作假鳄类的槽齿类爬行动物化石之后，正式提出了鸟类起源于比恐龙更为原始的槽齿类的新假说。

他认为鸟类起源于一类原始的槽齿类爬行动物，该爬行动物主要出现在三叠纪时期。由于其年代较恐龙还早，被认为不仅是鸟类而且是包括恐龙在内的多数爬行动物的祖先。布罗姆的理由就是翼龙和兽脚类恐龙都太特化，不可能是鸟类直接的祖先，行进在各自进化道路上的恐龙和鸟类形成的部分特征已具有不可逆转性。这一观点在20世纪盛行了近半个世纪。

更大的冲击来自1926年丹麦著名古生物学家海曼教授出版的一部阐述鸟类进化问题的经典著作——《鸟类起源》。在这部书里，海曼教授有力地支持了鸟类起源于槽齿类的假说。由于这部书的权威性，其强大的影响力造成的结果是：尽管有一些科学家反对，但是在随后的将近半个世纪的时间里，几乎所有涉及鸟类起源问题的科学论文和教科书里都把鸟类的槽齿类起源假说作为了定论，而鸟类的恐龙起源假说则到了几乎被人遗忘的地步。

鳄类起源说

鳄类起源说出现得较晚，是英国学者亚历克·沃尔克在1972年提出的。他认为，鸟类和鳄类组成一个单系类群，因此这一假说也常被称为"鸟类的鳄类起源假说"。

有趣的是，1985年，沃尔克经过一番思考后宣布，由于自己原先的观点太缺少证据而难以继续维持。然而，正当这一学派的追随者们大失所望之际，沃尔克却在1991年不知受到什么灵感的触发，忽然又向同行们宣布他的鳄类起源论仍然可以成立。可是，还没有等到他的追随者们为他庆祝，沃尔克却又一次做出了令世人惊讶不已的举动。他在1992年6月给许多同行们写信，再次认为鳄类起源假说缺乏证据，同时他还就如此反复无常而向同行们表示道歉。不过，沃尔克的追随者们却并没有完全跟着他倒戈。仍然有不少立场坚定的人继续坚持着鸟类的鳄类起源假说。

▼鸟面龙

鸟类的飞行起源

鸟类被称作"活着的恐龙"或是"会飞的恐龙"。对世界各地的化石研究发现,鸟类是从恐龙演化来的,这一论点在学术界几乎已成为共识。但是恐龙如何脱离地面演化成蓝天中的精灵——鸟类,演化的具体环节是什么,这些问题却一直是个谜。对于这个谜,100多年来,学术界一直存在着两大假说:树栖起源说和奔跑起源说。

两大假说

树栖起源说认为,鸟类的飞翔是由栖息在树上的生物借助重力,经过一个滑翔阶段形成的。如果仔细地观察现生脊椎动物,就不难发现具有飞行或者滑翔能力的动物大多生活在树上,甚至包括蝙蝠在内的脊椎动物都是在树栖生活过程中学会飞行的。以此类推,鸟类的飞行也应该是这样产生的,这就是鸟类飞行树栖起源说。简单地说,就是鸟类的祖先最早生活在树上,经常利用羽毛,借助重力向下滑翔,如此日复一日,就形成了强大的主动飞行能力。

树栖起源说的合理方面在于,鸟类祖先的身体结构肯定还不完善,不能做到真正意义上的飞行,因此借助重力开始飞行的方式相对容易。美国著名鸟类学家、哥伦比亚大学的鲍克博士就是树栖起源说的坚定支持者。他认为鸟类的飞行必须要通过树栖这一适应性阶段,经历滑翔这一过程才可能产生。

▲泰坦鸟,一种奔跑速度非常快的古鸟

与树栖起源说相对立的另一种假说是奔跑起源说,也有人称之为地栖起源说。这一假说认为鸟类的祖先是两足行走的小型兽脚类恐龙,它在奔跑当中,前肢逐渐解放出来,演化出拍打能力,起到加速的作用,同时通过这种快速的奔跑获得起飞速度,从而飞离地面,冲向蓝天。而翅膀就是在这一过程中由前肢演变而来的。

▲加斯顿鸟,一种体形巨大沉重的古鸟,它的翅膀不具飞翔能力

这种说法对大众而言相对熟悉,并且也容易接受,因为我们常常乘坐的飞机就是这样飞上天空的。在此之前的很多年,奔跑起源说一直占据着主流的地位,得到了大多数古生物学家的支持。甚至科学家们还详细研究了恐龙向鸟类演化过程中和飞行相关的结构转化,建立了

完善的演化序列。他们还研究了鸟类祖先的奔跑速度，推论出飞离地面所需的起飞速度是可以实现的。最新研究还表明，鸟类的祖先可能是在斜坡上奔跑的时候学会拍打翅膀的。

这两种学说从产生的那天起，就一直争论不休。双方都在不停地寻找切实的化石证据来证明自己学说的正确性。在此之前的考古发现中，已知最原始的鸟类——始祖鸟的一些特征表明了它是一种奔跑型的动物，但另外一些特征却和树栖动物相似；另外一种原始鸟类——孔子鸟的生活习性的推测也同样存在类似的争论。

▼骨齿鸟，地球上最大的飞禽之一

小盗龙的发现

小盗龙的发现为鸟类飞行树栖假说提供了关键证据。2000年发现于辽宁朝阳地区早白垩纪九佛堂组的赵氏小盗龙化石，是已知恐龙当中最接近鸟类的属种，它一些特征和树栖的鸟类比较相似。这一发现表明并不是所有的恐龙都生活在地面上，有些恐龙在向鸟类演化的过程中，可能转移到树上生活，飞行能力逐渐产生。但是，这同样遇到了始祖鸟和孔子鸟的问题：骨骼形态提供的信息是相互矛盾的，一些特征指示树栖习性；但另外一些特征类似地栖动物。

后来，学者们又对同类型的标本进行了更加深入的研究，出乎意料的是，此次研究揭示了一个恐龙演化过程中完全未知的阶段，而这一阶段恰恰可能是鸟类飞行起源的一个关键性阶段。新标本——顾氏小盗龙证实了以前对赵氏小盗龙所做的推测：恐龙世界中存在树栖恐龙，鸟类的飞行始于树栖生活。

在研究的6件标本当中，有两件标本被鉴定为小盗龙的一个新种：顾氏小盗龙；另外4件标本和顾氏小盗龙有一定区别，可能代表其他属种。通过对这些标本的综合研究，已经证明了这些恐龙的皮肤结构不仅具有现生鸟类羽毛的形态，甚至还显示了空气动力学特征。但最突出的一点是，这些恐龙后肢上的羽毛形态和分布与鸟类的翅膀惊人地相似。由此可以推论，这些恐龙长着四个翅膀，不仅前肢羽化为翼，而且后肢也羽化为翼；这些恐龙生活在树上，可能借助四个翅膀进行滑翔；鸟类的祖先很可能借助重力，在经历一个滑翔阶段之后才产生强大的主动飞行能力。

▲象鸟，是地球上生存过的、体重最大的鸟类

发现孔子鸟化石

1993年,辽宁北票市附近的四合屯农民杨雨山采集到一块近30厘米的鸟类化石,后来化石收集者张和收集到一些鸟类的前肢和颅骨的化石。1995年,中国的学者对该鸟进行了描述,并命名为孔子鸟。很快人们就发现四合屯是个鸟类化石库,中国随即成为世界古鸟类研究的中心。从1994年后古生物学家们云集辽西,数以万计的鸟类化石源源不断地被发掘出来,全世界古生物学界几乎都把目光都投向了这里,鸟类研究由此进入到一个全盛时期。直到世纪交接之时,超过1000件孔子鸟属标本被发现。

▲孔子鸟化石

孔子鸟

孔子鸟是古鸟类中的一个属,包括杜氏孔子鸟、圣贤孔子鸟等,其化石遗迹在中国辽宁省北票市的热河组,即四合屯和李八郎沟等白垩纪时期的沉积岩中被发现。在现已公开的化石标本中,其骨骼结构十分完整,有着清晰的羽毛印迹。这一切使得孔子鸟成为最出名的中生代鸟。根据其出土的地点地质形成史推断,这种鸟生活在1.25亿年前~1.1亿年前左右。孔子鸟是目前已知最早拥有无齿角质喙部的鸟类。孔子鸟因孔子而得名。

从进化角度来看,孔子鸟的形态特征比始祖鸟更为进步,生活时代也应该比始祖鸟晚。孔子鸟的个体与鸡的大小相近,其最明显的特征是,孔子鸟口中牙齿已经消失退化,咀嚼功能已被角质喙和体内肌胃的消化功能所代替。这一点与鸟类十分相似,表明孔子鸟是真正的鸟,是至今世界上最早具有角质喙的鸟类。

孔子鸟从爬行动物祖先残留下来的双弓形头骨仍很明显,而这一原始形态在始祖鸟头骨上没有出现。孔子鸟的前肢不但与始祖鸟一样,仍有三个发育的游离指骨,而且第一指爪强大而钩曲,具有较强的抓握、攀爬能力。第三指爪(中间一个)较退化,这和飞羽附着

▼孔子鸟,这是迄今为止发现最早的拥有真正角质喙的鸟类

▲孔子鸟化石

第三指有关。发育的趾爪及指爪，显示孔子鸟适应攀援树木的生活。

孔子鸟肱骨近端有一气孔，表明已有减轻体重的趋势。孔子鸟的肩带与始祖鸟相似，很原始，肩胛骨近端与乌喙骨近端还愈合在一起，而且比较短。孔子鸟的初级飞羽仅6枚（现生鸟类至少9枚），胸骨比始祖鸟稍大，但仍为板状，没有龙骨突。

孔子鸟最进步的表现就是尾椎已大幅缩短，基本形成尾综骨的雏形，全身羽毛比较丰满，体羽已基本覆盖全身。有意思的是，孔子鸟的某些个体，保存一对长的尾羽，这可能代表雄性的特征；另一些个体的头部还保留装饰性羽毛。数百件个体的集中发现或许还表明，孔子鸟具备了某些现生鸟类集群性的行为方式。

孔子鸟复原图

孔子鸟的化石发现后，有人根据化石分析结果，对这种古鸟进行了复原。从复原结果看，中华孔子鸟的外形比较近似中国民间传说中的"凤"。让人们自然联想到"丹凤朝阳"的典故。凤，即凤凰，"雄曰为凤，雌曰为皇"。它是历史中确曾有过的一种动物吗？学术界过去的观点多倾向于否定。但无论甲骨文、金文，都有材料确切无误地表明，直到商周之际，凤凰还是一种虽然稀见、但却并非不存在的鸟类。战国秦汉以后，凤凰方完全被神化成一种灵异之鸟。凤凰到底是我们所知道的什么鸟？有专家考证，实际上，凤凰就是中国三皇五帝时代灭绝的大鸵鸟，但学界一直没有定论。

孔子鸟的发现，有着重大意义：第一，解开了长期争论不休的始祖鸟头骨构造之谜，证明了始祖鸟有眶后骨和鳞骨，它与后期鸟类、现生鸟类有极大差异；第二，孔子鸟的双弓形头骨是鸟类起源于初龙类的最新证据。

▼圣贤孔子鸟生活复原图

发现中华龙鸟化石

就在孔子鸟以与始祖鸟相齐名的姿态公诸于世后不久,一只被认为是更加原始的鸟类又被炒得沸沸扬扬,这就是早已被大家熟悉的中华龙鸟。1996年,辽西朝阳再给世界一个震惊:距今1.5亿~1.6亿年的晚侏罗纪鸟类——"中华龙鸟"在此被发现,这比1861年德国发现的始祖鸟早1000多万年,引起世界考古专家的瞩目,从而打破了一个多世纪以来德国始祖鸟一统天下的局面,开创了鸟类研究的新天地。

中华龙鸟

1996年8月,辽宁省的一位农民捐献了一块化石标本,它体态很小,但形似恐龙,嘴上有粗壮锐利的牙齿,尾椎特别长,共有50多节尾椎骨,后肢长而粗壮。此外,最引人之处是它从头部到尾部都被覆着像羽毛一样的皮肤衍生物。这种奇特的像羽毛一样的物质长度约0.8厘米。科学家们经过认真的研究,确认这是最早的原始鸟类化石,由于是在中国发现的,被命名为"中华龙鸟"。

研究证明,中华龙鸟的形态特征和身体大小与产于德国的一种小型的兽脚类恐龙——美颌龙相似,它们可以被归为一类。中华龙鸟是两足行走的动物,成年个体可以长到2米长。在它的背部,有一列类似于"毛"的表皮衍生物。一些古生物学家认为这是原始的"羽毛"。因此,中华龙鸟应该是一种原始的鸟。另一些古生物学家则认为,这种皮肤的衍生物不具备羽毛的特征,而类似于现生的某些爬行动物(如蜥蜴)背部具有的表皮衍生物结构——角质刚毛,也可能是纤维组织。

▼中华龙鸟

从化石骨骼来看,中华龙鸟拥有很多典型的恐龙特征:它的头骨又低又长,脑壳很小;它的眼眶后面有明显的眶后骨,下巴后部的方骨直;它的牙齿侧扁,样子像小刀,而且边缘还有锯齿形的构造;它的腰臀部骨骼中耻骨粗壮,向前伸;它的尾巴相当长,有几十个尾椎骨,尾椎骨上还有发达的神经棘和脉弧构造;它的前肢特别短,只有后肢长度的三分之一,前肢的特征显示它的生活时代要比德国的美颌龙晚。基于这些特征,一般认为中华龙鸟是一只小型的兽脚类恐龙。当然,根据生物命名法则，最初给它定的名字"中华龙鸟"则依然使用。

古生物学家们对中华龙鸟身上的似毛表皮衍生物的功能进行了讨论，一些人认为它可能是一种表明性别的"装饰"物；另一些人则认为它是一种保温装置。后一种解释似乎是更为合理的，因为小型的恐龙和小的始祖鸟为了高效率地活动，应该需要具备高效率的新陈代谢，因此也就需要保持体温。由此推论，中华龙鸟身上的似毛表皮衍生物表明，小型的恐龙有可能是恒温动物。也有一些古生物学家推测，这种"毛"是羽毛进化过程的前驱，因此称其为"前羽"。目前，古生物学家还在使用新的方法对它进行进一步的研究。

有趣的是，在中华龙鸟的化石骨架中，发现它的腹腔里有一个小的蜥蜴化石。显然，这只蜥蜴是中华龙鸟捕获后吞下的猎物。

发现的意义

鸟的起源是科学界悬而未决的重大难题之一。

早在100多年前，古生物学家就曾在德国发现了始祖鸟，为了进一步揭示鸟类起源的秘密，科学家们进行了不懈的努力。但迄今为止，总共才发现了10块保存程度不等的始祖鸟化石，它们成了人类描述鸟类起源故事的全部依据。鸟类是不是从恐龙演化而来的，鸟类是怎样进化和发展的，靠始祖鸟有限的材料很难进行全面和深入的研究。

▲中华龙鸟的化石

中华龙鸟的发现立刻就传遍了全世界，因为它为我们提供了从爬行动物向鸟类进化的新证据。中华龙鸟既保留了小型兽脚类恐龙的一些特征，也具有鸟类的一些基本特征，成为恐龙向鸟类演化的中间环节。从中华龙鸟显示的特征看，它比德国的始祖鸟更加古老和原始，中华龙鸟的骨骼特征像恐龙，行动敏捷，但还不具备飞翔的能力。随着对中华龙鸟的深入研究，世界鸟类学家逐渐认识到，始祖鸟更加接近现代鸟类，中华龙鸟才是恐龙向鸟类演化的真正中间环节，鸟类进化和发展的秘密正在一步步被揭开。

▼中华龙鸟的化石

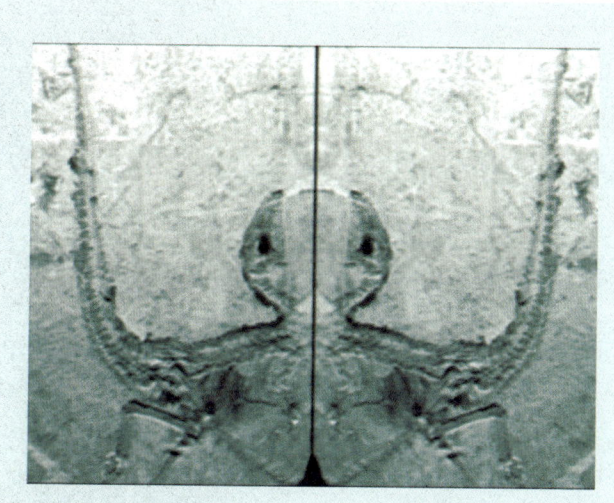

第十章

哺乳动物的大爆发

　　早在三叠纪晚期，就在恐龙刚刚登上进化舞台的同时，一群在当时并不起眼的小动物从兽孔目爬行动物当中的兽齿类里分化出来。不过它们有点"生不逢时"，因为在随后从侏罗纪到白垩纪长达1亿多年的漫长岁月里，它们一直生活在以恐龙为主的爬行动物的巨大压力下，在夹缝里求生存。直到白垩纪之末，当恐龙等在中生代异常适应的爬行动物发生了大灭绝之后，它们才得以在随后的新生代中顽强地崛起并成为新生代地球的主宰，这就是哺乳动物。它们最终能够从夹缝里崛起的原因是已经具备了一系列进步的特征。

　　新生代约开始于6500万年前，延续至今。新生代以哺乳动物和被子植物的高度繁盛为特征，由于生物界逐渐呈现了现代的面貌，故名新生代。新生代开始时，中生代占统治地位的爬行动物大部分灭绝，繁盛的裸子植物迅速衰退，被哺乳动物大发展和被子植物的极度繁盛所取代。因此，新生代又称为哺乳动物时代或被子植物时代。哺乳动物的进一步演化，适应于各种生态环境，出现了两次哺乳动物的大爆发，爆发的结果是分化为许多门类。新生代可划分为第三纪和第四纪，第三纪又可分为老第三纪和新第三纪。第三纪还可划分为古新世、始新世、渐新世、中新世和上新世。古新世、始新世和渐新世合称老第三纪，老第三纪有很多现在已经灭绝的哺乳动物类群，如雷兽、古兽、跑犀和两栖犀等。还有很多现存哺乳动物的祖先类型也可以追溯到这时，如始祖马，始祖象等。新第三纪包括中新世和上新世，新第三纪时的动物种类是历史上最多的，各种犀牛和古象等在这时候达到全盛，森林中还有各种古猿。

　　第四纪可划分为更新世和全新世，开始于大约200万或300万年前，具体时间并未确定，现在也属于第四纪。第四纪有两件大事：一件是发生大规模的冰期，一件是人类和现代动物的出现。更新世大约就是全球范围出现冰川作用的时期，又有"冰川时代"之称，冰期和间冰期不断交替，对应气候寒冷和温暖时期的交替。更新世时动植物受到巨大的影响，许多现在的动物地理和植物地理现象皆源于此，而在我国南方动物群则一直比较稳定，大熊猫、剑齿象动物群持续了很长时间。在大约1万年前最后一次冰川消退之后，就进入了全新世。全新世开始时人类进入农业文明时期，对自然的影响日趋扩大，进入工业文明以后，更是改变了整个地球的面貌，由人类活动造成的生物灭绝和生态系统的破坏，比以往任何时期都要严重。

哺乳动物的起源

> ### 哺乳动物
>
> 　　哺乳动物是一种恒温、脊椎动物，身体有毛发，大部分都是胎生，并借由乳腺哺育后代。哺乳动物是动物发展史上最高级的阶段，也是与人类关系最密切的一个类群。哺乳动物具备了许多独特特征，因而在进化过程中获得了极大的成功。重要的特征是智力和感觉能力的进一步发展；保持恒温；繁殖效率的提高；获得食物及处理食物的能力的增强；体表有毛、胎生、哺乳一般分头、颈、躯干、四肢和尾五个部分；用肺呼吸；体温恒定，是恒温动物；脑较大而发达。哺乳和胎生是哺乳动物最显著的特征。

　　哺乳类起源于古代爬行类。大约距今2亿年，在中生代三叠纪的末期，从一些比较进步的兽形爬行动物分化出最早的哺乳动物。其起源时间比鸟类还要早（最早的鸟类化石出现在侏罗纪）。早期的哺乳动物个体都很小、数量也少，虽然和当时在地球上占统治地位的恐龙类相比是渺小的，但是这些原始的哺乳动物，在身体特征上具备着比爬行动物更高级的特点，当进入新生代的时候，大多数爬行动物灭绝了，而这些代表着新生力量的哺乳动物得到了空前的发展。在生物史上，新生代被称为"哺乳动物时代"。

哺乳动物的祖先

　　哺乳动物虽然在6500万年前恐龙灭绝以后才统治大地，但其起源要追溯到远比恐龙更古老的年代，在最早的爬行动物出现后不久，向着哺乳动物方向进化的一支就已经出现，这一支就是似哺乳爬行动物（下孔亚纲），似哺乳爬行动物在恐龙统治大地之前曾经繁盛一时。

　　这支似哺乳爬行动物早在石炭纪（3亿多年前）就与别的动物"分道扬镳"了。在晚石炭纪的最早期的羊膜类中，就已经有了它们的身影。下孔类可分为盘龙类和兽孔类两大类。盘龙类是基干的早期类群，从石炭纪一直延续到早二叠纪。盘龙类中的楔齿龙类是早二叠纪陆地上的肉食统治者，从这类中产生了兽孔类。

　　兽孔类，主要包括恐头兽类、二齿兽类及兽齿类。恐头兽类有肉食和植食两大类型，只生存于二叠纪，没有留下后代。二齿兽类是二叠纪、三叠纪最为繁盛的类群，以植食为主。

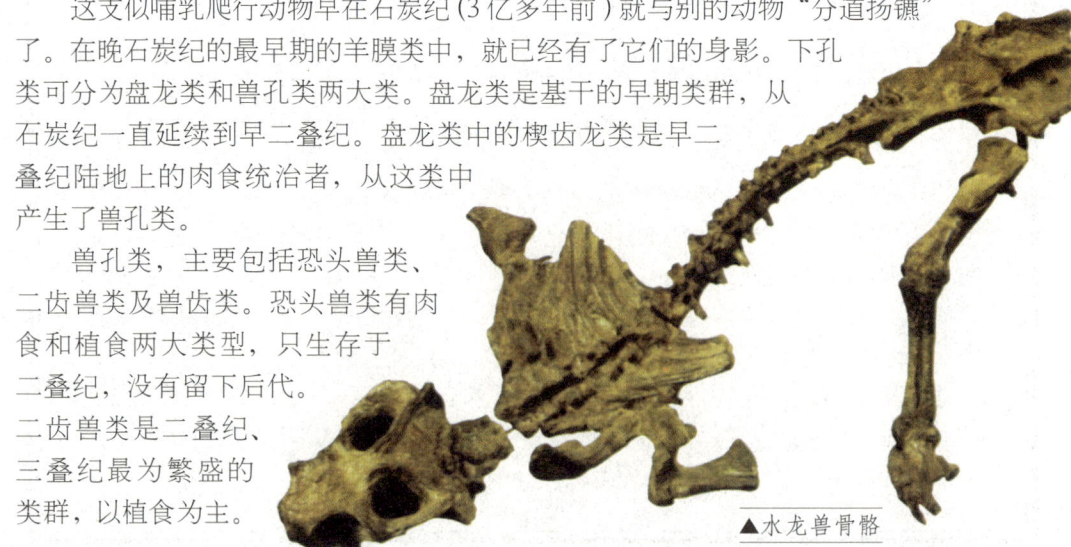

▲水龙兽骨骼

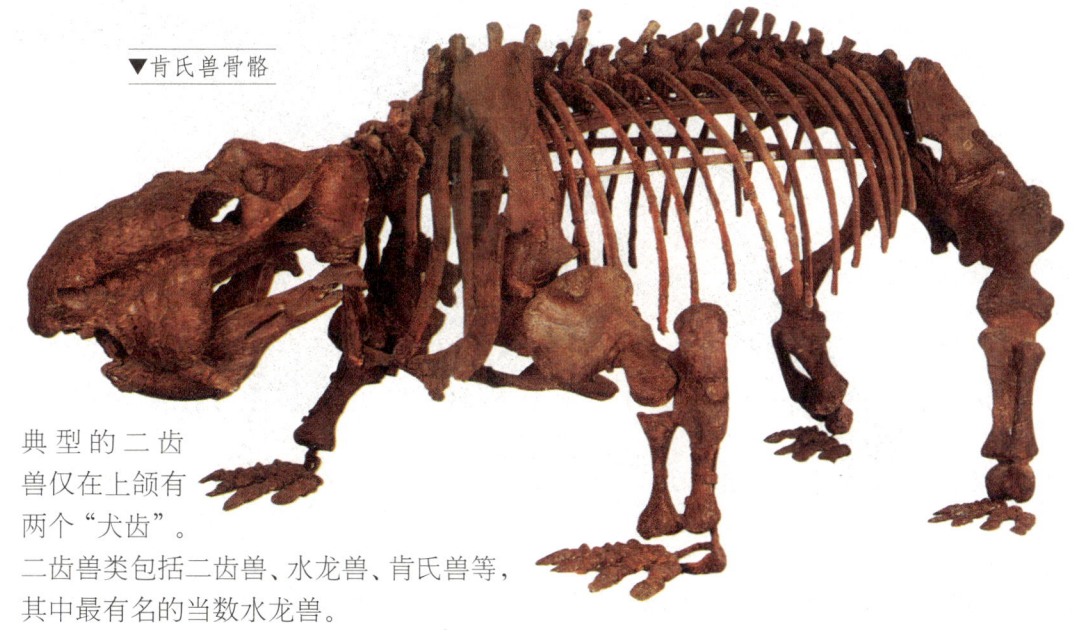

▼肯氏兽骨骼

典型的二齿兽仅在上颌有两个"犬齿"。

二齿兽类包括二齿兽、水龙兽、肯氏兽等，其中最有名的当数水龙兽。

兽齿类是肉食类群，包括兽头类、丽齿兽类和犬齿兽类，以犬齿兽类最为兴旺。在三叠纪早期，犬齿兽类兴起，取代了晚二叠纪的兽头类和丽齿兽类。犬齿兽类是最重要的类群，是哺乳动物的祖先。犬齿兽类和哺乳动物一样有了牙齿的分化，并且可能已经身被毛发，是恒温动物了。三叠纪晚期到侏罗纪初期的一些三列齿兽类（包括我国的卞氏兽和鼬龙类）与哺乳动物非常相似。三列齿兽是进步的植食性兽齿类，曾经被当作是哺乳动物中的多瘤齿兽。鼬龙是小型的肉食动物，是最进步的兽齿类，正处在爬行类和哺乳类的分界线上。三列齿兽和鼬龙等出现得太晚，当时已经有真正的哺乳动物出现了，所以它们不可能是哺乳动物的祖先，哺乳动物的祖先应该是更早期的一些兽齿类。

▼扁肯氏兽

成为新生代的统治者

在三叠纪时，另一类爬行动物——双孔类的初龙类兴起，早期的初龙是槽齿类，主要是些食肉种类。在三叠纪中期由槽齿类进化出了恐龙，到三叠纪晚期，蜥臀目和鸟臀目都已有不少种类，恐龙已经是种类繁多的一个类群了，在生态系统占据了重要地位。初龙的兴起可能对下孔类产生了巨大的冲击，初龙类特别是恐龙类很快取得了优势地位。

中生代是恐龙"一统天下"的时代,那时兽齿类动物,只是在丛林和草地上躲躲闪闪地生存着的一种小型爬行动物。然而,当中生代末地壳运动加剧,环境发生重大

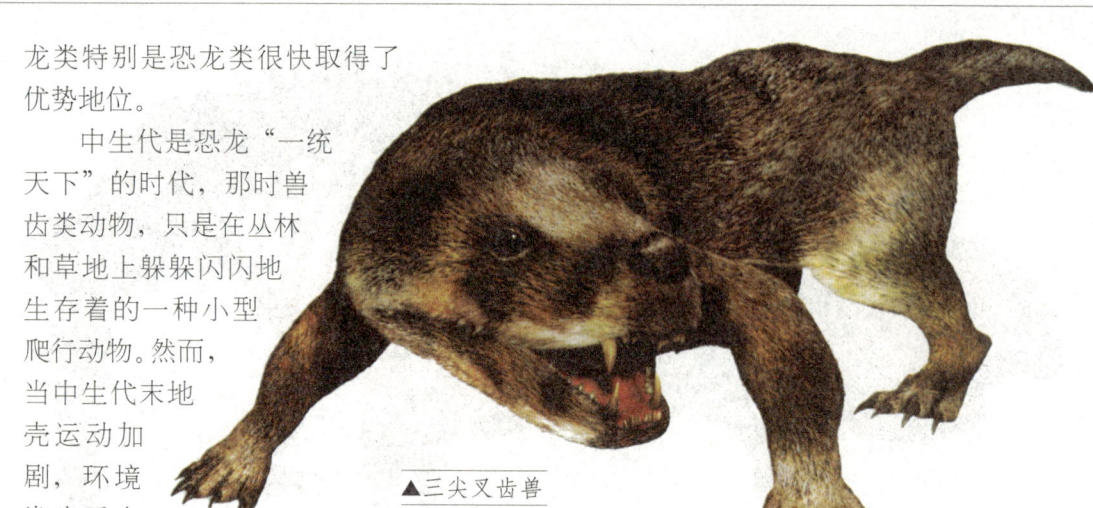

▲三尖叉齿兽

改变时,恐龙等爬行动物难以适应和生存,而哺乳类则显示了很强的竞争能力,它们有很好的适应环境的能力。哺乳类是胎生哺乳,在窝中繁衍后代,其幼仔成活率比那些露天日照、自生自灭的爬行类幼仔要高;它们是恒温动物,天冷了或靠运动取暖,或靠冬眠躲避,不像爬行类变温,温度降到一定程度,就会被冻死;天热时靠出汗降低体温,而爬行类没有汗腺只能泡到水里,若无水则会被热死;它们身体各部分的骨头或愈合或固结,而爬行类身上"零碎"太多,行动不如它们方便灵活,活动范围也不如它们宽广;植物界被子植物出现后,食植物的哺乳动物适应性很快,而食植物的爬行类因新陈代谢慢适应不了。总之,灾变后自身和环境的一切条件都不利于爬行类的发展,只能让哺乳类代替了。中生代曾经称霸世界的那些恐龙,当它们趾高气扬、横行天下时,恐怕做梦都没有想到,这些见了自己就胆战心惊的小哺乳动物,竟然能够逃过白垩纪末期的大劫难,而且它们的子子孙孙竟然在恐龙灭绝后接管了天下。

新生代开始时,陆地又一次扩大面积,更给了哺乳类发展的地盘,它们以高层次的进化向陆地深处进军,无论是沙漠或高山,还是炎热的赤道或寒冷的北极(南极洲及大洋洲被大洋所隔,无法通过),都留下了它们的足

▲史带齿兽,是最早的、真正的哺乳动物之一

迹。它们在适应环境的同时，身体结构又开始了分化，产生了各种形状，生物学中管这种现象叫适应辐射。当初爬行类就是适应辐射，现在哺乳类也适应辐射，夺取了爬行动物的所有地盘。除了陆地外，哺乳类也向天空和水中发展。

哺乳动物分类

最早出现的哺乳动物是一些体形非常小的食虫动物，如我国的锥齿兽。在侏罗纪出现了植食的多瘤齿兽类，也是体形比较小的类群。在整个恐龙统治大地的1亿多年时间内，哺乳动物一直是不起眼的小型动物，直到中生代结束时也没有出现过体形巨大的种类。在恐龙灭绝后，哺乳动物进化迅速，到始新世就已经达到全面繁盛，陆地上再次出现尤因它兽那样的巨兽（然而比恐龙还是要小很多），并且已经开始向海洋和天空进军了。

哺乳动物分为4个亚纲：始兽亚纲、原兽亚纲、异兽亚纲、兽亚纲。始兽亚纲，包括三叠纪和侏罗纪的原始哺乳类，分属于梁齿目和三尖齿目，现都已绝灭了。原兽亚纲，是从始兽亚纲中进化来的，现已大多数灭绝，仅剩下下蛋的哺乳动物——鸭嘴兽和针鼹。异兽亚纲，也是原始的哺乳动物，但其进化路线与始兽亚纲不一样，是不同的两栖类进化产生的，仅为多瘤齿兽目的一些古老哺乳类，它们生活在侏罗纪早期到始新世早期。兽亚纲，包括现代哺乳动物在内的约28个目，有化石的和现存的，分属于古兽、后兽和真兽3个次亚纲：古兽类，生活在中侏罗纪到白垩纪初期，是兽亚纲进化的主干，它在侏罗纪末到白垩纪初期分化出后兽类和真兽类，在三叠纪末期已灭绝；后兽类是胎生，没有真正的胎盘，胎儿发育未完全即产出，在母体育儿袋中哺乳长大，此类只有有袋目一类，如大袋鼠；真兽类，顾名思义，它们都是真正的野兽，此类包括绝大多数现代生存的哺乳动物，本亚纲的现存的种类有17个目，人们熟知的就有食肉目（如猫科动物）、啮齿目（如各种鼠类）、偶蹄目（如猪、牛、羊等）、奇蹄目（如马、驴等）、灵长目（如猴和猿类等）、翼手目（如蝙蝠等）、长鼻目（如象等）和鲸目（如海豚等）。

▼中国锥齿兽，一种小型的原始哺乳动物

躲过大劫难

6500万年前的白垩纪末,发生了生物进化史上的第二次大灭绝事件,大部分的物种在这次劫难中烟消云散了,其中就有曾经独霸中生代的恐龙大家族,留下了一个近于"真空"的世界。这也标志着中生代的结束,新生代的开始。在这次大灾变中,曾经在恐龙独步地球的时代"寄人篱下"的小动物——哺乳动物却凭着独有的生存技能躲过了这场浩劫,存活了下来。

▲重褶齿猬,属于兽亚纲,生活于白垩纪

生物大灭绝

距今6500万年前白垩纪末期,地球史上发生了第二次生物大灭绝事件,约75%~80%的物种灭绝。这一次灾难可能来自地外空间和火山喷发,在白垩纪末期发生的一次或多次陨星雨,造成了全球生态系统的崩溃。撞击使大量的气体和灰尘进入大气层,以至于阳光不能穿透,全球温度急剧下降,这种黑云遮蔽地球长达数年,植物不能从阳光中获得能量,海洋中的藻类和成片的森林逐渐死亡,食物链的基础环节被破坏了,大批的动物因饥饿而死,其中就有恐龙。

恐龙悲剧性的大灭绝标志着中生代的结束。实际上,灭绝的不仅仅是恐龙,那些曾经广泛地分布在海洋中的水生爬行动物——鱼龙、蛇颈龙、沧龙等,以及翼手龙等飞行爬行动物,都没有能够从中生代之末的劫难中逃脱。如果再计算那些多得不计其数的无脊椎动物,那么在这场大劫中遇难的名单就更长了。

劫后余生后的真正胜利者实际上只有鸟类和哺乳动物。新生代的鸟类在中生代鸟类的基础上发展得异常迅速,发展出了一个特别多样化的飞行脊椎动物类群。而哺乳动物,虽然它们早在三叠纪就已经和恐龙一起出现了,但是却一直生活在恐龙的阴影之下。直到那些爬行动物灭亡之后,腾出了许多生态位,劫后余生的哺乳动物才迅速地辐射分化出众多的类群,占领了这些生态位,并且一直保持着优势,直到今天。

▼狼猪鼠,它是一种原始的有袋类动物,属于兽亚纲,生活于白垩纪

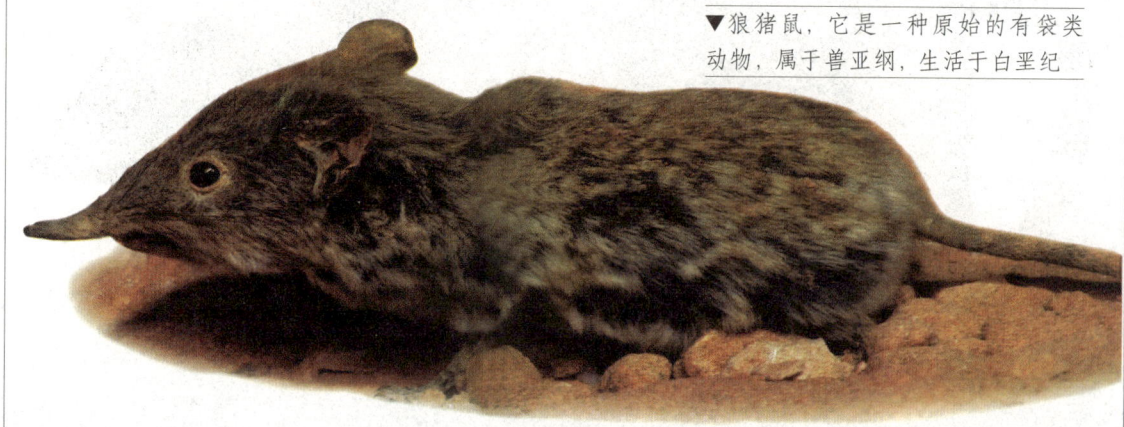

劫后余生的哺乳动物

在中生代时期，哺乳动物已经发展出了5个目：梁齿兽目、三尖齿兽目、原兽的单孔目、古兽目和多瘤齿兽目。这些古老的哺乳动物并没有全部生存到新生代，三尖齿兽目和古兽目早在白垩纪早期就已经灭绝了，它们连目睹中生代之末大劫难的机会都没有赶上。

但是，古兽目在灭绝之前却分化出了后兽（有袋类）和真兽（有胎盘类）两大哺乳动物新类群。这两大类哺乳动物拥有更加完善的适应变化着的生态环境的能力。因此，它们强大的竞争能力不仅使得三尖齿兽目和古兽目等古老哺乳动物在它们出现后不久就退出了历史舞台，而且还使得它们顽强地度过了中生代之末的大劫难，并在随后的新生代里占据了恐龙空出来的几乎所有生态位，分布遍及了地球上几乎每一个角落。

▲迪多罗兽，一种早期的草食有蹄类动物，生活在第三纪早期

▲原蹄兽，一种早期的有蹄类动物，生活在第三纪早期

此外，多瘤齿兽类也顽强地度过了中生代之末的大劫难，不过，它们毕竟太古老了，竞争力远远不如新生的后兽和真兽。所以，它们渡过劫难后没多久就在新生代初期灭绝了。

另外，还有一种神秘的哺乳动物——单孔类，它们也躲过了这场灭顶之灾，而且像隐士一样至今仍然生活在澳大利亚一些偏远的角落里。由于化石发现的缺乏，科学家对这种神秘动物的家族关系始终没有搞清楚，有人推测，单孔类很可能是古老的梁齿兽目的后代。

鸭嘴兽

鸭嘴兽是躲过中生代末期大劫难的幸存者，而且至今仍然生活在澳大利亚这块"世外桃源"中。这是一种奇特的哺乳动物，说它奇特，是因为地球上确实不存在一种比鸭嘴兽的外表更加四不像的动物，也没有任何一种动物像鸭嘴兽一样引起过众多的学术争端。

100多年前，科学家们并不相信有鸭嘴兽这种动物存在，因为它的长相实在古怪，既像爬行动物，又像哺乳动物，还很像鸟类。鸭嘴兽经常在半明半暗的黎明或黄昏，从河边的地洞里钻出来。它那扁扁的嘴很像鸭子的嘴。但不同的是，鸭嘴兽的嘴有传递触觉的神经，可以弯曲，对震动也很敏感，并不像鸟类的喙是坚硬的角质。它那对小而亮的眼睛长在头的高处，既可以看清两岸，也可以扫视天空。连着眼睛向后伸展的两道沟纹就是它的耳。鸭嘴兽的耳没有耳壳，这可以帮助它适应水中的生活。在鸭嘴兽胖胖的身体外面披着一层褐色而有光泽的密毛，这种毛入水时不会透水，出水时也不会被水濡湿。它身体后面的大尾巴扁平而又有力，起着舵的作用，可以帮助它快速潜泳。鸭嘴兽的四肢又短又粗，五趾间有蹼，特别是前肢的蹼非常发达。在陆地上的时候，它会把蹼合起来。而当它一旦进入水中，就会把厚蹼展开，像是几个大桨。在雄性鸭嘴兽后腿上还有一枚弯曲的毒刺，和蝰蛇的毒牙很相似带有致命的毒液。

鸭嘴兽捕食的时候通常会紧闭双眼，迅速潜到河水里，擦着河泥向前行进，依赖敏锐的嘴去寻找食物。大概几分钟以后，它的面颊里

▲鸭嘴兽

就会装满食物。这时，鸭嘴兽就会浮出水面，睁开眼睛，贪婪地享受美味。它最爱吃虾、蚯蚓、昆虫的幼虫以及软体动物。鸭嘴兽的胃口很大，每天至少要吃掉1200条蚯蚓和50多只小龙虾。

鸭嘴兽让人感到奇特的另一个原因就是：虽然它属于哺乳动物，但却和爬行动物一样是下蛋的。鸭嘴兽的蛋需要十几天的孵化，幼兽就出世了。起初幼兽并不进食，但过不了几天，鸭嘴兽妈妈就会用自己的乳汁来喂养它的小宝宝。仅从卵生这一点来看就不难知道，鸭嘴兽作为哺乳动物是相当原始的。

其实鸭嘴兽的祖先——古老的梁齿兽目早在1.8亿年前的侏罗纪就出现了，那时它们分布很广。可是到了7000年前，许多更加先进的哺乳类大量繁殖，这些古老的动物逐渐灭绝了。但生活在澳大利亚大陆的动物却很幸运。由于地壳运动，澳大利亚同其他大陆分开了。所以，后出现的哺乳动物就不能到达这块地方。鸭嘴兽的祖先就得以在此生息繁衍，并且一直保存着原始的生蛋的状态。它对于研究哺乳类的起源有着重要的作用。

多瘤齿兽

多瘤齿兽是异兽亚纲中仅有的一类哺乳动物。其形态特征与习性和啮齿类相近。早期的多瘤齿兽体小如家鼠，后期则逐渐增大。多瘤齿兽有数对大门齿，下白齿齿冠狭长，有两排平行的瘤状齿尖，上白齿则有3排。前部颊齿在有些属种中变成有细纹的刀片状牙齿。颅后骨骼具有较多原始特征，如其肩胛骨就与单孔类（鸭嘴兽）相近。一般认为多瘤齿兽是以植物为主的杂食性动物。多瘤齿兽最早出现在晚侏罗纪，在晚白垩世和古新世达到顶峰，渐新世全部灭绝，延续时间超过1亿年，长于其他哺乳动物。多瘤齿兽化石主要被发现于欧洲和北美。在亚洲蒙古国南部及中国内蒙古地区中部也有发现。

针鼹

在澳大利亚还有一种躲过大劫难的卵生原始哺乳动物，它就是针鼹，针鼹与鸭嘴兽是世界仅有的两种单孔目动物。

针鼹的外形和刺猬差不多。不论雌雄，身上都披挂着粗硬、尖锐的刺。黄褐色的刺的顶端是深褐色的，这种颜色使它在沙地灌木林中跑动时不起眼，颜色伪装十分成功。它不仅背上，而且身体的边缘部分也都长满刺。这当然是它自我保护的工具或者说"盾牌"了。一旦遇到敌害，它就可以蜷成一团，像刺猬一样，全身根根尖刺一致朝外，敌人也就对它无从下手了。

如刺猬一样把身体蜷成一团，像一个球，然后静候敌人不耐烦地走开，这种"消极"本领，针鼹虽然也具备，且常运用，但针鼹的"绝活"是掘洞逃跑。针鼹的爪子十分厉害，像人手又有点像鸡爪，挖土速度快，且比较深，一口气可挖1.5米左右。其速度之快不要说刺猬、野兔不及，就是现代人用的工具甚至机器也未必能赶上它。中国的穿山甲也不是它的对手。

当然，挖洞不是针鼹的主要职责。它的食物来源是澳大利亚草原、丘陵、沙漠、山地中的蚁类、蚯蚓等，包括澳大利亚人恨之入骨的白蚁。澳大利亚每年都会有许多民房被白蚁毁掉，农民们喜欢可爱的小针鼹自然亦有这一因素在内。

针鼹长着一支管状的长嘴，鼻孔就开在长嘴巴的喙尖，舌头也是针鼹的重要武器，可以伸出嘴外30多厘米，舌尖上分泌一种很黏稠的黏液，用来沾食蚁虫果腹。据估计，它一天可吃上万只蚂蚁、白蚁。

针鼹一般在白天活动，一天有18个小时外出找食，用鼻子探测寻找蚁类和蚯蚓及其他无脊椎动物。它的口鼻可以发现、感受到十分细微的生物电子信号，敏捷地捕捉食物。晚上它睡在灌木丛中的土地里，空凹的原木中，石头缝里，甚至野兔和袋熊的洞穴中，不过这些动物均奈何它不得。当然，它也不去争夺别人的食物。它冬季蛰伏，在高山地区蛰伏时间甚至长达28周。在这段时间里，它动作、反应都十分迟钝。其实，澳大利亚的冬季并不冷，更无冰天雪地，北部和中部一些地区的气温还有15℃呢。在春天的开头几天出洞找食的针鼹动作较迟缓，出来次数较多。针鼹走动速度较慢，如滚动状，但奇怪的是，它能游泳，像刺毛球一般漂在水上，样子十分逗人。

▶针鼹

哺乳动物的第一次大爆发

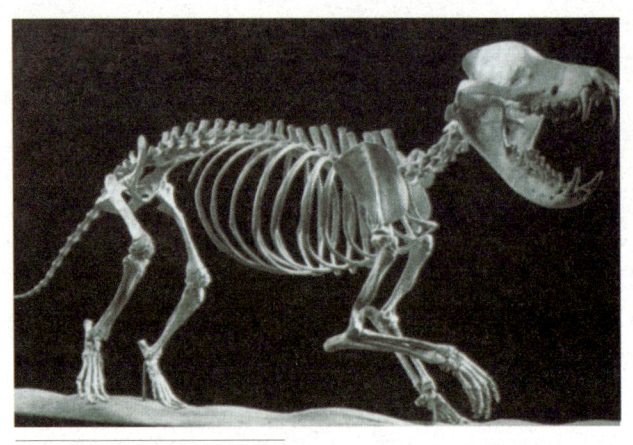

▲中华古中兽的复原骨架

中生代初期,地球比较温暖,森林一直分布到了地球的两极,再加上大型植食性恐龙的灭亡,使森林变得更加茂盛。早期的哺乳动物目睹了恐龙王朝的兴衰后,终于可以扬眉吐气了。它们沿着祖先们为自己开辟的光明大道,开始了新的征程。古新世是新生代的第一个阶段,从6500万年前到5500万年前,经历了大约1000万年的时间。这个时期的哺乳动物中的真兽类在白垩纪出现的食虫类基础上分化出来,以很快的速度进化,造成了一个范围广泛的适应辐射。从古新世到始新世发生了新生代哺乳动物在历史上的第一次进化大爆发。大爆发的结果,一个适应于各种不同的生态环境的古老哺乳动物群占据了古新世和始新世的优势地位。不过这个时期的哺乳动物个体大多数不算大,只有少数例外,如安氏中兽,而且都是一些奇形怪状的新生种类,主要有食虫类、翼手类、皮翼类、贫齿类、钮齿类、裂齿类、灵长类、古食肉类、踝节类、钝脚类、南方有蹄类、滑距骨类、闪兽类、焦兽类、异蹄类等。

来到地面的先驱者

在恐龙时代,大部分哺乳动物只在两个地方生活,树上和洞里。恐龙灭绝之后,哺乳动物终于可以"扬眉吐气"地在地面上活动了。踝节类动物便是"先驱者"之一。实际上踝节类是一个非常多样化的种群,但最有名的是中兽科和熊犬科两类动物。从树栖动物到地栖动物,从老鼠一般大小到安氏中兽那样的巨兽,从典型的草食动物伪齿兽到以肉食为主的中兽科、熊犬科动物都是踝节类动物的"亲戚"。

古中兽

古中兽是最早的踝节类动物,在白垩纪晚期就出现了。这种怪兽有点像浣熊,连同它的长卷尾长约1米。它的身体轻巧,重约7千克,而且这种大老鼠大小的动物已经有了蹄。这种动物一般被认为是树栖的,虽然它在当时的哺乳动物中已经不算小了,但与数吨重的角龙、鸭嘴龙等一起在地面活动,显然不是"明智之举"。古中兽行走时像熊一样,用整个脚拍击地面。它的脚上有五趾,趾上有长爪。它的脚很强壮,有灵活的关节。前肢可以挖掘,而后肢则适合攀树。它可能是杂食性的,专吃水果、蛋、昆虫及细小的哺乳动物。

踝节类动物是一类幸运的动物，许多古代生物都没有留下后代，而踝节类不同，它们可谓"子孙满堂"，后来的奇蹄类、偶蹄类、南方有蹄类等，其祖先都是由踝节类分化出来的。踝节类是一种"一般化"的动物类群，刚刚开始出现分化，因此许多动物都是"多面手"，比如脚上有的有蹄，有的有爪，大部分都能上树。

踝节类中最原始的是熊犬科动物（这个熊犬与食肉目的熊狗、犬熊虽然名字相近，亲缘关系可是很远的），其特征是个体较小，头长而低，臼齿大都保留原始的样子，背部容易弯曲，四肢相对较短，脚有爪，尾很长，其中最著名是古中兽。

踝节类在古新世的北美洲非常繁荣，欧洲的踝节类则多数是与北美洲在分类上很近的物种，在亚洲，踝节类种类较少，最著名是安氏中兽。

▲安氏中兽，是一种肉食类的动物，它的体形很像狼，生活在第三纪早期

安氏中兽

安氏中兽，又名安氏中爪兽或安氏兽，是一种原始的、身体粗壮且像狼的有蹄类哺乳动物，以著名的化石发掘者罗伊·查普曼·安德鲁来命名的。安氏中兽属有蹄哺乳动物，在亲缘关系上其实更接近于绵羊或山羊，因此在某种意义上又被戏称作"披着狼皮的羊"。

安氏中兽是最晚近的踝节类，人们对于这种神秘的巨兽目前还知之甚少，原因是化石证据不足，除1923年找到的这具头骨外，尚未有新化石被发现。就身体的综合素质来讲，安氏中兽无疑是曾出现过的最强大的陆生哺乳类食肉兽，与其后肉齿目牛鬣兽科的裂肉兽、鬣齿兽科的伟鬣兽及巨鬣齿兽当之无愧地被称为"老第三纪四强"。而单从体形上比较，只有裂肉兽堪与其相提并论。

安氏中兽所在的踝节目也拥有着显赫的地位，与后来的有蹄类和其他诸多门类动物在系统发育上有着重大渊源。安氏中兽在科普作品中的名气远超它的所有亲戚，可以说是大多数动物进化类与古生物类动物在哺乳动物进化阶段一个不可绕过的话题，这可能就是由于它的神秘身世、硕大体形以及所在门类的重要历史地位的缘故吧。

▼鬣齿兽，与安氏中兽一样，是一种凶猛的食肉动物

哺乳动物的第二次大爆发

从始新世开始并延续到渐新世的时间段里，现代哺乳动物的祖先纷纷从古老哺乳动物群中的某些种类中脱颖而出，并以此为基础发生了哺乳动物进入新生代以后的第二次适应辐射。第二次大爆发的结果使得这些进步的哺乳动物类群全面地替代了古老哺乳动物群。这些进步的哺乳动物类群包括：啮齿类、兔形类、鲸类、食肉类、管齿类、长鼻类、重脚类、蹄兔类、海牛类、索齿兽类、贫齿类、灵长类、奇蹄类、偶蹄类等。

大间断

始新世是新生代的第二个阶段，从古新世后经历了2000万年。这期间地球气温升到了新生代以来的最高值。繁茂多样的植被，高温稍干的气候，为脊椎动物的分异、发展提供了难逢的良机。一些重要的门类，如奇蹄类、偶蹄类和啮齿类出现了，并得到迅速的发展。以致新生的这三类占据了当时哺乳动物群中的半数以上。

到始新世中后期，气候逐渐干冷，地球上首次在新生代高纬度区出现霜冻严寒，南极开始堆冰，寒冷的气候致使两栖类和爬行类的分异变缓。混杂的针叶林、落叶林及硬叶植物的出现，使有蹄类和啮齿类获得更大的生活空间，种类继续繁衍，个体也在不断加大，导致在渐新世时地球上出现了最大的陆生动物——犀。

渐新世初，地球经历了急剧的骤寒，在近100万年的时间内，地球的年平均温度下降了13℃甚至更多，有了南极冰盖。整个北半球覆盖亚热带和温带森林，只有中亚有稀树草原，而热带密林则退缩到了南半球中段。南极冰盖的出现，导致海平面的下降，欧亚大陆间的海峡海水退出，使两大陆的动物群可以迁徙交流。

欧洲西部在始新世时多为海水包围的半岛，在渐新世初，因海水退出连成大陆后，

▲渐新象

▼渐新马

动物群发生了惊人的变化。原来生活在西欧半岛上的晚始新世土著的哺乳动物有60%消失了，取而代之的主要是从亚洲迁入的新种类：奇蹄类中的跑犀、两栖犀、真犀和爪兽；偶蹄类则全部被外来的巨猪、石炭兽和鹿型动物所取代。原来欧洲特有的兽鼠等啮齿类也被松鼠、河狸、仓鼠和兔子等挤跑。欧洲的动物世界完全变了样。

早在1909年，瑞士古生物学者斯泰林就注意到欧洲这一重大生物演化奇观，并称之为"大间断"。大间断代表了地球史、生物史上的一次重要事件，它不仅发生在欧洲，在亚洲也同样存在。

渐新世初的大间断彻底改变了世界的面貌，也重新营造了新的生物结构。早期古老类型的哺乳动物逐渐灭绝，到渐新世末基本消失。而一些与现代哺乳动物直接有关的门类，如象、熊、鹿、河狸等的祖先陆续出现。待到距今2300万年的中新世开始，地球逐渐转暖湿润，大地则是另一番景象。

奇蹄类动物

在5000万年前始新世早期的北美大陆，一种狐狸般大小的食草动物从原始的踝节类里脱颖而出，它被称为始祖马。实际上，它不仅是现代马的始祖，而且是与马有密切亲缘关系的整个奇蹄类动物的最早类型。从此，现代有蹄类动物开始登上了历史舞台。

在始新世，奇蹄类动物的发展非常迅速，产生了马、犀、貘、雷兽等动物，除了始祖马、始祖貘、貘犀等原始种类外，还有蹄上生爪的"爪兽"和鼻子上生角、身躯庞大的王雷兽以及超重量级的尤因它兽。到了渐新世，随着针叶林、落叶林和硬叶植物的出现，奇蹄类动物获得了更大的发展空间，很多哺乳动物的个体不断增

始祖马

始祖马出现于5600万年前的北美洲。由始祖马分化出了林林总总的众多支系。有的支系越来越大，越来越擅长奔跑，也有的支系向着小型化发展。到中新世的时候，以三趾马为代表的马类动物演变成了一类十分繁盛的动物群，是地层古生物中常见的化石动物，常常被作为地质年代断定的重要依据。现代马的最直接祖先是出现于1200万年前晚中新世的恐马，而现代马则在400万年前的上新世出现。北美洲一直是马和马类动物起源和演化中心。马从这里起源并向四周辐射，通过冰川时期形成的白令陆桥扩散到欧亚大陆，最后进入非洲。马也通过中美地峡向南美洲扩散。最晚到大约两万年前，马在北美洲彻底大灭绝，南美洲的马灭绝得更早，其原因现在仍是谜。马的进化历程充满了艰难险阻，马科动物曾经是如此繁盛，前后进化出几十个属，到最后却只有一个属的六七种残存至今。马的兴衰历程实际上是奇蹄动物的兴衰历程，奇蹄动物在现代普遍呈衰落的趋势。

大,而且出现了继恐龙之后地球上已知最大的陆生动物巨犀。除了巨犀外,还有大大小小的众多奇蹄类动物在渐新世繁荣起来,如跑犀、两栖犀、真犀等。

▼尤因它兽

在始新世的巨大的有蹄食草哺乳动物中,王雷兽是巨大的奇蹄动物雷兽的代表,它与马有同一祖先,实际上王雷兽可能来源于一种很类似曙马的动物。王雷兽站立时肩高至少2.5米。头骨虽然粗大且长,脑子却很小,这显然说明智力很有限。一对大角位于头骨的前部,角的基部连在一起。牙齿大而原始,大概只能吃些软的植物。

在始新世还有一种比王雷兽更大的巨型有蹄食草哺乳动物,它就是尤因它兽,这是恐龙灭绝2000多万年后陆地上首次出现的重量级动物。尤因它兽体长4米,肩高1.6米,体重可达4.5吨,比今天的非洲大犀牛还要大。由于作为早期灭绝古兽的代表,经常出现在图画中,它们的形象还算比较知名。猛一看,它们的确有些像犀牛,但原始的脚趾结构有些接近貘,"大腿"长、"小腿"短的四肢又似乎显示它们与象族关系密切。实际上,总体而言它们只像它们自己,小脑子表明它们的智商应该很低,尚显原始的牙齿也暗示着它们的脆弱,而6只怪异的角可能有皮肤覆盖,就像鹿类那样。另外,雄兽的大獠牙长达30厘米,下颌还伸出一对容纳獠牙的护叶,使其显得更加面目狰狞。不过,这种"剑齿"可不是致命的捕猎武器,也不是用来剥开树皮或掘土的取食工具,很可能只用于雄性同类间的争斗或炫耀。

▼巨犀复原图

到了渐新世,陆地上出现了比尤因它兽还要大的庞然大物,它就是巨犀。提到犀牛人们不会陌生,因为我们在动物园里经常可以看到它们,它们的个体大而粗壮。巨犀,顾名思义,为巨大的犀牛。根据所发现的骨骼化石推算,巨犀的体长最大者约为8.23米,其肩高最高可达5.28米,其体重达30多吨,是现在最大的非洲象的4~5倍。实际上巨犀不但是犀类中最巨大者,而且是地质历史中最大的陆生哺乳动物。

▲始祖象,属于长鼻类哺乳动物

偶蹄类动物

始新世早期,一种被称为古偶蹄兽的小动物从踝节类中分化出来,它的距骨除了有类似于奇蹄类那样的近端滑车之外,远端也呈滑车状而不再是平面。正是这种双滑车的距骨奠定了一种进步的有蹄类——偶蹄类的基础。在此后的岁月里,偶蹄类分化出了古齿亚目、弯齿亚目、猪亚目、骈足亚目和反刍亚目五大类群的种类繁多的庞大家族。在渐新世的偶蹄类动物中,最著名的是巨猪、石炭兽和鹿形动物。

古生物中的巨猪并不是泛指"巨大的猪",它特指一类动物。它们是猪形亚目古猪下目早期演化的一个旁支,出现于始新世中期,在渐新世时繁荣一时,随即便在中新世灭绝了。像猪下目中身体同样巨大的库班猪等,是不能被称为"巨猪"的。

巨猪,过去的中文名称多做"豨"。所谓豨,是古代传说中的一种巨大的猪,后羿射杀的诸多怪物中就有"封豨"。不过人类是见不到真正的豨的,它们早在南方古猿时代之前就灭绝了。在比较短的时间内,巨猪们的体形发展到野牛那么大,故有"巨猪"之称。它们除个体巨大外,头骨占身体的比例在哺乳动物中可以说非常大。构造很特别,在颧弧前外侧,下颌骨结合部之下,有一对长大的骨质突起(现代疣猪的突起是在眼下),而在它们的下颌侧部,也有一些奇怪的突起,头部其他地方也往往布满这样的"骨瘤"。

石炭兽是已灭绝的偶蹄目哺乳动物,特征是共有44颗牙齿,每颗上臼齿都有五个半新月形的齿冠。石炭兽分布在渐新世的欧洲、亚洲及北美洲,于中新世中期至晚期消失,可能是因气候的转变及与其他偶蹄目(如猪及河马)的竞争所致。石炭兽的很多地方,尤其是下颌骨,与河马很接近,有可能是它们的祖先形态。

最原始的鹿可以渐新世的原鹿为代表。原鹿个头小,头骨上没有角,上犬齿扩大成军刀状,背脊弯曲,尾短,腿和脚伸长,中央的两块掌骨愈合成炮骨还保留在中新世某些鹿类上。现代亚洲的麝是生存下来的原始类型,很像那些中新世早期的鹿类。

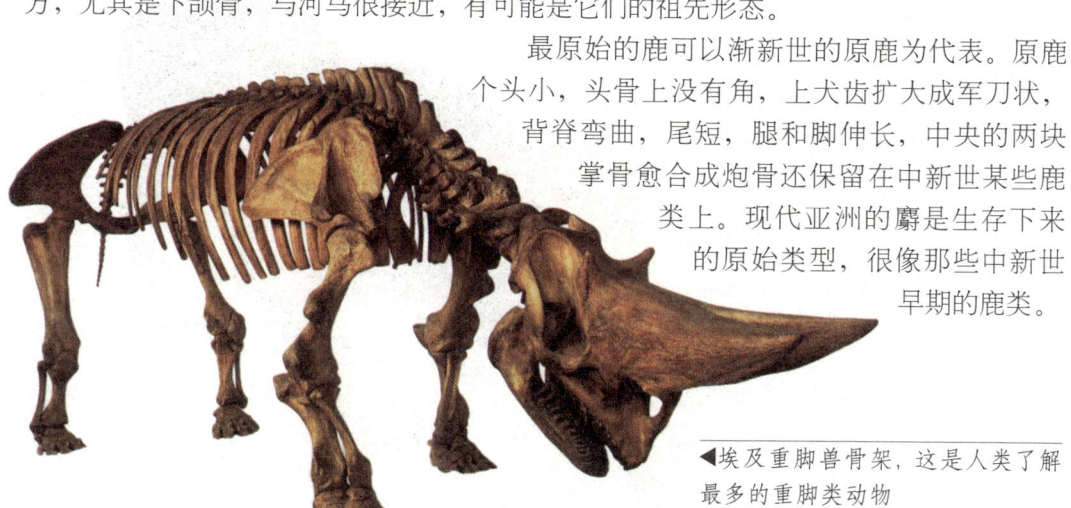

◀埃及重脚兽骨架,这是人类了解最多的重脚类动物

剑齿王朝的兴衰

凶暴先驱——古飙

古飙(又称恐齿猫)生活在4000～2250万年前的早、中渐新世,是猎猫科的先驱之一。它们只有大约1.5米长、0.6米高,整个体形介于猫类与灵猫类之间,它们的双颌强劲,上犬齿不如后来的剑齿动物那么发达,与其下犬齿的比例也不那么悬殊,但与身体相比已经显得很大,而且非常锋利,是有效的捕食武器。正因为此,很多人认为它们是食肉目中的第一种"剑齿动物"。与现在的猫科动物不同,它们是以脚掌而不是脚趾行走,这影响了它们的行动速度。因而就整体而言,古飙身体结构上原始的成分较为明显。它们曾经广泛生活在北美大草原上,以各种食草动物为食。

在地质历史上,虎豹等食肉类动物曾经有过一群叫做"剑齿虎"的姐妹。它们的体形比虎和豹都大,口中两个上犬齿如同两把宝剑,又长、又锐利,刃缘还有许多小锯齿。剑齿虎敢袭击比它们自身还大的动物,连犀牛和象这样的庞然大物见之也望而生畏。如果说虎是"兽中之王"的话,那么称剑齿虎为"王中之王"一点也不过分。在猫类动物的进化中,从始新世开始就存在着一种双分现象:一支发展成活跃的、行动敏捷的侵略者,这就是我们今天依然能够看到的猫、虎、狮、豹和猎豹等;另一支则发展成笨重的、行动迟缓的剑齿虎。剑齿虎的上犬齿要比虎的大得多。从第三纪的始新世晚期到上新世,各种长有剑齿的猫科和猎猫科动物总是"你方唱罢我登场",在旧大陆和北美洲上演了一幕幕剑气纵横、持续长达3000多万年的生存大戏。虽然剑齿虎可称得上是"王中之王",但由于其自身过于特化,终因赖以生存的大型动物的灭绝而走向灭亡。

剑齿显形

在2.5亿年以前的中生代三叠纪,哺乳动物、鸟类甚至恐龙都还没有出现,统治地球陆地的是一大群各式各样的奇异动物,它们身上兼有哺乳类与爬行类的特征,被称为似哺乳爬行动物,正式名称是兽孔类。在它们中间有一些是积极的捕食者,其中有的种类便生有显著的长牙——看起来很像剑齿虎身上的剑齿,也有人认为它们可能是毒牙(这个假设看来更恐怖一些)。然而很可惜,随着2.2亿年前的那次大灭绝,几乎所有的兽孔类都从地球上消失了,仅有一小支演化成了真正的哺乳动物,在恐龙的阴影下熬过了漫长的1亿多年。

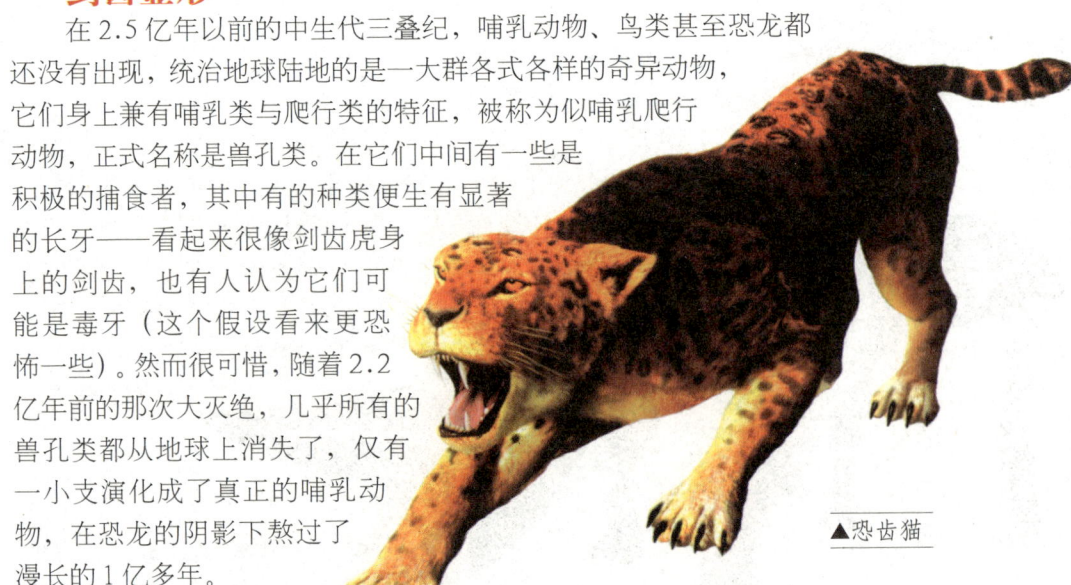

▲恐齿猫

▲剑齿虎

恐龙灭绝之后，新的生命在废墟上崛起。在新生代的第一个时期——第三纪古新世，哺乳动物还不够强大，占据食物链顶端的是某些巨大的、不会飞的鸟类。它们没有牙齿，而是以钳子一样的喙作为武器。又过了1000多万年，大片的热带森林被草原所代替，哺乳动物才真正迎来了属于自己的时代。随着食草动物变得更大、更敏捷，食肉动物也在进化中不断增强。最先接过鸟类王位的是被称为古食肉类的原始食肉动物，其中尤以鬣齿兽类最为强大，涌现出了不少在当时力冠群雄的成员。比如，剑鬣兽的头骨只有15厘米长，但已经是本动物群中体形最大的了。剑鬣兽的牙齿还很原始，不过其上犬齿已经变成了较显著的、后端带刃的剑齿，下颌也有向下扩张的迹象。而在另一类更强大的鬣齿兽亚目成员、生活在晚古新世到早始新世、分布于北美的远齿鬣兽身上，其下颌已经向下伸出了巨大的片状物，可以像刀鞘一样保护发达的剑齿。

实际上，鬣齿兽类在发展的后期上犬齿普遍增大，这很可能是为了捕食越长越大的食草动物。虽然绝大部分种类的"剑齿"都还没有后来那些食肉目、有袋目剑齿动物的那么夸张，但它们毕竟是哺乳类中率先长出剑齿的一支，它们的暂时成功，预示着今后的几千万年将是剑齿动物们的天下。在始新世晚期，绝大部分鬣齿兽类完成了自己的历史使命，然而"剑齿时代"的序幕才刚刚拉开。

始剑齿虎并不是真正意义上的"剑齿虎"，更不是剑齿虎的祖先，而是猎猫科的成员。它们最早出现在始新世晚期（约4000万年前）的欧亚大陆，在此后的渐新世进入北美洲。实际上，目前只在法国和美国的一些地区发现了它们的化石。

始剑齿虎是最早的"匕首牙"类型，上犬齿显得很大，又长又弯，并有伸长的、像刀鞘一样的下颌保护；下犬齿退化得和门牙类似，嘴巴能张开90°以上，这两点使它们能有效地使用剑齿进行致命一击，也成为此后剑齿动物的标准特征。另外值得一提的是，它们只有26颗牙，比猫科动物的30颗要少。最大型的始剑齿虎体大如豹，从头到尾长约2～2.5米，身形矮而长，尾巴也长，又与豹子的体形类似。有些种甚至只有家猫的1.5倍大小，剑齿长度却可达到8厘米。尽管体形较小，但它们动作灵活、奔跑迅速，甚至有人还推测它们会以集群捕食的方式猎取大型动物。

▲始剑齿虎

群虎纷争

在古飙、始剑齿虎出现400万年后，渐新世的大地上开始游荡着另一些捕食者，它们就是著名的伪剑齿虎类。这是一类颇为成功的食肉动物，遍及欧亚非和北美，演化出了多个不同的物种。其中有些种类比古飙还要小得多，但也有的几乎与美洲虎一样大。从身体结构上说，伪剑齿虎与古飙其实有很多的相似之处，但与真正的猫科动物相比仍显得原始。另外，作为更强有力的"杀手"，伪剑齿虎的剑齿也更加发达，呈长而扁的马刀状。据推测，它们主要以在这一时期正蓬勃兴起的各种原始马科动物为食。

▲袋剑齿虎

在与当时其他食肉动物的较量中，伪剑齿虎始终占据优势，是除鬣齿兽之外最强大的顶级掠食者。但它们的风光也没能持续太久，到了晚渐新世就再也找不到它们的踪影了。

中新世初期，上述各种猎猫科动物几乎全部灭绝，但此时猎猫家族的光彩却更加夺目——可怕的巴博剑齿虎于1500万年前开始席卷欧亚大陆和北美。有几种巴博剑齿虎只有豹子般大，但一种晚期出现的弗氏巴博剑齿虎，体长可达3.5米，体重超过400千克。其毫不逊色于1000多万年后才出现的剑齿猫科动物中的"剑齿虎"。弗氏巴博剑齿虎体形硕大粗壮，像熊一样肌肉发达，尤其是前肢很有力量。它们的剑齿在所有猎猫科动物中是最发达的，甚至超过了晚辈表亲美洲剑齿虎，下颌则有巨大的护叶防护。有的科学家认为，这样的剑齿不仅用于猎食，恐怕更主要还是作为同类间炫耀或打斗的工具。

巴博剑齿虎是猎猫科动物发展的顶点，而且无疑是当时地球陆地上最强大的食肉动物，或许只有重达210千克的巨鬣狗可勉强与之相比。既然身体条件如此出众，它们完全能把各种大型兽类列入自己的食谱中，而其体形也决定了它们更适合扮演伏击者和角斗士，凭力量取胜。有讽刺意味的是，正如霸王龙只在恐龙时代的最后几百万年才出现，弗氏巴博剑齿虎也只是猎猫科动物的末日余辉。由于身体过分特化，难以适应变动的环境，它们在600万年前的上新世便销声匿迹了，而此时弗氏巴博

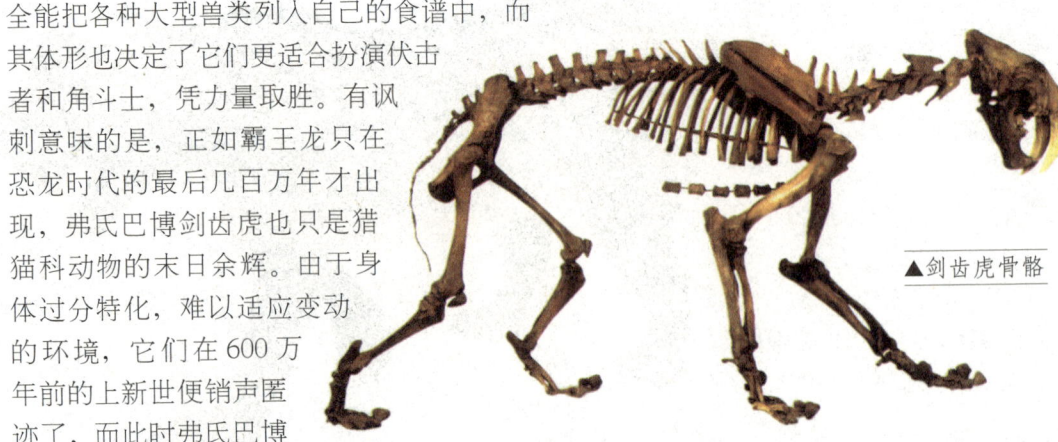

▲剑齿虎骨骼

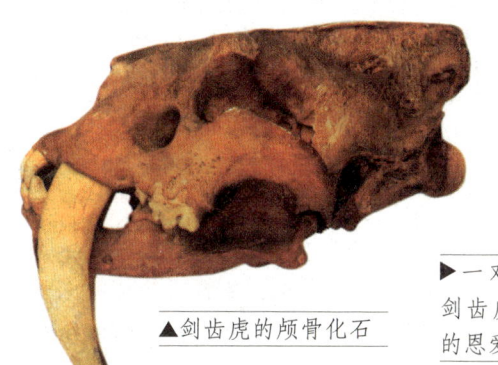
▲剑齿虎的颅骨化石

▶一对短剑剑齿虎伉俪的恩爱情

剑齿虎出现还不到200万年。它们的消失,意味着猎猫科动物从此彻底退出历史舞台,接下来就是猫科动物独霸天下了。

刚才说完了猎猫科动物,下面开始介绍剑齿猫科动物,也就是正宗的"剑齿虎"。这其实是个被滥用了的名字,几乎所有的剑齿动物都配得上这一称号,然而真正意义上的"剑齿虎"仅仅包括其中的猫科成员。虽名为"虎",但它们根本不是老虎,与现在的老虎亲缘关系比较远。通常的分类方法是把所有的剑齿猫科动物归入猫科下面的剑齿虎亚科,而把除猎豹外的所有现存猫科动物归入猫亚科。也就是说,几乎从一开始剑齿虎家族就和其他猫科成员分道扬镳了。

剑齿虎亚科的起源一直是个众说纷纭的课题,而大约出现在2000万至1500万年前、灭绝于900万年前的拟剑齿虎是否为这个家族的最早成员也存在很大争议。尽管通常把它们看作巨剑齿虎——美洲剑齿虎这个演化系列的更上一环,但与它们相似的一些物种都被归入猎猫类中。实际上,科学家对它们并没有太多了解,因为至今只发现了少量的零碎化石,代表本属的两个种。据推算,它们的体形与云豹相仿,几乎是剑齿动物中个体最小的一类,与稍晚出现的短剑剑齿虎相比实在微不足道。

从1500万年前的中新世开始,剑齿猫科动物终于迎来了本家族的第一位重要成员,由原小熊猫演化而来的短剑剑齿虎。它们曾在亚欧大陆、非洲和北美广泛分布,种类繁多。短剑剑齿虎的体形与狮子、老虎差不多,肩高超过1米,有修长的四肢和较短的尾巴,但整个身体仍给人一种粗壮感。和它们的名字一样,短剑剑齿虎的剑齿是相对短小的"弯刀牙",不过长度依然远超出所有现存的猫科动物,可达10厘米以上。据推测,它们有可能是像狮子一样的集群捕食者,足以对付绝大部分的食草动物和其他食肉的竞争对手。事实上,很可能正是短剑剑齿虎的出现大大加速了猎猫科动物的最后灭亡。短剑剑齿虎在地球上的生存延续了1300万年,长期占据各大洲食物链的顶端,堪称最成功的剑齿猫科动物。

▼美洲剑齿虎群猎图

长鼻类哺乳动物的演化

长鼻目动物原产于非洲，其祖先为大约5500万～3600万年前的始新世后期，出现于埃及、苏丹等地的始祖象。它的体形大小与家猪差不多，生活习性则近似河马。身体结构比较原始，并不特化，尚未出现大的象牙和长鼻，但第二对门齿已经比两旁的牙齿长一些，有向大象牙发育的趋势，鼻子也比其他动物略长。大约在距今3000万年前的渐新世晚期，长鼻类沿着三个方向发展：一支是恐象；一支是短颌乳齿象；第三支经过长颌乳齿象、剑齿象等阶段，最后进化到现代象。

▼铲齿象

古乳齿象

与其他长鼻类不同的是，恐象类上颌上没有长出长长的象牙，而是在下颌骨上长出一对从下颌前端向下弯曲的长牙。它们在旧大陆从中新世一直生存到更新世。

古乳齿象出现于早渐新世，身体比始祖象大了一倍，已经有了一条比较长的鼻子；上下颌的前部比始祖象更为突出，上颌前端第二门齿向前、向下伸出形成大象牙，下颌前端也有两个水平伸出的大象牙。古乳齿象之后，进化主线上的长鼻类又分为三个类群，即长颌乳齿象、短颌乳齿象和真象。

长颌乳齿象生活在中新世晚期和上新世早期，嵌齿象就是它们的代表。它们的下颌大大伸长，下象牙嵌在上象牙之间。长颌乳齿象颊齿上的齿尖形成圆钝的乳突状，这就是"乳齿象"之名的由来。长颌乳齿象中有一类非常奇特的种属，下象牙变得很宽，像一把巨大的铲子，可以用来在浅水的湖底或沼泽中挖掘植物为食，它们也因此被称为铲齿象。

短颌乳齿象主要生活在中新世到更新世早期，在美洲甚至一直延续到全新世，轭齿象可以作为它们的代表。它们的下颌没有大象牙，上颌的象牙在晚期种类里发展得很大而且弯曲得很厉害。

在中新世晚期和上新世早期，欧亚大陆上出现了从长颌乳齿象到真象的过渡类型——脊棱象。稍后，真象类中的剑齿象、古菱齿象、猛犸象直至现代的非洲象和亚洲象相继出现。

▲嵌齿象

真象

从脊棱象进化到真象类的最早代表是剑齿象，它们在上新世晚期和更新世时生活在非洲东北部和亚洲的东部及南部。在我国地处黄河之滨的合水县曾出土了一头巨象化石，被命名为黄河剑齿象，俗称"黄河古象"或"黄河象"。

▼帝王猛犸

真象类中另一种神奇的种类是更新世后期的猛犸象。它们的遗骸总是发现在寒冷的大北方，北纬25°以南地区从来没有发现过它们的踪迹。显然，它们是典型的喜寒动物，身上长有浓密的长毛用以御寒。它们的背部还长有驼峰似的东西，其中储存着脂肪，其用途显然是当严冬来临，暴风雪将食物掩埋之时为肌体和活动提供营养和能量。此外。它们的皮下有厚达9厘米的脂肪层，既可御寒，又可储藏能量和营养。它们的大象牙也别具一格，刚刚长出时紧挨在一起，然后逐渐发展成新月形，接着逐渐向外开始强烈扭曲并向上方和里边旋转，以至于一些雄性个体到老年时，两个大象牙的尖端都重叠在一起了。

猛犸象曾经遍布欧亚大陆和北美大陆的寒带和寒温带地区。距今3万年前，当人类的祖先也散布到这些地区的时候，这些貌似不可一世实则憨笨无防的植食性动物就成了人类的重要猎物之一。人类先是用标枪和投矛器，尔后加上弓箭和陷阱，经常将这些庞然大物逼得走投无路。当时中欧草原上的原始猎人，甚至已经掌握了猛犸象南冬北夏的季节性迁徙规律，他们曾经进行过季节性的野营，专门伏猎那些往来于北欧、中欧和东欧一带的猛犸象。末次冰期结束，地球气候显著回暖，北方大陆上的寒带、寒温带地区急剧向北退缩。这使适应于寒冷气候的猛犸象的栖息地面积骤减。这时，人类的捕杀猎取起到了落井下石的作用，猛犸象的种群迅速减少，终于在距今1万年前从地球上灭绝了。

◀长毛象，是一种体形较小的猛犸象

重新回到海洋

中生代是爬行动物的时代，它们爆发式辐射进化的结果不仅是出现了各式各样的恐龙，而且还使鱼龙、蛇颈龙、沧龙等重返海洋，成为海洋的霸主。另外，各种各样的翼龙则飞上了蓝天，成为脊椎动物的飞行先锋。历史总是有惊人的相似。到了新生代，当哺乳动物爆发式的辐射进化发生的时候，又有一些哺乳动物类群重新适应了海洋生活，回到海洋里重新占据了那些曾经由海洋爬行动物占据的生态位。它们就是我们所熟悉的海狮、海象、海豹、海牛以及各种鲸类。

鳍脚类

海狮、海象和海豹出现的历史并不很长，它们的化石记录最早在中新世被发现。在从陆生到水生的演化中，鳍脚类的身体变成了适于游泳的流线型，四肢则变成了指间有蹼的桨状的鳍足。前鳍足的作用是在游泳时划水、平衡身体和掌舵，而后鳍足的作用相当于尾鳍。海狮和海象的后鳍足能够随意向前或向后，在陆地上行动时可以起到辅助性的作用。海豹的后鳍足只能向后，因此它们在陆地或冰块上移动时就只能以腹部作弯曲动作的方式进行。

虽然鳍脚类的牙齿都特化成了适于捕鱼的锥形齿，但是海象有大的犬齿，尤其是雄性犬齿很大，这在争夺配偶的战斗中很有用。它们的颊齿增宽，以适应压碎它们喜吃的贝类的壳。海狮化石被发现于太平洋沿岸，海象发现于太平洋和大西洋，而海豹的分布区域则很广。

▼海豹

▼人们所说的美人鱼其实是一种海兽，它的名字叫儒艮。儒艮不仅不是鱼，而且长相也不美，简直可以说长得很丑

海牛类

海牛类则属于另外一类哺乳动物——海牛目，它们是生活在海洋或河流入海的河口水域中的有蹄类动物。不过它们的"蹄子"早已因适应于水生而退化，前肢变成了桨状，后肢则完全退化，连腰带都退化成了一根棒状骨。此外，它们的身体变成了鱼雷形，尾巴变成了宽阔的尾鳍。

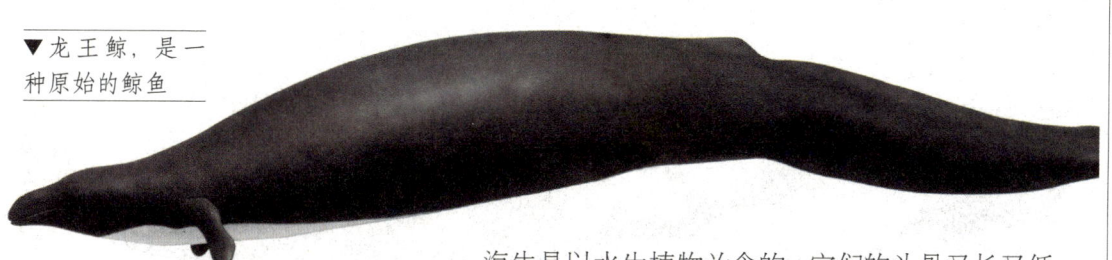

▼龙王鲸,是一种原始的鲸鱼

海牛是以水生植物为食的。它们的头骨又长又低,其背部与始祖象的头骨有一定的相似。颊齿也与第三纪的某些长鼻类一样,或者有双重横脊,或者有钝的齿尖。最早的海牛类化石是与始祖象一起在埃及的法尤姆始新世地层里发现的。此后,它们的一支在大西洋两侧的非洲和美洲沿岸演化成今天的海牛,另一支则在太平洋和印度洋海滨演化成现代的儒艮。

鲸类

地球上最成功的海洋哺乳动物要属鲸类。它们的身体和四肢骨骼演变得简直就像鱼一样了,难怪被人们俗称为"鲸鱼"。当然,它们不是鱼类,而是温血、胎生哺乳并有很高智力的高等脊椎动物。

鲸类包括齿鲸和须鲸两大类,前者包括大多数的鲸类和江豚、海豚,它们嘴里长着锋利的牙齿,捕鱼的本领特别高;后者没有牙齿,但是从口盖上长满了纤维状的几丁质鲸须,用来从水里过滤浮游生物为食。可能是由于浮游生物这种食物资源的丰富,使得须鲸类向着巨型化发展,现代的蓝鲸身体可以长到接近40米长,体重超过150吨。

现代的鲸有着光滑的皮肤和流线型的体形,硕大的尾部在海水中击起千层巨浪,推动身体在大海里自由地遨游。但是在悠远的地质年代,鲸类也曾经是四肢发达的陆生动物,最近巴基斯坦发掘出的一具5000万年前的始新世遗留下来的带有肢骨和足骨的鲸化石就证明了这一点。

过去认为,鲸类是从一种叫做中兽类的现已灭绝的古老哺乳动物类群中演化出来的。这些鲸类的祖先有点像大型的狼,曾经在当时的大陆上漫游和追踪猎物。直到距今5700万年前,即始新世之初,这些食肉动物才在生活环境的压力下,开辟了一个新的生态位,这使它们的躯体经历了深刻的演变。渐渐地,它们的四肢和骨盆退化了,尾部越来越强壮,并且变成了桨叶状用来拍击海水,以此推动这些"海中巨兽"在海洋中遨游。

▼陆行鲸,是最原始的鲸鱼之一

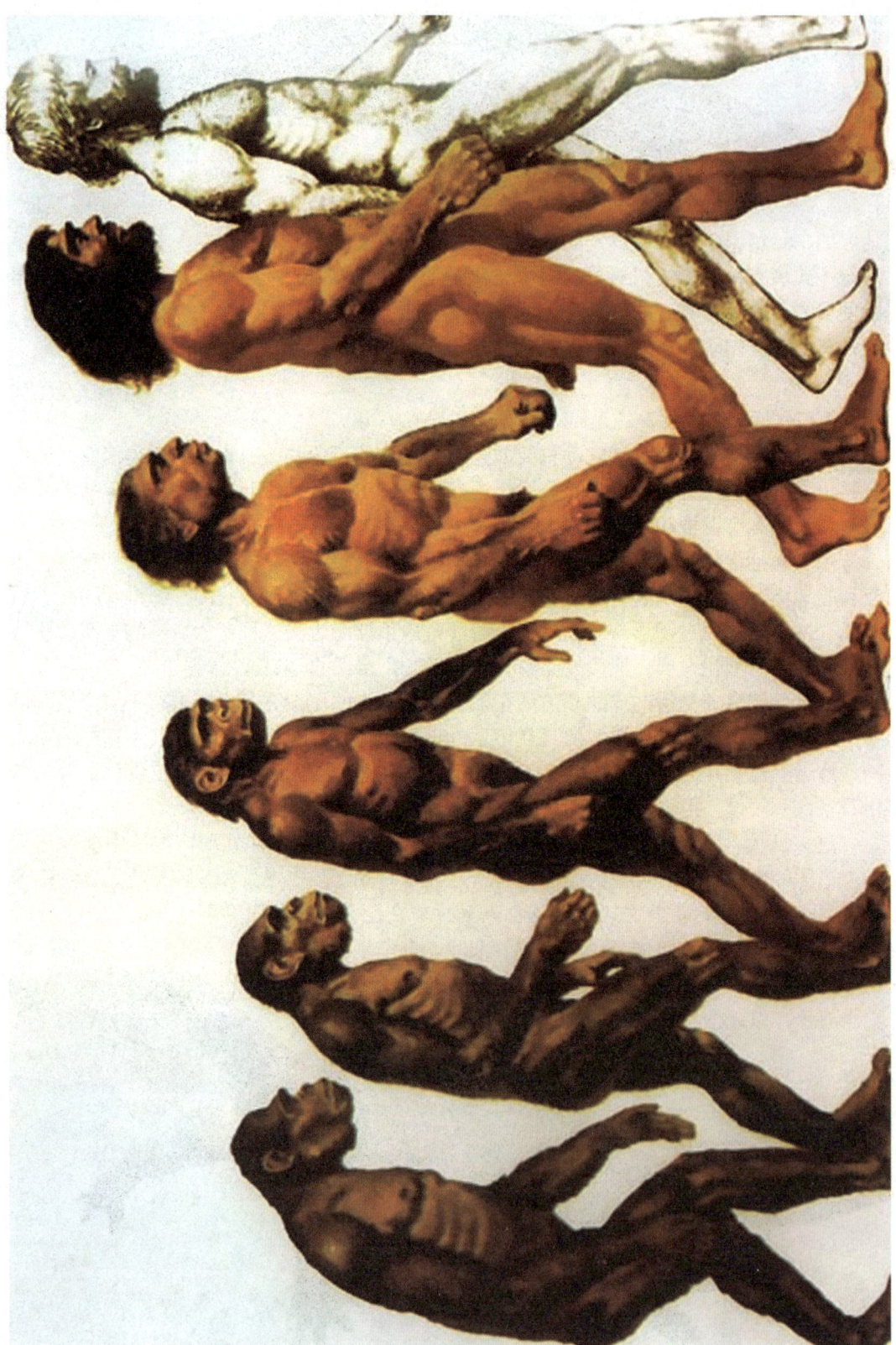

第十一章

从猿到人

人类是由古猿进化来的,是从猿的系统中分化出来的独立的一支,其出现及发展是一个漫长的历史过程。古人类学的研究表明,在距今1000万年以前,旧大陆生活着许多种古猿。但其中哪一种是人类的直接祖先,是在什么地方和什么时候开始由猿到人这一进化过程的,还都是远没有解决的问题。

腊玛古猿生活于1400万~700万年前。在700万~400万年前的这段时间内,至今只发现少量零星的化石材料。能够肯定为属于人的进化系统的最早化石代表,是生活在400万~100万年前的南方古猿。

南方古猿虽然还被称作猿,但它实际上已经是最早踏上人类进化历程的远古人类。南方古猿在颅骨、下颌骨、牙齿、骨盆和四肢等方面已经十分清楚地显示出一系列的人科特征,并且肯定已采用两足直立的行走方式。而能否直立行走,则是人在生物学上的基本特征。南方古猿的脑量超过现代大猿,其结构也基本上属于人的类型。

继南方古猿之后的人类是能人。能人在体质特征上比南方古猿进步,生活在约230万~180万年前,分布在东非和南非。能人已能制作石器,创造的文化被称为奥杜韦文化。

人类进化的下一个阶段是以直立人为代表的阶段。直立人生活在约180万~20万年前,创造的文化属于旧石器时代早期的文化。直立人化石最早是在印度尼西亚的爪哇被发现的。但关于爪哇直立猿人是猿还是人的争论持续了很久,直到20世纪20~30年代,在北京周口店发现了北京人化石,并有大量石制品、用火遗迹和动物化石出土,直立人是早期原始人类的概念才逐渐被广泛接受。现在发现直立人类型化石的地点已遍布亚、欧、非三洲广大地区,在肯尼亚、印度尼西亚爪哇和中国云南,也都发现了约150万年前的直立人化石。

人类进化的最近一个阶段,是包括现代人在内的智人阶段。可分为早期智人和晚期智人。早期智人生活在约25万~4万年前,是旧石器时代中期的古人类。晚期智人在解剖结构上属于现代人,大约是在5万~4万年前开始出现的。在晚期智人阶段,人类的分布范围扩大了,从旧大陆到达了澳大利亚和美洲。

人类的祖先出现

从 6500 万年前到现在,地质上叫做新生代,其最重要的特点之一就是地球上出现了哺乳动物。而作为哺乳动物的灵长类也在这时出现了,它们身体长,腿短,有点像老鼠,最初跟别的小动物没有多大不同。在漫长的进化过程中,它们才变得更加适宜于生活在树上。从这些早期的灵长类,发展出了灵长目的猿类,这就是人类最亲近的祖先。

树上生活的灵长类

早期的灵长类有些生活在热带雨林里,躺在高高的树枝上睡觉,靠树叶和果实充饥,过着无忧无虑的日子。它们逐渐适应了树上的生活,在上千万年的树上生活过程中,它们的身体也悄悄地发生了变化。

▲北狐猴,是最著名的早期灵长类动物,它的外形很像现在的狐猴,生活在 5400 万～4500 万年前

它们的前腿和后腿开始分工。后腿成了身体的主要支柱。前腿比后腿较为自由,经常用来试探什么,发展得越来越像手臂。手和脚也发生变化了,初期灵长类的手和脚都能用来抓东西,它们全靠手和脚把自己的身体悬挂在树枝上。手指和脚趾长得越来越长,到后来大拇指和大脚趾很发达,能够对着其他 4 个指头弯曲过来。

树居生活需要很好的眼睛。最成功的灵长类都长着两只大眼睛,两只眼睛还能够同时盯住一件东西。狗和兔子这些动物是办不到的,它们通常侧着脑袋,用一只眼睛来注视一件东西。它们的两只眼睛只能各看各的,不能把目光集中在同一件东西上。灵长类能够用两只眼睛看同一个目标,所以能够判断那个目标离它们有多远。它们可以从一根树枝跳到另一根树枝,而不会从树上摔下来。

灵长类的视觉很发达,因而嗅觉不太敏锐,用来辨别气味的鼻子长得比较小。它们不再像牛和马啮草那样用嘴来取得食物,而是用手把食物送到嘴里去的,嘴只是用来咀嚼而已,不必再长得很大。最后,它们的面部渐渐长得跟人一样,鼻子小而扁,嘴也小得多了。

最重要的变化是它们的头颅,灵长类的脑子越来越大,头颅就越长越圆。

当然,完成这些变化,需要很长的时间。

◀森林古猿

从树上来到地面

在灵长类进化的漫长岁月里，地球又在变化了。

冰雪从北部和山地向南方和平原扩展，天气又慢慢地冷了，炎热和潮湿的热带气候过去了。只能生活在莽丛里的许多身体庞大的奇形怪状的哺乳动物，又走到了进化的尽头。代之而起的是一些适宜于在新的气候下生活的新种族。曾在西伯利亚平原上咆哮的长毛古象，便是其中之一。

▲一种生活于中新世的似人似猿的高等灵长类，有人认为，腊玛古猿是人类最初的祖先

当冰雪从北方侵来的时候，不能耐寒的森林就不断地后退，向南方移动。住在树上的灵长类不得不跟森林一起向南转移。森林保障了它们的安全，还供给它们赖以为生的水果和硬壳果之类的食物。它们离不开树，下地久了就不能生活，就跟鱼离不开水一样。它们被一条无形的锁链给拴在树上了。它们是生活在树上的森林动物。

幸亏并不是所有的灵长类动物都被这无形的锁链束缚住了。其中，有一种古猿，在森林逐渐变化的过程中能够开始下地来生活。这就是现代类人猿和人的祖先——某种古猿。

从树上来到地面，这一变化乍看起来似乎无足轻重，但其实际的含义却非同小可，因为在地上生活并不像在森林中那么容易，不仅需要弯腰曲背地去寻找果实和种子之类，有时候甚至还不得不借用一些像树枝之类的简单的工具。为了防备猛兽的侵袭，还必须经常站立起来向四周张望，有时候还需要用两腿奔跑，而空出前肢来抱住食物，或者抓住就近的树枝，这都让其生理上开始发生了某种变化，这种古猿就是人类最初的祖先。

虽然这种古猿的外貌和行动都很像猿，但许多人类学家都坚定地相信，在它们的身上确实孕育着后来人的种子，而成为非亚两洲早期的人类祖先。由此可见，人类进化的历史就是从气候变化开始的，也就是说，气候变化正是人类进化和发展的原动力。

东边的故事

人类起源研究中"东边的故事"讲述的是关于南方古猿起源的问题，由法国古生物学家科佩斯提出，他用形象的语言概括了这一事件。故事还得从1500万年前的非洲说起，那时地面覆盖着茂密的森林，在这样的环境里生活着各种灵长类动物，包括许多猴子和古猿。大约在800万年前，非洲大陆东部下面的地壳沿着红海经过今日的埃塞俄比亚、肯尼亚、坦桑尼亚一线裂开，形成大裂谷，上升作用使得旁边形成一系列山脉，地貌的突变，也影响了气候和植被。东部出现干旱，原先大片的森林变成了稀树大草原，而西边则是茂密的森林。东西方生态屏障的出现造成了古猿的趋异分化。西边的群体继续生活在森林里，成为了现代的非洲猿猴，东边的群体经过长期的演化，逐渐变成了人属。该地区成为人类的摇篮，这就是"东边的故事"。

南方古猿的出现

根据世界各地（主要是非、亚、欧三大洲）所发现的大量骨骼化石，特别是在东非峡谷地层中所发掘出来的古代猿类的化石，人类学家们逐渐形成了这样的概念：大约1500万年以前，腊玛古猿从热带森林走向热带草原之后，便开始播下了人类进化的种子，这就是非亚两洲早期人类的祖先。但不知为什么，到大约800万年之前，他们便逐渐销声匿迹了。而到了500万年以前，在非洲的广大地区又出现了一种猿类，人类学家们称之为南方古猿或南猿。

发现南猿化石

在"黑暗大陆"非洲，人们陆续发现了一系列古猿的化石，叫做南方古猿或南猿。这是一种新类型的古猿，是从原始古猿过渡到人类的类型。

南猿化石最早是在1924年被发现的。这年，南非的汤恩石灰岩采石场的工人在爆破时，炸出了一个小孩的不完整的头骨化石，这个化石被送到南非约翰内斯堡威特沃特斯兰德大学医学院的解剖学教授达特那里，达特进行了研究并在次年发表了报告。达特谨慎地将这块化石命名为南方古猿非洲种。因为在当时，由于长期以来受殖民主义和种族主义偏见的影响，人们普遍认为，万物之灵长中的灵长、高贵的人类是不可能起源于非洲这个"黑暗大陆"的。

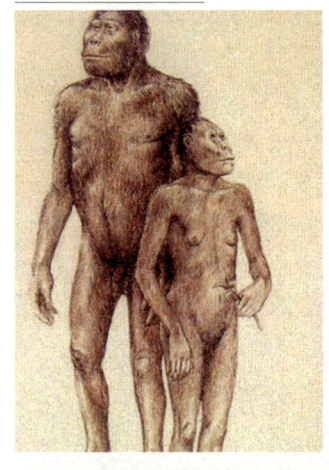
▼南方古猿鲍氏种

20世纪50年代后期，在非洲寻找人类化石的活动，逐渐转移到东非的埃塞俄比亚、肯尼亚和坦桑尼亚。1959年7月，经过30年的寻找，古人类学家路易斯·利基及其妻子玛丽·利基终于在坦桑尼亚的奥杜韦峡谷，发现了一个粗壮型南方古猿近乎完整的头骨和一根小腿骨。利基夫

露西

1974年，美国人类学家约翰逊在埃塞俄比亚阿法地区哈达地点干燥的沟壑中发现了许多化石骨骼。特别重要的是发现了一具没有头骨的全身骨架的大部分，约有40%的骨骼保存着。从髋骨的形态可以看出这是一位成年女性，身高只有1米左右。从骨盆的形状和大腿骨与膝之间的角度可以清楚地看出她已经适应于相当程度的直立行走。但是与现代人相比，她的胳臂相对较长，两腿相对较短，这种身体结构又很像猿。从这个地区发掘出来的其他化石显示，他们在某些方面比以前在南非和东非其他地区发现的各种南方古猿都更为原始。这正是人们在越来越靠近人类起源的时间里所希望发现的，因为他们又充实了一点点进化的缺环。发现这些化石的当夜，兴奋的发掘者们开起了自己的庆祝会。庆祝会上用录音机放送了一首名为"钻石般天空中的露西"的甲壳虫乐队的流行歌曲，约翰逊灵机一动，把白天发现的这位激动人心的女性起名为"露西"。还有一些有趣的发现：露西的脊椎骨表明她生过关节炎；在附近发现有龟和鳄鱼蛋化石，甚至还有螃蟹爪，这些都可能是露西食物的一部分。

▲南方古猿阿法种头骨复原

妇将这个头骨所属个体的种命名为南方古猿鲍氏种。这种南猿生活在175万年前。

从60年代开始，在埃塞俄比亚的奥莫河谷和阿法地区的哈达尔，发现了大量的南方古猿化石，包括从约350万～150万年前的人科化石。其中，1974年，美国古人类学家约翰逊发现了一具女人的大部分骨架，被命名为"露西"，生存年代测定为350万年前，这里的南猿命名为南猿阿法种。

到21世纪初，在非洲发现的南方古猿已有多个种，其中著名的有非洲种、粗壮种、鲍氏种、阿法种、始祖种、湖畔种、惊奇种、原初人图根种等，生存的年代大致在600万～175万年间。总的说来，南猿有两类：一类身材细小、结构轻巧的纤细型，以非洲种和阿法种为代表；另一类身体较重、骨骼粗壮、颌骨粗大的粗壮型，以鲍氏种为代表。

南方古猿

虽然南方古猿特别是在进化历史的早期也有一部分时间是在树上度过的，但却已经会直立行走，这样就可以借助自身的高度来观察它们栖息的热带大草原和空旷的林间空地周围的动静，以便防备猛兽的侵袭和发现它们可以捕获的猎物。

有些南方古猿在进化的末期显示了具有人类特点的清晰迹象，它们的身体虽然不高，但两腿直立时已有大约1.2米高，体重大约23千克，它们的牙齿、头颅、腕骨等和人类相近，和猿类有显著的差别。虽然它们仍然保留着很大的向前突出的颌部和朝后倾斜的前额，但生活行为上的变化已经开始，晚期的南方古猿已经成为经常的食肉者，这与它们的祖先以素食为生的情形相比是一个重大的变化，因为狩猎和采集食物的工作破天荒地需要使用原始工具。

由于南方古猿的类型有好几种，彼此差别有的还比较大，因此现在对它们在人类进化中的确实位置，还存在意见分歧。有的认为它们是人类进化中的旁支，以后绝灭了；有的认为至少其中有一种是直立人的祖先。

▼南方古猿复原

能人的出现

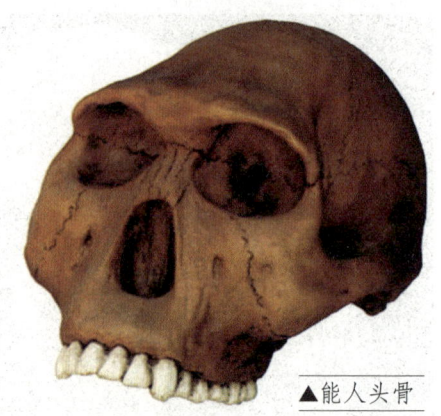

▲能人头骨

大约200万年以前,经过漫长的进化和发展之后,能人终于在地球上出现,他们不再仅仅是工具的使用者,而且也是工具的制造者,这是人类进化史上的一个极其重要的分水岭。如果说,在这之前的猿类,从腊玛古猿到南方古猿,都只能称作类人猿的话,那么,在这之后的人类则可以称作原始人了。

发现能人化石

1960年,就在玛丽·利基于坦桑尼亚的奥杜韦峡谷发现著名的南方古猿鲍氏种一年之后,她的大儿子乔纳森·利基在奥杜韦峡谷发现了另一种类型人类的头骨骨片,还发现有与之相关的下颌骨、手骨以及其他的一些锁骨、手骨和足骨。这块头骨片相对较薄,表明这个个体比已知所有的南方古猿体格都要轻巧。其他的骨骼也证明这样的推测,尤其是颊齿较小。然而最为重要的是,这种新类型表现出他们的脑子要比南方古猿大出50%。

又经过几年的发掘和研究,路易斯·利基下结论说,虽然南方古猿是人类祖先的一部分,但是这些新发现的化石却代表了最终将产生出现代人的那一支早期人类类型。因此,路易斯·利基把这个新类型命名为"能人",作为人属的第一个早期成员。"能人"这一名称的意思是"手巧的人",因为推测发现于这个时代的工具就是他们制造的。

与能人化石一起发现的还有石器。这些石器包括可以割破兽皮的石片,带刃的砍砸器和可以敲碎骨骼的石锤,这些都属于屠宰工具。因此,可以说能够制造工具和脑的扩大是人属的重要特征。

▼能人

路易斯的结论立刻在同行中激起了一片喧嚣的反对声。当时人类学界普遍认为,人属的脑量应该要超过750毫升。然而,奥杜韦发现的这些新类型的脑量仅仅为650毫升,还没有跨过当时所认为的人与猿之间脑量的界河。可是,新类型的头骨确实是更像人而不是猿。怎样面对这一矛盾呢?路易斯坚信自己的观点,并因此提出人和猿脑量的界河应该调整为600毫升。这种处理方法无疑大大地提高了就此问题而进行的激烈争论的热度。然而,随着新发现的积累和研究的深入,能人作为最早的人属成员的观点最终还是被接受了。而且，后来证明650毫升脑量的这个头骨只是一个孩子的，成年能人的平均脑量已接近800毫升。

人属的出现是人类家族诞生以后所发生的第一次最为重要的事件，是发生在人类家族内部的第一次进化上的飞跃。从最早的人属成员能人开始，人类才开始了以脑量飞速增加为最基本特征，并伴随有其他诸多方面进化的真正"人式"的发展历程。正是在人属的范畴内，人类才由能人进化成直立人，然后经过早期智人阶段和晚期智人阶段，最终形成我们今天这样的具有丰富多彩文化和掌握高超技术的现代人类。

▲能人在制造工具

能人的生活

能人会制造工具的能力具有非常深远的含义，因为这就意味着他们的拇指已经进化得能伸能屈，能够把一件工具牢牢地掌握在拇指和其他四个手指之间。人类学家们根据对现代聚群而居的狩猎社会——因纽特人观察和研究的结果认为，能人的生活方式已经发生了根本性的转变。他们能够依靠某种简单的方式组织起来，具有相对稳定的群体和相对固定的住处，并且能互相合作、互相照顾、集体狩猎、分享猎物、照顾弱小和伤残者，人与人之间开始有了某种感情上的联系。

为了交流和合作，声音是必不可少的，因此能人的声带发生了某种微妙的变化，从只能发出一些简单的音节到可以说出某些较为复杂的词汇了。这也就是说，从能人开始，不仅有了人类社会的雏形，而且也已经产生了人类文化的萌芽。

然而，能人虽然已经形成了早期人类的特征，可以说是地球上最早的人类，但他们的遗骸却只能出现在南方古猿生活过的同样环境中，也就是说，在空旷的树林和热带大草原的范围之内才能被发现。由此可见，能人虽然能把他们生活环境的一部分，即石头和木棍之类，改变成实用的工具，以满足他们狩猎和宰杀的需要，但他们可能仍然是赤身裸体的，没有办法抵御寒冷，所以生存的范围也就受到了很大的限制。

能人会不会用火，现在还不能肯定。虽然在那里已经发现过用火的痕迹，但是没有能最后确定这是能人的遗迹。他们多半沿着湖滨河岸生活，在水边泥地上过夜。

◀能人生活场景

直立人的出现

经过数十万年的演进,到大约 130 万年以前,直立人开始在地球上出现了。当直立人出现时,人类史已经有漫长的岁月,他们承继了其先驱的技能,并加以改良,那时候人类懂得用火,也能像现代人般进行奔跑,依照自己的心思制作石器。到了这时,人类在动物界基本上获得了绝对的优势。

▼爪哇猿人复原图

▼爪哇猿人头盖骨化石

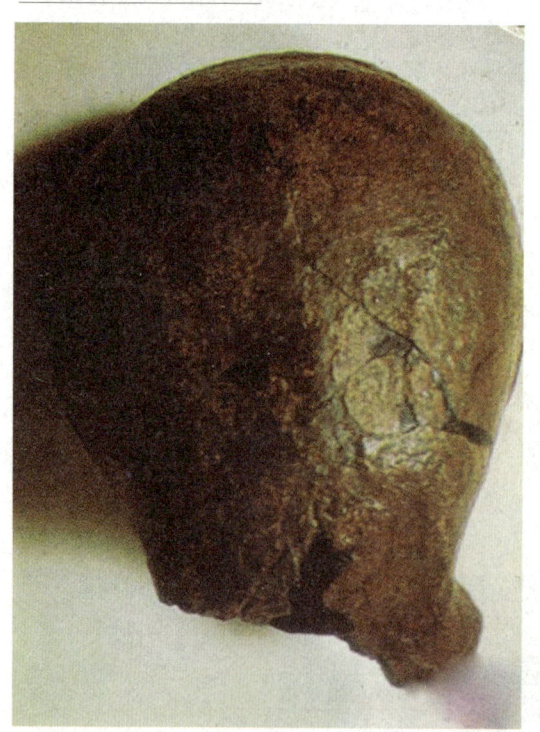

爪哇猿人的发现

最早发现直立人化石的是荷兰人杜布瓦,他青年时代在荷兰首都阿姆斯特丹学医,后来成为解剖学讲师,并从事脊椎动物猴的比较解剖研究。1887 年,他在进化论的影响下,来到当时的荷属东印度(今印度尼西亚),考察从猿到人的"缺环"。

1890 年底,杜布瓦在中爪哇的克东布鲁布斯发现一件下颌骨碎片,随后又发现一个头盖骨,在与头盖骨相距不远处又发现一根完整的大腿骨。最初,他认为这是一种已绝灭的黑猩猩,叫"直立人猿"。1894 年,杜布瓦提出爪哇的化石代表猿和人的过渡类型,是现代人的先驱,虽然脑子小,但已获得直立行走的姿态,并改用了"直立猿人"的新属名。

但这一看法一发表,立即在学术界引起长期激烈的争论,不少人表示反对。有人认为这些骨骼不属于同一个个体,头盖骨是长臂猿的,而股骨则是现代人的;也有人认为,这些骨骼属于一个畸形发育的人的。这一争论一直到 20 世纪 20 年代北京猿人化石被发现之后才基本结束。由于北京猿人也具有同样的特征,人类学家们才又重新把爪哇猿人划归到人的行列。

北京猿人的发现

中国的"龙骨"很早就引起了西方学者的注意,尤其是瑞典地质和考古学家安特生特别对此特别感兴趣,他在中国担任

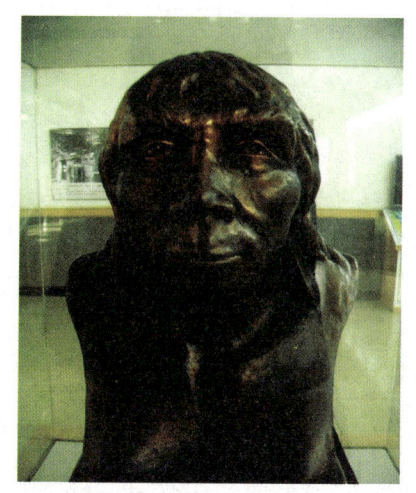

▲北京猿人

矿政顾问时，念念不忘在欧洲时就知道的中国的"龙骨"，经常以各种途径收集化石。

1918年的一天，一个老朋友拿了一些裹在红色黏土中的碎骨片化石给安特生看，并且告诉安特生该化石产地是位于北京西南方向的周口店附近的鸡骨山。安特生非常兴奋，就骑着毛驴到鸡骨山去考察了两天，并进行了小规模的发掘，找到了两种数量很多的啮齿类动物和一种食肉类动物的化石。此后的两年，安特生着重于研究发现于河南的大批三趾马，将鸡骨山的事暂时搁在了一边。

1921年春，奥地利年轻的古生物学家师丹斯基来到了中国，打算和安特生合作从事三趾马动物群的发掘和研究。为了使师丹斯基体验一下中国的农村生活以利于将来的工作，安特生就安排他先来到周口店继续发掘鸡骨山。

在鸡骨山发掘的时候，当地一位老乡告诉他们龙骨山有更多的"龙骨"。在龙骨山，安特生注意到堆积物中有一些边缘锋利的白色脉石英碎片。他认为，用如此锋利的刀刃似的石片切割兽肉应该是毫无问题的。因此，它们很可能就是被我们人类祖先用过的石器。他对这一发现与推测感到十分高兴，于是就轻轻敲着岩墙对师丹斯基说："我有一种预感，我们祖先的遗骸就躺在这里。现在唯一的问题就是去找到他。你不要着急，如果必要，你就把这个洞穴一直挖到底。"

师丹斯基在周口店发掘出大量的动物化石，其中有一颗牙齿很可疑，但是师丹斯基没有看出是人类祖先的牙齿，而只把它当作类人猿的了。他把能够采集到的化石尽可能地采下来以后，就结束野外工作，并在不久回到欧洲，开始了对这些中国化石标本的研究工作。

师丹斯基在整理标本时，终于从周口店的化石中认出了一颗人牙，这又引起了他对1921年发现的那颗"类人猿"牙的重新注意。经过仔细研究，师丹斯基认为两颗牙齿都属于"真人"。不过，他不敢过于肯定，于是在1927年发表的报告中在"真人"后面加上了一个问号，以使结论留有余地。

周口店发现人牙化石的消息一经公布，就像一颗重磅炸弹一样震撼了当时的科学界，因为不仅在中国，而且在亚洲

▼北京猿人头盖骨

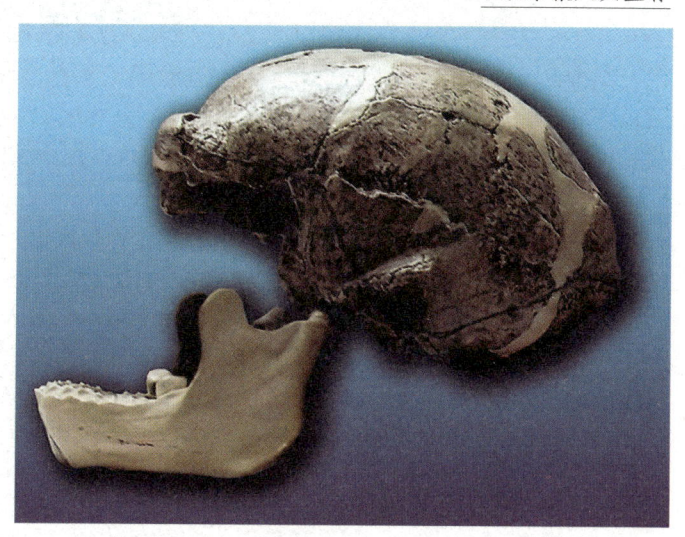

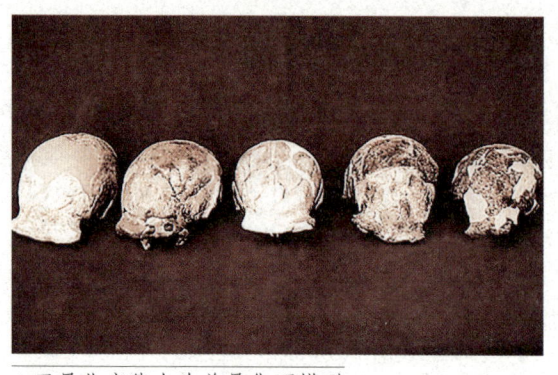

▲五具北京猿人头盖骨化石模型

大陆的任何地方都没有发现过年代如此古老的人类化石。同时，由于化石被发现在喜马拉雅山以北，这无异于为当时流行的"中亚热"火上浇油。

周口店的发现当时就得到了科学界多数人的承认，当然也难免有个别怀疑者。在一次交谈中，一位美国著名学者葛利普教授睁大了眼睛问安特生："喂，安特生博士，北京人是怎么搞的，它到底是人还是食肉类？"安特生则不紧不慢地回答说："尊敬的葛利普博士，来自周口店的最新消息是我们的老朋友既不是一位男子汉，也不是食肉类动物，而是走在它们当中的某个阶段的代表，并且还是一位女士呢！"在此以后的几个月内，"北京女士"竟然成为周口店这项重大发现的代名词。

周口店远古人类化石的发现使安特生感到异常兴奋，他决定对周口店进一步系统发掘。在洛克菲勒基金会财政的支持下，对周口店的系统发掘工作在1927年的春天正式开始了。两年后，"北京猿人"第一个头盖骨正式出土。

第一个完整的北京猿人头盖骨的发现，像一声春雷震撼了学术界。它进一步证实了北京猿人确实是一种古老的人类物种，是现代人类的祖先，而且是当时所知道的最早的人类祖先。

以后非洲和欧洲都发现有猿人化石，其形态与北京猿人基本相似。因而国际人类学界一致同意把各地发现的猿人化石定名为"人属直立种"或"直立人"。

北京猿人的生活

北京猿人生活在50万年以前。我们不再用"它们"来称呼北京猿人，因为北京猿

"北京人"头盖骨失踪之谜

1929年"北京人"头盖骨的发现把最早的人类化石历史从距今不到10万年推至距今50万年。"北京人"头盖骨的出土被学术界誉为"古人类研究史中最为动人的发现之一"。随着一个头盖骨被发现后，此后的10年间，周口店猿人洞中先后发掘出土5个相对完整或比较完整的头盖骨。发掘出的"北京人"化石起初一直保存在北京协和医院。1937年卢沟桥事变后，日本军队侵占了北京，但当时协和医院是美国的机构，悬挂星条旗，侵华日军铁蹄一时不敢踏入。这时，"北京人"化石在这个"保险箱"里还安然无恙。到了1941年，日美关系越来越紧张，为了使"北京人"化石不被日军抢走，协和医院与重庆市政府协商后，决定把化石送到美国暂时保管。然而，随着珍珠港事件的爆发，日本军队迅速出动，占领了北京、天津等地的机构。极具科研价值的5个"北京人"头盖骨，连同牙齿147颗、头骨碎片、面骨、下颌骨、股骨、锁骨等，以及全部山顶洞的人类资料，就在这次转移美国的途中神秘失踪了，留下了一桩至今难解的历史悬案。

人已经会制造工具。请记住，会不会制造工具进行劳动，是区别人类和其他动物的唯一标准。用这个标准来衡量，北京猿人已经属于人类，虽然他们还不是现代的人。

怎么知道北京猿人已经会制造工具了呢？在埋藏着北京猿人的骨骼化石的地层里，我们的科学工作者还找到了许多奇怪的石头。这些石头都是别处搬来的，上面有打击的痕迹，

▲北京猿人的石器

有锋利的刃口，这显然是北京猿人制造出来的石器。这些原始的石器虽然很粗糙，可是用它们来切割野兽的肉，敲碎硬壳果的壳，都比用指甲和牙齿要有效得多。除了石器，我们的科学工作者还找到了用野兽的骨头制造的骨器，如鹿的头骨制成的水瓢。能够制造工具、使用工具，这是在动物的历史上从来没有过的变化。早期猿人制造出第一件粗糙石器，使自己迈出了有决定意义的一步，跨进了人的阶段。

北京猿人除了会制造石器和骨器，还已经知道用火。在他们生活过的山洞里，发现了三层灰烬，最厚的一层竟积了6米来深。他们把天然的火种取回山洞里，像喂牲口一样，不断地添加枯叶和树枝，使火保持不灭。野兽都是怕火的。山洞里有了一堆不灭的火，不但可以取暖，还可以保护居住的安全。

在这50万年前的火堆旁边，还找到一些烤焦的野兽骨头，大多是古代的鹿。从这些烤焦的骨头可以知道，北京猿人已经开始吃烤熟的肉。肉烤熟了，比生的容易消化，也更富于营养，这对北京猿人的身体发展有很大的好处。

艰苦的生活条件，使北京猿人不得不过群居的生活，团结起来力量大。晚上，他们男女老少一同睡在山洞里，但是不能大家都睡着，总得留下一两个年老的来喂火；白天，青壮年提着棍棒出去打猎，女的带着孩子们拿着木棍和骨器，出去采集果子和挖掘植物的块根；还有的从河床里拣来卵石，从树林里伐来树干，把它们制成适用的工具。他们一代又一代，过着这样勤劳的集体生活。

跟他们的祖先相比，北京猿人大概还有一个极其重要的进步——他们开始说话了。在猎取野兽的时候，他们有必要互相招呼；老一代也有必要把他们积累下来的知识和经验，传授给孩子们。于是，简单的叫声逐渐发展成为可以表达意思的语言。

语言是适应集体劳动的需要而产生的。最初的语言当然是非常简单的，能够表达的意思也不会复杂。但是在人类的进化过程中，能够说话是非常重要的一步。因为有了语言，人才能用语言作为材料来构成思想，于是脑力劳动得到了发展。

从所发现的遗迹看来，北京猿人大概还不穿衣服，他们可能全身长着毛，还保留着他们祖先的一些特征。从他们头骨的化石可以看出来，他们的脑子虽然比现代的类人猿黑猩猩大，但是比现代的人还小得多。他们的前额比较平，眉脊骨突出，下颌已经往里收了。他们能够直起身子行走，手经过长期的劳动锻炼，变得比才下地来的古猿灵活多了。所有的这些变化，都是劳动促成的。

智人的出现

人类对于自身发展历史的认识过程是从现代智人开始的,然后认识了早期智人,再后来认识了直立人,最终才确定了能人直至南方古猿作为人类祖先的地位。智人亦称古人,包括化石智人和现生智人,他们是人类演化的最后一个阶段。化石智人不仅完全直立行走,而且脑量已经与现代人相似。从解剖学上区分,智人分为早期智人和晚期智人两类。最原始的智人为尼安德特人,因其于1856年最早被发现于德国的尼安德特河流域的一个山洞而得名,从头骨可以看到他们仍有很多原始的特征,但其他骨骼和现代人已十分相似。在尼安德特人从兴盛至衰落的漫长岁月里,他们始终使用固有工具而不思改进技术,大约3万年前被晚期智人完全取代。晚期智人化石在各大洲也已经发现了很多。法国克罗马农出土的人类化石是最著名的代表。中国晚期智人化石已发现40多处,其中最重要的有北京山顶洞的头骨与体骨,广西柳江的头骨与体骨等。

早期智人

早期智人的代表是尼安德特人,简称尼人。1848年,在欧洲西南角的直布罗陀就发现了一些尼人化石,但当时却没有引起人们的注意。尼安德特人的名称来自德国杜塞尔多夫市附近的尼安德特河谷,1856年8月,由于在这里的一个山洞里发现了一个成年男性的颅顶骨和一些四肢骨骼的化石,因此被命名为尼安德特人。

在这以后,尼人的化石开始在西起西班牙和法国、东到伊朗北部和乌兹别克斯坦、南到巴勒斯坦、北到北纬53°线的广大地区被大量地发现。尼人的生存时代为20万年～3万年前。

尼人演化出了一种适于寒冷条件下生存的文化,如在有山洞的地区则穴居于山洞之中,而在平原上则懂得用兽皮制造帐篷,并知道用石头将帐篷的周边压住,就像人们今天仍然沿用的那样。他们还会用兽皮制造衣服,而且发展出了像长矛、棍棒和套索等有力武器。总之,他们发明、完善和改进了许多新的工具和武器,因而将人类抵御自然环境的能力又大大地往前推进了一步。

尼安德特文化的特点不仅仅表现

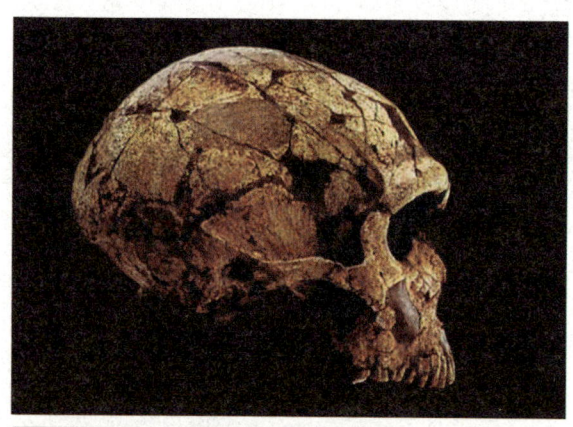

▲尼安德特人　▼尼人的葬礼

▲尼安德特人复原图

了其生存能力的明显提高,而且他们的思维活动也有了质的飞跃。例如,他们既有能力杀死凶猛的野兽,如狗熊,同时又把它们尊为神灵。也就是说,他们已经有了灵魂的概念。不仅如此,他们也已经懂得了情感和友谊,如照顾老人和残疾者,而不是像以前那样抛弃他们。在他们的坟墓中已经发现了鲜花和礼物等随葬品,这说明他们的精神世界已经相当丰富。特别有意思的是,直到今天,这些传统仍然在北极的土著居民——从因纽特人到拉普人中广为流传,这就有力地表明,尼人很可能在人类历史上首次越过了北极圈。

除了尼人之外,在欧洲还发现了一些同时具有直立人原始性状和智人进步性状的早期智人化石。此外,在德国发现了 30 万~20 万年前的斯坦海姆人,在英国发现了距今约 25 万年前的斯旺斯库姆人,两者头骨特征非常相似,其形态虽显得比尼人进步,但是其时代却比尼人还要早。因此,有些学者把他们称为"进步尼人"或"前尼人"并认为他们才是后来的晚期智人的祖先。而其他时代较晚的尼人被称为"典型尼人",在 3.3 万年前灭绝或者说被晚期智人替代了。

在非洲,早期智人有发现于埃塞俄比亚的被认为是过渡类型的博多人和发现于赞比亚的布罗肯山人。中国的早期智人化石都是在新中国成立以后发现的,材料主要包括北部地区的大荔人(发现于陕西省大荔县)、金牛山人(发现于辽宁省营口市)、许家窑人(发现于山西省阳高县)、丁村人(发现于山西省襄汾县)和南部地区的马坝人(发现于广东省曲江县)、银山人(发现于安徽省巢湖市)、长阳人(发现于湖北省长阳县)、桐梓人(发现于贵州省桐梓县)。亚洲其他地区的早期智人还有发现于印度尼西亚梭罗河沿岸的昂栋人(也叫梭罗人),形态上显示出一些直立人到早期智人过渡的状况。

▼尼安德特人在狩猎

晚期智人

到大约 3 万年以前，生活在欧亚大陆上的尼安德特人逐渐被一种更加发达的人类所代替。因为，他们的踪迹首先是在法国的一个小村庄旁边的克罗马农山洞中被发现的，所以便称他们为"克罗马农人"。克罗马农人属于晚期智人，他们的文化属晚期旧石器文化的奥瑞纳文化中期，由于他们是这阶段的最早被发现的完整的人类化石，所以人们也用"克罗马农"这个名称来统称欧洲的晚期智人化石。被归入克罗马农人类型的人类化石在西欧和北非许多地方都有分布。

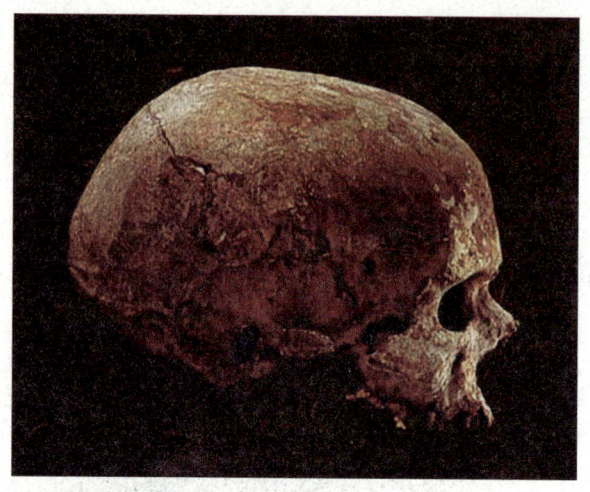
▲克罗马农人头骨

实际上，晚期智人就是我们现代人最直接的祖先，他们的身材比尼安德特人高大，颅骨较薄较高，颌骨不太突出，前额几乎垂直，面貌已经比较好看了。

克罗马农文化的进步之处是他们在许多山洞中留下了辉煌的艺术。他们往往在洞壁上选择一些磨圆了的平面，用黑色、红色或泥土精心绘制出各类动物，如马、野牛、犀牛及他们最爱捕食的驯鹿等，使之能产生某种立体效果。这些作品具有惊人的艺术技巧，笔法苍劲、准确逼真，从而确定了文化在人类进化进程中日益重大的作用。

另外，克罗马农人还有一个非常重要的特点或者成就，那就是他们几乎扩展到了全世界。因为，到大约 18000 年以前，当地球上最后一个冰川期达到顶峰时，几乎三分之一的陆地都被厚厚的冰层所覆盖，海平面大大降低，白令海峡并不存在，而为一片 1600 多公里宽的陆桥所代替。这不仅便于环北极各大陆之间的动植物互相交流，使得欧亚和美洲大陆之间的动植物极为相似，而且也为人类的扩展提供了便利。因此，当时的克罗马农人便从亚洲迁移到了美洲，然后，从阿拉斯加往南一直扩展到了南美洲最南端的火地岛。他们就是后来的印第安人的祖先。

持角杯的维纳斯

在对旧石器时代艺术的研究中，艺术评论家们普遍认为艺术的起源与早期人类的日常生活和巫术信仰有关。在法国南部的劳塞尔岩洞中，人们发现了 6 个人物雕刻形象，其中最著名的一件是一个浮雕女性人体形象，其被后人称为《持角杯的维纳斯》，雕像中的女性面部和足部的刻画十分模糊，而能体现女性生殖特征的部位却刻划得十分夸张。她右手拿着一只牛角，左手搭在隆起的腹部上，披肩的长发绕过了她的左肩。从形象上看，她显然是在主持一种巫术仪式，也许在祈祷本族人狩猎满载而归，也许是在祝愿氏族的昌盛。可能还有更深一层的观念，或者表现一个早已被历史遗忘掉的某种更古老的传说。这种典型的女性雕刻形象表现了原始人类对种族繁衍的崇尚，被认为是原始艺术的开端。

由此可见,实际上是克罗马农人首先越过了白令海峡的。至此,人类遍布了全世界,占领了除南极大陆之外的所有陆地,最南到达火地岛,最北出没于北冰洋沿岸的广大地区。

在中国,属于晚期智人的人类化石有北京周口店的山顶洞人、广西的柳江人、内蒙古的河套人、四川的资阳人等,其中最著名的是山顶洞人。

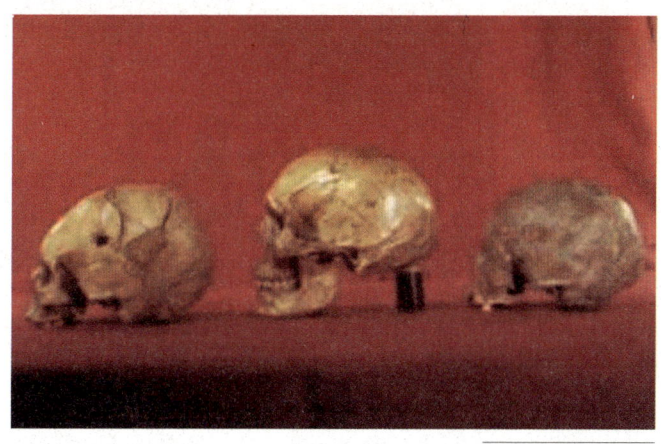
▲山顶洞人头骨

山顶洞人,是中国北方的晚期智人化石之一。在世界闻名的北京周口店北京猿人洞的上方有个古代人住过的洞,叫山顶洞。1933年从此洞中发掘出人类的3个头骨和其他骨骼化石,共代表至少8个个体,被称作山顶洞人。山顶洞人的3个头骨分别属于老年男性、青年女性和中年女性。山顶洞人的生活时代为1.8万~1.1万多年前。

山顶洞的文化遗物比较丰富多样,有石器、骨器、装饰品和埋葬遗址。石器很少,制作粗糙,与北京猿人的差不多。精致的骨器也不多,最好的要推一根骨针,针身光滑,微弯,一端是针尖,另一端有针孔,是用其他带尖器物挖成的。骨针表示山顶洞人已经会将兽皮缝制成衣服,而且知道制造和使用比较细的纤维。

山顶洞的装饰品相当丰富多彩,有穿孔的兽牙、海蚶壳、钻孔的石珠、小砾石、鱼的眶上骨、短的骨管和去除横突、棘突的鱼类脊椎骨。牙齿的孔是由两面对挖而成的,砾石的孔也是两面对钻所成。孔的周围多带红色,可能是用红色的条带串连这些装饰品所致。有人说他们佩戴装饰品是为了爱美,有人说是为了显示英勇,吸引异性,这些都是猜测。但我们至少可以说这些装饰品意味着山顶洞人的生活中已经有了闲暇,劳动生产率大大提高才使得他们不需要终日劳累了。

▼山顶洞人的装饰品

研究人员在山顶洞中还发现了48种哺乳动物化石,有落入天然陷阱的熊和虎的骨架,还有现在生活在炎热地带的猎豹和鸵鸟。所以,当时此地的气候相当温暖。

山顶洞人骨周围散布着红色的赤铁矿粉末,这是古人类有意识行为的结果,是埋葬死者的标志,这表现出人类思想意识上的一个进步,意味着对人的生命有了新的认识。可能他们认为血液是生命的必要条件,在死者遗物上加上与血液同色的物质目的可能是希望提高死者的活力,有利于他在另一世界中的活动。

生物进化大事年表

约 66 亿年前
　　银河系内发生过一次大爆炸。

约 46 亿年前
　　形成了太阳系。作为太阳系一员的地球也在 46 亿年前形成了。

38 亿年前
　　地球上形成了稳定的陆块，液态的水圈是热的，甚至是沸腾的。

35 亿年前
　　微生物出现。

前寒武纪（5.4 亿年前）
　　带壳的后生动物大量出现，故把寒武纪以后的地质时代称为显生宙。太古宙，原始生命出现及生物演化的初级阶段，当时只有数量不多的原核生物。元古宙中晚期，藻类植物十分繁盛。

寒武纪（5.42 亿～4.9 亿年前）
　　生物界第一次大发展的时期，出现了丰富多样且比较高级的海生无脊椎动物，以海生无脊椎动物和海生藻类为主。无脊椎动物的许多高级门类如节肢动物、棘皮动物、软体动物、腕足动物、笔石动物等都有了代表。其中以节肢动物门中的三叶虫纲最为重要，其次为腕足动物。此外，古杯类、古介形类、软舌螺类、牙形刺、鹦鹉螺类等也相当重要。

奥陶纪（4.9 亿～4.35 亿年前）
　　海生无脊椎动物空前发展，其中以笔石、三叶虫、鹦鹉螺类和腕足类最为重要，腔肠动物中的珊瑚、层孔虫，棘皮动物中的海林檎、海百合，节肢动物中的介形虫，苔藓动物等也开始大量出现。奥陶纪中期，在北美落基山脉地区出现了原始脊椎动物异甲鱼类——星甲鱼和显褶鱼，在南半球的澳大利亚也出现了异甲鱼类。植物仍以海生藻类为主。

志留纪（4.35 亿～4.1 亿年前）
　　双壳纲、腹足纲逐步发展；三叶虫开始衰退，但蛛形目和介形目大量发展；节肢动物中的板足鲎，在晚志留纪海洋中广泛分布；珊瑚纲进一步繁盛；棘皮动物中海林檎类大减，海百合类在志留纪大量出现。脊椎动物中，无颌类进一步发展，有颌的盾皮鱼类和棘鱼类出现，这在脊椎动物的演化上是一重大事件，鱼类开始征服水域，为泥盆纪鱼类大发展创造了条件。植物方面除了海生藻类仍然繁盛以外，晚志留纪末期，陆生植物中的裸蕨植物首次出现，植物终于从水中开始向陆地发展，这是生物演化的又一重大事件。

泥盆纪（4.1 亿～3.55 亿年前）
　　泥盆纪鱼类相当繁盛，各种类别的鱼都有出现，故泥盆纪被称为"鱼类的时代"。早泥盆纪以无颌类为多，中、晚泥盆纪盾皮鱼相当繁盛，它们已具有原始的颌，偶鳍发育，成歪形尾。早泥盆纪裸蕨植物较为繁盛，有少量的石松类植物；中泥盆纪裸蕨植物仍占优势，但原始的石松植物更发达，出现了原始的楔叶植物和最原始的真蕨植物；晚泥盆纪到来时，裸蕨植物濒于灭亡，石松类继续繁盛，节蕨类、原始楔叶植物获得发展，新的真蕨类和种子蕨类开始出现。

石炭纪（3.55 亿～2.98 亿年前）
　　早石炭纪晚期的浮游和游泳的动物中，出现了新兴的筳类，菊石类仍然繁盛，三叶虫到石炭纪已经大部分灭绝，只剩下几个属种。昆虫类得到进一步的繁盛。陆生脊椎动物进一步繁盛，两栖动物占到了统治地位。早石炭纪一开始，两栖动物蓬勃发展，主要出现了坚头类（也称迷齿类），同时繁盛的还有壳椎类。晚石炭纪，植物进一步发展，除了节蕨类和石松类外，

生物进化大事年表

真蕨类和种子蕨类也开始迅速发展。

二叠纪（2.98 亿～2.5 亿年前）

二叠纪末，四射珊瑚、横板珊瑚、筳类、三叶虫全都灭绝；腕足类大大减少，仅存少数类别。脊椎动物在二叠纪发展到了一个新阶段。鱼类中的软骨鱼类和硬骨鱼类等有了新发展，软骨鱼类中出现了许多新类型，软骨硬鳞鱼类迅速发展。两栖类进一步繁盛。爬行动物中的杯龙类在二叠纪有了新发展；中龙类出现于河流或湖泊中，以巴西和南非的中龙为代表；盘龙类见于石炭纪晚期和二叠纪早期；兽孔类则是二叠纪中、晚期和三叠纪的似哺乳爬行动物，世界各地皆有发现。晚二叠纪出现了银杏、苏铁、本内苏铁、松柏类等裸子植物。

三叠纪（2.5 亿～2.08 亿年前）

古老类型爬行动物的代表（如无孔亚纲和下孔亚纲）基本灭绝，新类型大量出现，并有一部分转移到海中生活。原始哺乳动物在三叠纪末期也出现了。筳及四射珊瑚完全灭绝。爬行动物在三叠纪崛起，主要由槽齿类、恐龙类、似哺乳的爬行类组成。恐龙类最早出现于晚三叠纪，有两个主要类型：较古老的蜥臀类和较进化的鸟臀类。海生爬行类在三叠纪首次出现。原始的哺乳动物最早见于晚三叠纪，属始兽类。裸子植物的苏铁、本内苏铁、尼尔桑、银杏及松柏类自三叠纪起迅速发展起来。晚三叠纪时，裸子植物真正成了大陆植物的主要统治者。

侏罗纪（2.08 亿～1.44 亿年前）

生物发展史上出现了一些重要事件，引人注意。例如，恐龙成为陆地的统治者，翼龙类和鸟类出现，哺乳动物开始发展，等等。陆生的裸子植物发展到极盛期。三叠纪晚期出现的一部分最原始的哺乳动物在侏罗纪晚期已濒临灭绝。早侏罗世新产生了哺乳动物的另一些早期类型——多瘤齿兽类，它被认为是植食的类型，至新生代早期灭绝。而中侏罗纪出现的古兽类一般被认为是有袋类和有胎盘哺乳动物的祖先。软骨硬鳞鱼类在侏罗纪已开始衰退，被全骨鱼代替。发现于三叠纪的最早的真骨鱼类到了侏罗纪晚期才有了较大发展，数量增多，但种类较少。侏罗纪是裸子植物的极盛期。苏铁类和银杏类的发展达到了高峰，松柏类也占很重要的地位。

白垩纪（1.44 亿～6500 万年前）

剧烈的地壳运动和海陆变迁，导致了白垩纪生物界的巨大变化，中生代许多盛行和占优势的门类（如裸子植物、爬行动物、菊石和箭石等）后期相继衰落和灭绝，新兴的被子植物、鸟类、哺乳动物及腹足类、双壳类等都有所发展，预示着新的生物演化阶段——新生代的来临。爬行类从晚侏罗纪至早白垩纪达到极盛，继续占领着海、陆、空。鸟类继续进化，其特征不断接近现代鸟类。哺乳类略有发展，出现了有袋类和原始有胎盘的真兽类。鱼类已完全以真骨鱼类为主。从早白垩纪晚期兴起的被子植物到晚白垩纪得到迅速发展，逐渐取代了裸子植物而居统治地位。

第三纪（6500 万～175 万年前）

第三纪的早期，仍生活着古老、原始的哺乳动物；到了中期，现代哺乳动物的祖先先后出现，逐渐代替了古老、原始的哺乳动物；第三纪晚期，现代哺乳动物群逐渐形成，更是偶蹄类和长鼻类繁盛的时期。尤其是马的进化很快。第三纪时被子植物极度繁盛。

第四纪（175 万年前到现在）

第四纪生物界的面貌已很接近于现代。哺乳动物的进化在此阶段最为明显，而人类的出现与进化则更是第四纪最重要的事件之一。更新世早期出现了真象、真马、真牛。更新世晚期哺乳动物的一些类别和不少属种相继衰亡或灭绝。全新世，哺乳动物的面貌已和现代基本一致。